Leitfäden und Monographien der Informatik

Brauer: **Automatentheorie**
493 Seiten. Geb. DM 58,–

Becker: **Prüfen und Testen von Schaltkreisen**
In Vorbereitung

Dal Cin: **Grundlagen der systemnahen Programmierung**
221 Seiten. Kart. DM 34,–

Ehrich/Gogolla/Lipeck: **Algebraische Spezifikation abstrakter Datentypen**
In Vorbereitung

Engeler/Läuchli: **Berechnungstheorie für Informatiker**
120 Seiten. Kart. DM 24,–

Hentschke: **Grundzüge der Digitaltechnik**
247 Seiten. Kart. DM 36,–

Loeckx/Mehlhorn/Wilhelm: **Grundlagen der Programmiersprachen**
448 Seiten. Kart. DM 44,–

Mehlhorn: **Datenstrukturen und effiziente Algorithmen**
Band 1: Sortieren und Suchen
2. Aufl. 317 Seiten. Geb. DM 48,–
Band 2: Graphenalgorithmen und NP-Vollständigkeit
In Vorbereitung

Messerschmidt: **Linguistische Datenverarbeitung mit Comskee**
207 Seiten. Kart. DM 36,–

Niemann/Bunke: **Künstliche Intelligenz in Bild- und Sprachanalyse**
256 Seiten. Kart. DM 38,–

Pflug: **Stochastische Modelle in der Informatik**
272 Seiten. Kart. DM 38,–

Post: **Entwurf und Technologie hochintegrierter Schaltungen**
247 Seiten. Kart. DM 38,–

Rammig: **Systematischer Entwurf digitaler Systeme**
353 Seiten. Kart. DM 46,–

Richter: **Betriebssysteme**
2. Aufl. 303 Seiten. Kart. DM 38,–

Richter: **Prinzipien der Künstlichen Intelligenz**
359 Seiten. Kart. DM 46,–

Wirth: **Algorithmen und Datenstrukturen**
Pascal-Version
3. Aufl. 320 Seiten. Kart. DM 39,–

Wirth: **Algorithmen und Datenstrukturen mit Modula - 2**
4. Aufl. 299 Seiten. Kart. DM 39,–

Wojtkowiak: **Test und Testbarkeit digitaler Schaltungen**
226 Seiten. Kart. DM 36,–

Preisänderungen vorbehalten

 B. G. Teubner Stuttgart

Leitfäden und Monographien
der Informatik

Franz J. Rammig
Systematischer Entwurf
digitaler Systeme

Leitfäden und Monographien der Informatik

Unter beratender Mitwirkung von

Prof. Dr. Hans-Jürgen Appelrath, Oldenburg
Dr. Hans-Werner Hein, St. Augustin
Prof. Dr. Rolf Pfeifer, Zürich
Dr. Johannes Retti, Wien
Prof. Dr. Michael M. Richter, Kaiserslautern

Herausgegeben von

Prof. Dr. Volker Claus, Oldenburg
Prof. Dr. Günter Hotz, Saarbrücken
Prof. Dr. Klaus Waldschmidt, Frankfurt

Die Leitfäden und Monographien behandeln Themen aus der Theoretischen, Praktischen und Technischen Informatik entsprechend dem aktuellen Stand der Wissenschaft. Besonderer Wert wird auf eine systematische und fundierte Darstellung des jeweiligen Gebietes gelegt. Die Bücher dieser Reihe sind einerseits als Grundlage und Ergänzung zu Vorlesungen der Informatik und andererseits als Standardwerke für die selbständige Einarbeitung in umfassende Themenbereiche der Informatik konzipiert. Sie sprechen vorwiegend Studierende und Lehrende in Informatik-Studiengängen an Hochschulen an, dienen aber auch in Wirtschaft, Industrie und Verwaltung tätigen Informatikern zur Fortbildung im Zuge der fortschreitenden Wissenschaft.

Systematischer Entwurf digitaler Systeme

Von der System- bis zur Gatter-Ebene

Von Prof. Dr. rer. nat. Franz J. Rammig
Universität–Gesamthochschule Paderborn

Mit zahlreichen Abbildungen und Beispielen

 B. G. Teubner Stuttgart 1989

Prof. Dr. rer. nat. Franz J. Rammig

Von 1969 bis 1973 Studium der Mathematik, Wirtschaftswissenschaften und Informatik an der Universität Bonn mit Abschluß als Diplommathematiker. Anschließend Wiss. Angestellter im Fachbereich Informatik der Universität Dortmund und 1977 Promotion bei Prof. Reusch. Seit 1983 Prof. für praktische Informatik an der Universität-GH Paderborn. Von 1985 bis 1987 Mitglied des Vorstandes von Cadlab, einem von der Universität-GH Paderborn und der Nixdorf Computer AG gemeinsam getragenen Forschungsinstitut.

CIP-Titelaufnahme der Deutschen Bibliothek

Rammig, Franz J.:
Systematischer Entwurf digitaler Systeme : von der System- bis zur Gatter-Ebene / von Franz J. Rammig. – Stuttgart : Teubner, 1989
(Leitfäden und Monographien der Informatik)
ISBN 978-3-519-02265-7   ISBN 978-3-663-01461-4 (eBook)
DOI 10.1007/978-3-663-01461-4

Gesamtherstellung: Zechnersche Buchdruckerei GmbH, Speyer
Umschlaggestaltung: M. Koch, Reutlingen

Vorwort

Dieses Buch versucht, eine durchgängige Systematik des Hardwareentwurfs über verschiedene Abstraktionsebenen hinweg darzustellen. Dabei wird von einem abstrakten Modell des Entwurfsvorgangs als über mehrere Abstraktionsebenen reichender rückgekoppelter Prozeß ausgegangen. Auf der Basis dieses Modells werden verschiedene Klassen von Entwurfsaktivitäten identifiziert. Es sind dies: Modellierung, Modifikation/Optimierung, Implementation und Verifikation. Die verschiedenen Abstraktionsebenen (Systemebene, algorithmische Ebene, Registertransfer-Ebene, Gatterebene, Schalterebene/ Ebene des symbolischen Layouts, elektrische/Layout-Ebene) werden in verschiedenen Sichten (Verhalten, Struktur, Geometrie, Test) charakterisiert. Dient das erste Kapitel dazu, eine allgemeine Systematik des Hardwareentwurfs zu entwickeln, so werden in den weiteren Kapiteln verschiedene Entwurfsaktivitäten beispielhaft diskutiert.

Das Kapitel 2 ist den verschiedene Methoden der Hardwaremodellierung gewidmet. Nach einem allgemeinen Überblick wird darin exemplarisch die Breitband-Hardwarebeschreibungssprache DACAPO detaillierter eingeführt. Dies erlaubt, über verschiedene Aspekte des Hardwareentwurfs in einheitlicher Terminologie zu sprechen, und zwar nicht nur über Hardwarebeschreibungen auf unterschiedlichen Abstraktionsebenen, sondern auch über verschiedene Algorithmen des Entwurfsprozesses.

Im Kapitel 3 (Implementierungsaktivitäten) wird mit besonderem Augenmerk der Übergang von der algorithmischen auf die Registertransferebene behandelt. Aber auch verschiedene Methoden des Steuerwerksentwurfs und der Übergang auf die Gatterebene finden Berücksichtigung. Ein ausführliches Entwurfsbeispiel soll zur Illustration dienen.

Optimierungsverfahren (Kapitel 4) werden hauptsächlich auf der Registertransferebene, aber auch auf der algorithmischen und Gatterebene diskutiert. Auch hier wird ein Beispiel exemplarisch durchgeführt.

Das Kapitel 5 ist der Verifikation/Evaluation/Validierung gewidmet. Trotz ihrer in Zukunft sicherlich zentralen Bedeutung wird dabei die formale Verifikation relativ knapp und nur einführend behandelt. In diesem Buch sollte eine Konzentration auf heute praktisch und in Breite einsetzbare Hilfsmittel vorgenommen werden. Dies trifft für die "Ti-

mingverifikation" sicherlich zu, die aus diesem Grund auch etwas aus-
führlicher behandelt wird. Der Simulation als Hilfsaktivität für eine Verifikation wird breiter Raum eingeräumt. Hier werden verschiedene Si-
mulationskonzepte verglichen, Simulationsszenarios behandelt und auf
das Problem der Mehrebenensimulation eingegangen.
Das wichtige Thema der Testverfahren wird in dem abschließenden
Kapitel 6 behandelt. Hier finden nach einer einleitenden Diskussion
der Testproblematik Methoden der Testmustergenerierung, der Fehlersimulation, des testfreundlichen Entwurfs und der Selbsttestverfahren
Erwähnung.
Alle Kapitel sind bewußt reich mit illustrierenden Beispielen versehen,
wobei nach Möglichkeit auf eine einheitliche Notation geachtet wurde.
Hier erwies sich die Abstützung auf die Breitband-Hardwarebeschreibungssprache DACAPO als sehr hilfreich.
Das Buch eignet sich sowohl für Informatiker in der Praxis als auch für
Studenten der Informatik an Universitäten und Technischen Hochschulen.
Große Teile des Buches sind während meines Forschungsfreisemesters,
das ich bei XEROX PARC, Palo Alto verbracht habe, entstanden. Die
sehr anregende Atmosphäre dieses Forschungsinstitutes und die ausge-
zeichneten Arbeitsmöglichkeiten dort haben dieses Buch wesentlich beeinflußt. Ich möchte mich herzlich bei meiner Frau und Herrn Kollegen
Waldschmidt für die kritische Durchsicht des Manuskriptes bedanken.
Mein Dank gilt ganz besonders auch Frau S. Alejandro, deren Eifer
dem Buch seine endgültige Form verliehen hat.

Paderborn, im Dezember 1988   Franz J. Rammig

Inhaltsverzeichnis

1 Entwurfsprozeß   **11**

1.1 Makroskopisches Modell des Entwurfsprozesses   11

1.2 Abstraktionsebenen   13

1.3 Mikroskopisches Modell des Entwurfsprozesses   32

1.4 Literatur   37

2 Modellierungskonzepte und Entwurfssprachen   **42**

2.1 Modellierungskonzepte   42

2.1.1 Objektorientierte Modellierung   42

2.1.2 Imperative Sicht   46

2.1.2.1 Zeitbehaftete Interpretierte Petri-Netze   47

2.1.2.2 Communicating Sequential Processes (CSP)   50

2.1.3 Reaktive Sicht   55

2.1.4 Stimulierte Gleichungen   57

2.1.5 Modellierungskonzepte und Abstraktionsebenen   60

2.2 Sprachkonzepte   60

2.2.1 Dedizierte Sprachen   61

2.2.1.1 Dedizierte Sprachen für die Systemebene   61

2.2.1.2 Dedizierte Sprachen für die algorithmische Ebene   64

2.2.1.3 Dedizierte Sprachen für die Registertransferebene   66

2.2.1.4 Dedizierte Sprachen für die Gatterebene   66

2.2.1.5 Dedizierte Sprachen für die Schalterebene/Symbolisches Layout   67

2.2.1.6 Dedizierte Sprachen für die Elektrische/Layout-Ebene   69

2.2.2 Sprachfamilien   71

2.2.3 Breitbandsprachen   74

2.3 Die Hardwarebeschreibungssprache DACAPO III   75

2.3.1 DACAPO III Grundlagen   75

2.3.2 Beschreibungen in DACAPO III auf der algorithmischen Ebene   86

8

2.3.3 Beschreibungen in DACAPO III auf der Systemebene   97

2.3.4 Beschreibungen in DACAPO III auf der Registertransferebene   118

2.3.5 Beschreibungen in DACAPO III auf der Gatter/Schalterebene   125

2.3.6 ”Behavioral”-Beschreibungen in DACAPO III   133

2.4 Literatur   135

3 Implementationsaktivitäten   142

3.1 Systemebene zur algorithmischen Ebene   142

3.2 Algorithmische Ebene zur Registertransferebene   143

3.2.1 Monolithische Dekomposition   145

3.2.1.1 Ein vollständiges Beispiel zur monolithischen Dekomposition   161

3.2.2 Parallele Dekomposition   176

3.2.3 Hierarchische Steuerwerksdekomposition   177

3.3 Registertransferebene zur Gatterebene   180

3.3.1 Steuerwerksentwurf   180

3.3.1.1 Fest verdrahtete Implementierung von Steuerwerken   182

3.3.1.1.1 Implementierung in krauser Logik   185

3.3.1.1.2 Implementation durch Array-Logik   190

3.3.1.2 Mikroprogrammierte Steuerwerksimplementation   194

3.3.2 Datenpfadentwurf   199

3.4 Literatur   199

4 Optimierungsaktivitäten   205

4.1 Optimierung auf der Systemebene   205

4.2 Optimierung auf algorithmischer Ebene   206

4.2.1 Optimierung von Basisblöcken   206

4.2.2 Optimierung von Schleifen   208

4.3 Optimierung auf der Registertransferebene   209

4.3.1 Eine Heuristik zur Zustandsminimierung von Steuerwerken   210

4.3.1.1 Beispiel einer Optimierung auf RT-Ebene   220

4.4 Optimierung auf der Gatterebene   235

4.5 Literatur   252

5 Evaluierung, Validierung, Verifikation 255

5.1 Formale Verifikation 255

5.1.1 Formale Verifikation von Verhaltenseigenschaften 259

5.1.2 Verifikation des Zeitverhaltens getakteter Systeme 261

5.2 Simulation 266

5.2.1 Generierung ausführbarer Objektmodelle und deren Ausführung 268

5.2.1.1 Interne Modellierungskonzepte 268

5.2.1.1.1 Abbildung Algorithmischer Konstrukte von DACAPO III 275

5.2.1.1.2 Abbildung von DACAPO III-Konstrukten der Systemebene 277

5.2.1.1.3 Abbildung von DACAPO-Konstrukten auf Registertransferebene 280

5.2.1.1.4 Abbildung von DACAPO-Konstrukten auf Gatter/Schalterebene 280

5.2.1.2 Simulationstechniken 281

5.2.1.2.1 Streamline Code Simulation (SCS) 282

5.2.1.2.2 Äquitemporale Iteration (EI) 287

5.2.1.2.3 Critical Event Scheduling (CES) 293

5.2.2 Simulationsszenarios 303

5.2.2.1 Modellierung der Umgebung 304

5.2.2.2 Ergebnisanalyse 306

5.2.3 Mehrebenensimulation 308

5.2.3.1 Multisimulatoransatz 308

5.2.3.1.1 Datenaustausch 309

5.2.3.1.2 Synchronisation 311

5.2.3.1.3 Benutzerschnittstelle 313

5.2.3.2 Breitbandsimulatoren 314

5.3 Literatur 315

6. Testmethoden   320

6.1 Begriffsbestimmungen   320

6.2 Strukturorientierte Testverfahren   321

6.2.1 Fehlermodelle   321

6.2.2 Testmustererzeugung für das Haftfehlermodell   323

6.2.3 Fehlersimulation   331

6.2.3.1 Fehlersimulation mit dem SCS-Algorithmus   331

6.2.3.2 Fehlersimulation mit dem CES-Algorithmus   333

6.2.3.2.1 Parallele Fehlersimulation   333

6.2.3.2.2 Deduktive und Concurrent-Fehlersimulation   333

6.3 Funktionsorientierte Testverfahren   335

6.4 Testfreundlicher Entwurf   336

6.4.1 Strukturelle Maßnahmen zur Erhöhung der Testbarkeit   336

6.4.2 Selbsttest   340

6.5 Literatur   347

Sachregister   351

1 Entwurfsprozeß

Entwurfsaktivitäten sollten auf der Basis eines wohlverstandenen Modells des Entwurfsprozesses untersucht werden. Zusätzlich erlaubt es ein derartiges Modell, verschiedene Entwurfsmethoden zu klassifizieren und solche Unterstützungswerkzeuge für Entwurfsaktivitäten zu entwerfen und zu implementieren, die zusammenpassen. Aus diesen Grund soll zunächst der Entwurfsprozeß selbst untersucht werden.

1.1 Makroskopisches Modell des Entwurfsprozesses

Eine naheliegende Idee, den Entwurfsprozeß zu modellieren, mag ein einfacher "Black Box"-Ansatz sein: Ein Entwurfsprozeß wird als "Black Box" gesehen, in die Entwurfsaufträge eingegeben werden. Immer wenn ein solcher Entwurfsauftrag in den Entwurfsprozeß eingegeben wird, reagiert dieser damit, daß er (hoffentlich) ein Entwurfsergebnis liefert. Somit kann ein Entwurfsprozeß, gegeben in einer Sprache L_{in}, als Transformationsabbildung interpretiert werden, die eine Objektbeschreibung abbildet in eine Objektbeschreibung, gegeben in einer Sprache L_{out} . Diese Abbildung ist in den meisten Fällen durch die Historie des Entwurfsprozesses parametrisiert. Sinnvollerweise partitioniert man die Eingabesprache L_{in} in zwei hauptsächliche Subsprachen. Die erste, genannt $L_{in,d}$ dient als Eingabesprache, um die Entwurfsabsichten zu spezifizieren. Die zweite, genannt $L_{in,c}$, wird benutzt, um Restriktionen zu beschreiben. Derartige Restriktionen können spezifisch für ein spezielles Entwurfsobjekt sein, oder von globaler Gültigkeit. Diese Partition in zwei hauptsächliche Subsprachen impliziert unmittelbar eine Einteilung in zwei hauptsächliche Klassen von Entwurfsaktivitäten:

- Generierende Aktivitäten

- Überprüfende Aktivitäten (Verifikation, Validierung, Evaluierung).

Die überprüfenden Aktivitäten werden durch die Sprache $L_{in,c}$ gesteuert und operieren auf der Ausgabe der generierenden Aktivitäten. Diese haben $L_{in,d}$ als primäre Eingabe. Wann immer jedoch die überprüfenden Aktivitäten eine Nichtübereinstimmung zwischen der Ausgabe der generierenden Aktivitäten und den gerade gültigen Restriktionen feststellen, wird Information darüber an die generierenden Aktivitäten zurück gesandt. Dadurch wird eine Modifizierung des aktuellen Entwurfsergebnisses angefordert. Bezeichne L_{check} die Sprache, die benutzt wird, um (vorläufige) Entwurfsergebnisse an die überprüfenden Aktivitäten zu senden und $L_{correct}$ die Sprache, die benutzt wird, um Korrekturen anzufordern. Die generierenden und überprüfenden Aktivitäten zusammen mit den Sprachen (Kommunikationskanälen) L_{check} und $L_{correct}$ bilden eine Rückkopplungsschleife, die von den beiden Sprachen $L_{in,d}$ und $L_{in,c}$ gesteuert wird. Damit ist ein kybernetisches Modell des Entwurfsprozesses entstanden (Abb. 1).

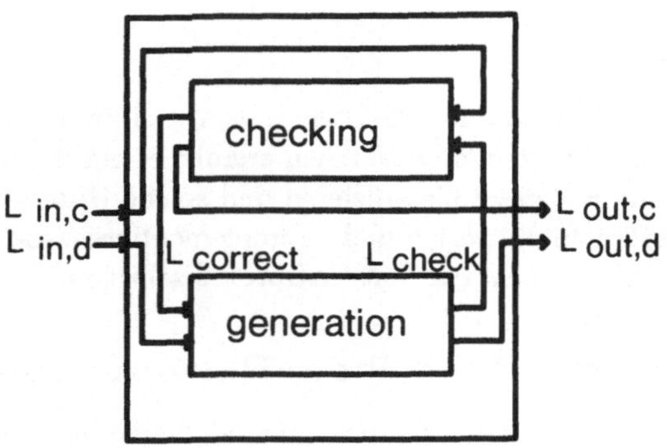

Abb. 1: Makroskopisches Modell des Entwurfsprozesses

Üblicherweise wird die Beschreibung des Entwurfsergebnisses ebenfalls in Form eines Sprachpaares gegeben. Der Grund ist, daß ein entworfenes Objekt nicht nur gewisse Umgebungsrestriktionen zu respektieren hat, sondern in der Regel auch zusätzliche impliziert. Wir bezeichnen die beiden Ausgabesprachen mit $L_{out,d}$ und $L_{out,c}$. Wenn man die überprüfenden Aktivitäten genauer betrachtet, so kann man drei hauptsächliche Subaktivitäten identifizieren: Zunächst muß das Ergebnis, das von den generierenden Aktivitäten erzeugt wird, auf Einhaltung der Restriktionen, die durch $L_{in,c}$ formuliert werden, geprüft werden. Dies mag im engeren Sinne mit "Evaluierung" gekennzeichnet werden. Im Falle einer Nichtübereinstimmung (Normalfall) muß entschieden werden, durch welch eine Strategie dieser Defekt repariert werden soll. Diese Subaktivität mag mit "Entscheidungsfindung" bezeichnet werden. Schließlich muß die so gefundene Entscheidung ausgeführt werden. Dies bedeutet, daß sie in Information, ausgedrückt in der Sprache $L_{correct}$, überführt werden muß, sodaß sie von den generierenden Aktivitäten interpretiert werden kann. Diese Subaktivität mag mit "Steuerung" bezeichnet werden. Mit dieser Diskussion wurde ein verfeinertes Modell des Entwurfsprozesses erhalten, wie es in Abb. 2 angedeutet ist. Es sollte festgehalten werden, daß die beteiligten Aktivitäten interne Zustände haben können. In der Regel hat man es sogar mit lernfähigen Aktivitäten zu tun. Somit sind sie nicht nur von der aktuellen Eingabe, wie sie in den Sprachen $L_{in,d}$ und $L_{in,c}$ formuliert wird, abhängig, sondern auch von deren Geschichte. Zusätzlich kann in den meisten Fällen nicht davon ausgegangen werden, daß die Eingabebeschreibungen während des Entwurfsprozesses stabil bleiben. In jedem Fall jedoch erwartet die Umgebung des Entwurfsprozesses (das Management), daß er nach einer gewissen Zeit einen stabilen Zustand (Equilibrium) erreicht. Bis hier haben wir ein makroskopisches Modell der Klasse" Entwurfsprozeß" erhalten. Existierende oder gewünschte Entwurfsprozesse können instantiiert werden, wobei die geeigneten Attribute zum Parametrisieren der beteiligten Objekte gewählt werden müssen. Die

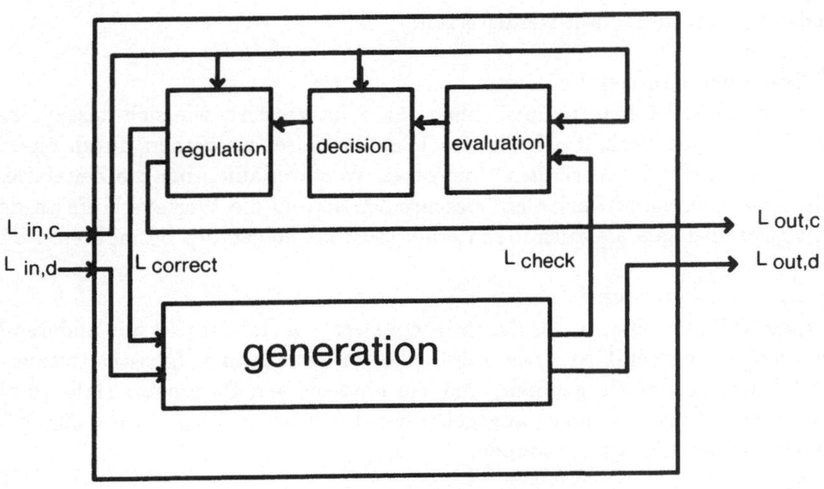

Abb. 2: Verfeinertes Modell des Entwurfsprozesses

erhaltene Struktur spiegelt nicht notwendigerweise die Arbeitsteilung des Entwurfsprozesses wieder (d.h. die beteiligten Abteilungen), sondern klassifiziert lediglich
die verschiedenen Aktivitäten, die ausgeführt werden müssen. Diese makroskopische
Sichtweise scheint allerdings nur für eine sehr grobe Analyse eines Entwurfsprozesses
geeignet zu sein, oder für den Fall, daß der zu analysierende Prozeß eine sehr kleine
Subaktivität eines komplexen Entwurfsprozesses ist. Um große Prozesse zu analysieren, müssen die beiden allgemeinen Paradigmen für diesen Zweck zur Beherrschung
von Komplexität befolgt werden:

- Divide et impera (d.h. es wird ein Kompositions- /Dekompositionsmechanis-
  mus benötigt)

- Abstraktion

1.2 Abstraktionsebenen

Verschiedene Abstraktionsebenen haben eine lange Tradition beim Entwurf komplexer Systeme, insbesondere im Fall des Entwurfs digitaler Systeme. Unglücklicher-
weise gibt es keinen allgemein akzeptierten Standard für Abstraktionsebenen. Das
nachfolgend beschriebene System scheint jedoch eine breite Vielfalt derartiger Sche-
mata zu überdecken. Es umfaßt sechs Ebenen, wobei die Ebene 1 (Elektrische
Ebene/Layout) die niedrigste ist und Ebene 6 (Systemebene) die höchste. Bevor
diese Ebenen diskutiert werden sollen, muß zunächst das Konzept der Sicht(weise)

14

eingeführt werden. Es gibt vier hauptsächliche Sichten, unter denen ein zu entwerfendes System betrachtet werden kann:

1) Die Verhaltenssicht

In dieser Sicht ist man hauptsächlich daran interessiert, wie sich das System über die Zeit hinweg verhält. D. h. es kann beschrieben werden durch eine Menge "charakterisierender Variablen" und deren Werteverläufe über die Zeitachse. Diese "charakterisierenden Variablen" beschreiben sowohl die Werteverläufe an den Ein-/Ausgabeleitungen als auch die internen Zustandsfolgen des betrachteten Objekts.

2) Die Struktursicht

In diesem Fall ist man mehr daran interessiert, wie das Objekt aus anderen Objekten zusammengesetzt ist. Die Subobjekte müssen dazu aufgelistet werden, wobei die Klasse, zu der sie gehören, und die notwendigen Parameter (falls es sich um generische Objekte handelt) angegeben werden müssen. Zusätzlich muß die Verbindungsstruktur spezifiziert werden.

3) Die Geometriesicht

In dieser Sicht werden Objekte und ihre Subobjekte als mit geometrischen Eigenschaften behaftet betrachtet. Somit ist ihre relative Position zueinander ebenso von Interesse wie symbolische oder reale Dimensionen in einem n-dimensionalen Raum.

4) Die Testsicht

Diese Sicht scheint zunächst der Verhaltenssicht zuzuordnen, da man entscheiden will, ob sich ein gefertigtes System so verhält wie intendiert. Jedoch ist Testen ein bißchen unterschiedlich, da in den meisten Fällen nur strukturorientiertes Testen möglich ist. Hier wird die Existenz oder Nichtexistenz angenommener struktureller Defekte (Fehlermodelle) überprüft.

Falls man sich auf die Sichten 1 - 3 beschränkt, läßt sich dieser Multisichten-Ansatz graphisch sehr übersichtlich mittels Gajsky's Y-Diagramm (Abb.3) darstellen. Dieses Bild läßt sich sehr einfach zu einem X-Diagramm erweitern, das die Testsicht auch überdeckt (Abb. 4). Eine alternative Darstellung mit gleicher Aussagekraft ist durch eine vierseitige Pyramide (Abb. 5) gegeben. Diese Darstellung gibt sehr schön wieder, daß höhere Abstraktionsebenen in der Regel weniger Information als niedrigere beinhalten.

Nun sollen die verschiedenen Abstraktionsebenen detaillierter diskutiert werden:

Ebene 6 : Systemebene

Verhalten:

- Modellierungskonzept:

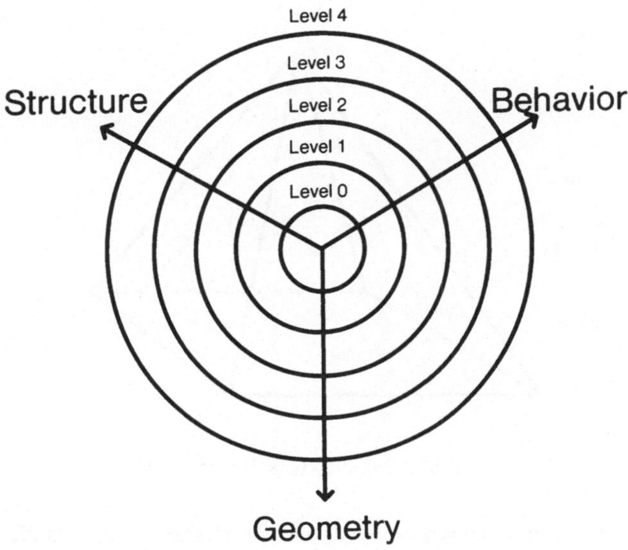

Abb. 3: Gajsky's Y-Diagramm

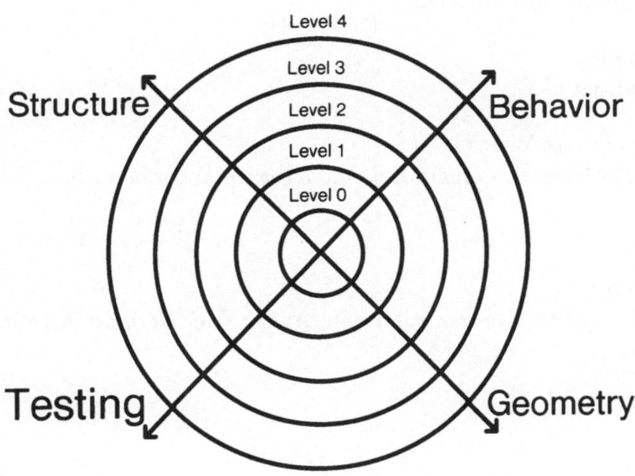

Abb. 4: X-Diagramm

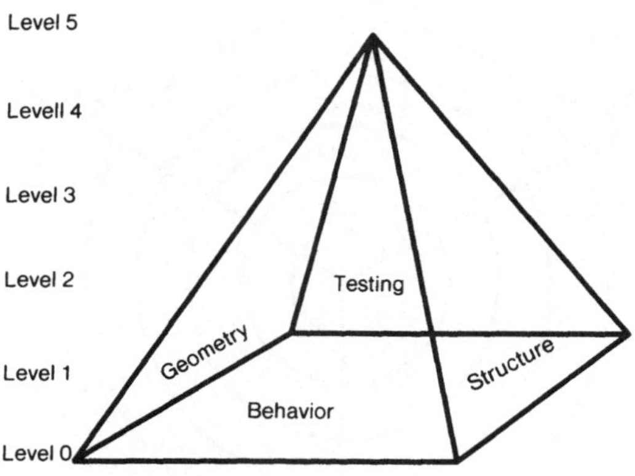

Abb. 5: Entwurfs-Pyramide

System von semiautonomen Modulen wie Prozessoren, Kanäle, Steuerwerke, je charakterisiert durch :

- Funktionalität (d.h. den Instruktionssatz)

- Leistungskriterien

- Kommunikationsprotokolle

- Zeitmodell :
  Kausalitiät

- Beobachtbare Werte :
  Beliebige Werte in einem frei definierbaren Wertebereich.

Struktur:

- Statisch :
  Auflistung von Komponenten und Angabe der Verbindungsstruktur

- Dynamisch :
  Aufrufstruktur

Geometrie:

- Floorplanning im weiteren Sinn

Testkonzepte:

• Allgemeine globale Teststrategie.

Erläuterungen:
Das Modellierungskonzept auf dieser Ebene für das Verhalten ist durch ein System semiautonomer kooperierender Module wie Prozessoren, Kanäle, etc. gegeben. All diese Komponenten werden als "Prozessoren" in einem weiteren Sinn betrachtet, d.h. als Objekte, die in wohldefinierter Weise auf Instruktionen reagieren. Damit sind aus einer theoretischen Sichtweise Abstrakte Datentypen (ADT) gut geeignet, als konzeptionelles Modell für diese Ebene zu dienen. Wenn man sich aus dem Bereich der Software nähert, so paßt das Konzept der objektorientierten Programmierung sehr gut. Drei hauptsächliche Eigenschaften müssen pro beteiligtem Modul (Objekt) spezifiziert werden:

• Für jedes Modul muß die grundlegende Funktionalität angegeben werden. Dies bedeutet nichts anderes, als Syntax und Semantik seines Instruktionssatzes zu definieren.

• Die grundlegenden Restriktionen auf dieser Ebene sind solche bezüglich der Leistung. Sie können global oder pro beteiligtem Modul spezifiziert sein.

• Schließlich müssen Syntax und Semantik der globalen Kommunikationsstruktur angegeben werden. Dies geschieht durch Definition von Protokollen für jede existierende Kommunikationsverbindung.

Die Struktur auf dieser Ebene ist durch einfaches Auflisten der beteiligten Komponenten (Typ und Instantiierung) und durch Angabe der Verbindungsstruktur gegeben. Diese Verbindungen können ebenfalls als Komponenten angesehen werden. Ihnen werden in der Verhaltenssicht die Kommunikationsprotokolle zugeordnet. Neben dieser statischen Struktur kann zusätzlich eine dynamische existieren. Sie gibt pro Modul an, von welchen anderen Modulen es Dienste anfordert und an welche es Dienste anbietet. Natürlich ist auch diese Information in Verbindung mit der Verhaltenssicht zu sehen.
Auf dieser Ebene existiert sehr wenig geometrische Information, falls man den logischen Entwurf betrachtet. Andererseits finden grundlegende mechanische Entscheidungen auf dieser Ebene statt. In den meisten Fällen durch externe Restriktionen gesteuert, wird auf dieser Ebene die dreidimensionale Plazierung der Komponenten durchgeführt.
Betrachtet man das Testen, so muß auf dieser Ebene eine globale Teststrategie festgelegt werden. Modulweise muß die Steuerbarkeit und Beobachtbarkeit betrachtet und die jeweilige Testmethode festgelegt werden. Besondere Beachtung muß auf die Kommunikationskanäle, d.h. auf die Protokolle gelegt werden.

Beispiel:
Es wird ein System angenommen, das aus vier Transputer-artigen Prozessoren besteht. Jeder dieser Prozessoren hat vier Kommunikationskanäle, wobei eine Verbindungsstruktur in Form eines Torus angenommen wird. Abb. 6 zeigt diese Struktur.

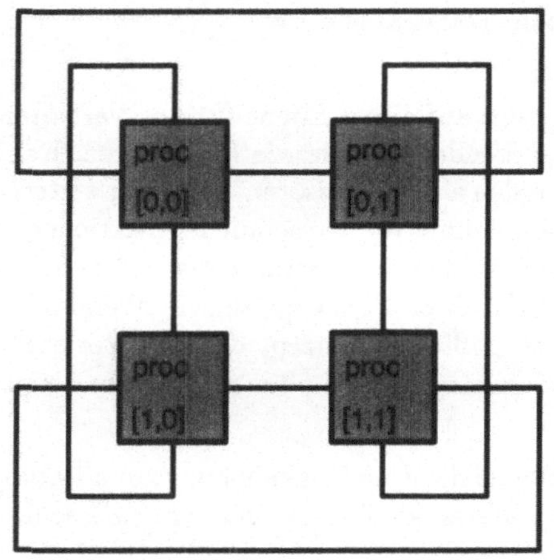

Abb. 6: Ein Prozessor-Torus

Ein derartiges System kann DACAPO-artig (siehe Abschnitt 2.3) wie folgt beschrieben werden:

```
definition module processor;
 type processor =
   export (operation_class_1,
           operation_class_2,
           operation_class_3) procedure processor;
   processor.operation_class 1 =
           procedure processor.operation_class_1;
   processor.operation_class 2 =
           procedure processor.operation_class_2;
   processor.operation_class 3 =
           procedure processor.operation_class_3;
   channel                      = procedure channel;
end processor.

module main;
 from processor import processor,
      processor.operation_class_1,
      processor.operation_class_2,
      processor.operation_class_3,
      channel;
 var processor_array : array [0:1,0:1] of processor;
```

```
 link_array       : array [0:7]   of channel;
 .
 .{declarion of other (local) objects}
 .

conbegin
 .
 . {description of the system's behavior}
 .
end main.
```

Typische dedizierte Sprachen für diese Ebene sind:

- Um die Funktionalität zu beschreiben : DACAPO, VHDL, (OCCAM)
- Um die Leistung zu beschreiben : HIT
- Um Protokolle zu beschreiben : SDL, SLIDE, LASSO, (DACAPO)

Ebene 5 : Algorithmische Ebene

Verhalten :

- Modellierungskonzept:
  Nebenläufige Algorithmen

- Zeitmodell :
  Kausalität oder diskrete Realzeit

- Beobachtbare Werte :
  Bitketten mit Interpretation.

Struktur:

- Keine spezifische Information.

Geometrie :

- Keine spezifische Information

Test:

- Softwareartiges Testen von Algorithmen (Tests auf niedrigeren Ebenen können möglicherweise davon abgeleitet werden).

Erläuterungen :
Die Module auf der Systemebene sind Prozessoren im weiteren Sinn. Sie haben jeweils einen Instruktionssatz, der zu interpretieren ist. Auf der algorithmischen Ebene muß nun pro Modul der dazugehörige Interpretationsalgorithmus für den spezifischen Instruktionssatz definiert werden. Dieser Algorithmus ist üblicherweise hochgradig nebenläufig (z.B. falls Pipelining benutzt wird). Daher erscheinen Modellierungskonzepte wie Petri-Netze oder CSP für diesen Zweck gut geeignet zu sein. Sie werden an späterer Stelle detaillierter diskutiert werden. Diese Ebene wird oft auch Mikroprogrammierungsebene genannt. Tatsächlich kann man sich ein System als Hierarchie von Interpretern vorstellen, wobei jeder Interpreter ein Mikroprogramm ist, das den Instruktionssatz der nächsthöheren Mikroprogrammiersprache interpretiert. Bezüglich des Zeitmodells interessiert man sich auf dieser Ebene in den meisten Fällen weiterhin nur für Kausalitäten. Allerdings wird in manchen Fällen ein diskretes Zeitmodell angenommen, wobei man ein bestimmtes Taktschema im Auge hat. Die beobachtbaren Werte sind ein wenig konkreter als auf der Systemebene. Ihre Eigenschaft als Bitketten ist nun in den meisten Fällen sichtbar. Doch ist dies weiterhin von geringerem Interesse, man konzentriert sich mehr auf die typspezifische Interpretation (z.B. als Integer). Bezüglich der Struktur müssen wir zwischen der Komposition einer Kontrollstruktur aus Komponenten wie "While-Schleife" oder "Fork/Join" und der Stuktur des Operationsteils des Algorithmus unterscheiden. Im letzteren Fall werden auf dieser Ebene bereits recht hardwarenahe Komponenten wie Register oder ALUs benutzt. Geometrische Information ist auf dieser Ebene nicht präsent. Es gibt eine Reihe von Testmethoden für Algorithmen. Sie alle stammen aus dem Bereich des Softwaretestens. Sie können entweder als Grundlage für funktionales Testen oder zur Ableitung von Testmustern auf niedrigeren Ebenen benutzt werden.

Beispiel:
Angenommen wird ein gewöhnlicher Prozessor vom von-Neumann-Typ. Er habe einen Interpretationszyklus, bestehend aus `"instruction fetch"`, `"operand fetch"` und `"execute"`. Weiterhin wird angenommen, daß diese drei Aktivitäten im Pipelining ablaufen, also nebenläufig. Sie sollen mittels eines Taktes , genannt `"mainclock"`, synchronisiert werden. Ein derartiges System kann auf algorithmischer Ebene in DACAPO-artiger Weise wie folgt beschrieben werden :

```
procedure alg_demo;

procedure instr_fetch (in inreg : bit(32); out outreg : bit(32));
    {procedure body, defining how the instruction is fetched based
    upon an address obtained from inreg, resulting in an instruction
    stored in outreg}

procedure operand_fetch (in inreg : bit(32); out outreg : bit(32));
    {prodedure body, defining how the operand is fetched based
```

```
upon an address obtained from inreg, resulting in an operand
stored in outreg}
```

procedure execute (in instr, operand : bit(32); out status : bit(32));
```
    {procedure body defining how the instruction obtained from
    instr is executed using the operand obtained from operand,
    resulting in a status information stored in status}
```

```
conbegin
  while not halt do
  at up (mainclock) do
    conbegin
      instr_fetch(memory_adr_register, instr_reg);
      operand_fetch(instr_reg, operand_reg);
      execute(instr_reg, operand_reg, status)
    end
end
```

Man beachte, daß in dem Beispiel mehrere Details weggelassen wurden. So wurde
keine der globalen Variablen wie **memory-adr-register** deklariert. Weiterhin wurden einige Seiteneffekte der Prozeduren angenommen. Man beachte, daß die Struktur des Algorithmus nicht unmittelbar die Struktur der zu implementierenden Hardware wiedergibt. Jedoch mag eine gewisse Hardwarestruktur impliziert werden, z.B.
wegen der beschriebenen Pipeline-Struktur (**conbegin**).
Eine typische dedizierte Sprache für diese Ebene ist ISPS. DACAPO als Breitbandsprache überdeckt diese Ebene ebenfalls.

Ebene 4 : Registertransferebene

Verhalten :

- Modellierungskonzept :
  Nicht geordnete Menge von Operationen, jede Operation ein "Guarded Command"

- Zeitmodell :
  Diskrete Realzeit (Zählen von Taktzyklen)

- Beobachtbare Werte :
  Bitketten (meist ohne Interpretation)

Struktur :

- Aufzählung von RT-Komponenten plus Verbindungsstruktur

Geometrie :

- Floorplanning

Testkonzepte :

- Spezielle Testmethoden für RT-Module (RAM, ROM, PLA, ALU, Schieberegister), C-Testbarkeit, Regelüberprüfer für "Design for Testability" auf RT-Ebene.

Erläuterungen :
Die Registertransferebene kann als das Inverse der algorithmischen Ebene charakterisiert werden. Auf der algorithmischen Ebene wird das System in einer imperativen Weise betrachtet. Das heißt, daß die Sichtweise die des Steuerwerkes ist. Dieses entscheidet, wann nach welchen vorhergehenden Aktionen eine bestimmte Aktion durchgeführt werden darf. Die strikt sequentielle Anordnung in üblichen imperativen Sprachen wird hier generalisiert, um auch Nebenläufigkeit zu erlauben. Auf der Registertransferebene wird eine reaktive Sichtweise eingenommen. Das System wird nun aus Sicht der gesteuerten Objekte betrachtet. Jedes derartige Objekt beobachtet kontinuierlich eine objektspezifische Bedingung. Wann immer diese Bedingung wahr wird, führt das Objekt seine Aktion durch. Dabei modifiziert es üblicherweise die Bedingungen innerhalb des Bedingungsraums. Dadurch mag es die Ausführung anderer Objekte (einschließlich seiner selbst) ermöglichen.
Auf dieser Ebene ist man üblicherweise an einem spezifischen synchronen Taktungsschema interessiert. Daher wird das Zeitschema auf dieser Ebene meist durch das Zählen von Taktzyklen gegeben. Bedingungen auf der Basis dieser Taktsignale sind Bestandteil der Ausführbarkeitsbedingungen der involvierten Module. Es hängt von dem jeweiligen Implementierungskonzept für das Zeitschema ab, ob Taktpegel, steigende, fallende oder beide Flanken, oder gar eine Mischung dieser Techniken benutzt werden. Die beobachtbaren Werte sind nun Bitketten. In den meisten Fällen wird ihnen nicht mehr eine feste Interpretation (Typ) zugeordnet. Vielmehr werden sie von verschiedenen Objekten unterschiedlich interpretiert. Auf der Registertransferebene wird die endgültige Hardwarestruktur sichtbar. Das System wird daher als Verschaltung von Registertransfermodulen beschrieben. Typische derartige Module sind Register, ALUs, Multiplexer, Kodierer, Dekodierer, Schiebebausteine, etc. Somit ist in dieser Sicht die Registertransferebene eine grobe Netzliste. Für einige der Komponententypen auf der Registertransferebene existieren spezielle semifunktionale Testmethoden. Sie können unabhängig von einer speziellen Implementierungstechnik ausgewählt und angewandt werden. Darüberhinaus werden auf dieser Ebene wichtige Entscheidungen in Bezug auf testbare Entwürfe getroffen. Als Beispiel diene die Entscheidung, ob ein Prüfbus eingeführt werden soll. Daher ist es sinnvoll, daß Regelüberprüfer, die auf Testbarkeit prüfen, Information auf dieser Ebene verarbeiten.

Beispiel :

Es sei ein System angenommen, bestehend aus zwei Bussen, zwei Registern, die je mit beiden Bussen bidirektional verbunden sind, und einer ALU, die von beiden Bussen gleichzeitig gelesen werden kann und ihr Ergebnis über eine dedizierte Verbindung in ein drittes Register schreibt. Dieses dritte Register kann auf beide Busse schreiben. Abb. 7 zeigt dieses System.

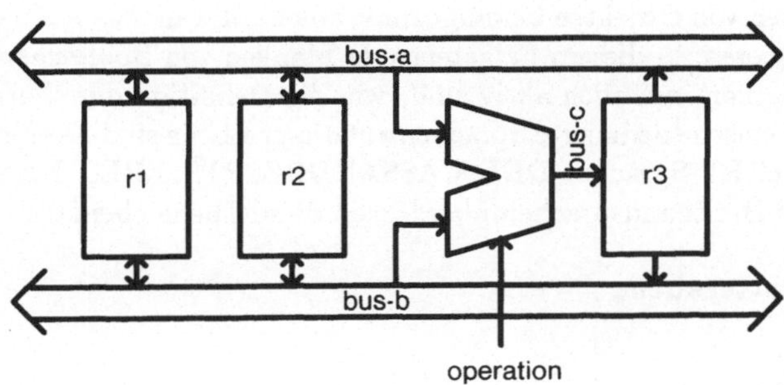

Abb. 7: Beispiel eines Datenpfades

Auf Registertransferebene kann dieses System in DACAPO-artiger Weise wie folgt beschrieben werden :

```
procedure register_transfer_example:
    {declarations}
    impdef
        at up (clk and r1_from_a) do r1 := bus_a;
        at up (clk and r1_from_b) do r1 := bus_b;
        at up (clk and r2_from_a) do r2 := bus_a;
        at up (clk and r2_from_b) do r2 := bus_b;
        at up (clk and r3) do r3 := bus_c;
        bus_a := case sender_a of
                r1_send_a :   r1;
                r2_send_a :   r2;
                r3_send_a :   r3
                end;
        bus_b := case sender_b of
                r1_send_b :   r1;
                r2_send_b :   r2;
                r3_send_b :   r3
                end;
```

```
bus_c := case operation of
        add     :  bus_a + bus_b;
        sub     :  bus_a - bus_b;
        and     :  bus_a and bus_b
        end;
```

Man beachte, daß auch dieses Beispiel rudimentär ist. Es fehlen nicht nur die Deklarationen, sondern auch die Generierung der Steuersignale. Es läßt sich beobachten, daß zwei Klassen von Objekten beteiligt sind: Solche, die auf das Auftreten spezieller Ereignisse reagieren, in diesem Fall steigende Flanken von Booleschen Ausdrücken, und solche, die kontinuierlich aktiv sind, wie die Definition der Werteverläufe auf den Bussen. Typische dedizierte Sprachen auf dieser Ebene sind beispielsweise: CDL (die "klassische" RT-Sprache), DDL, CASSANDRE, RTS, ERES, KARL. DACAPO und VHDL als Breitbandsprachen überdecken diese Ebene ebenfalls.

Ebene 3 : Gatterebene

Verhalten :

- Modellierungskonzept :
  System "Boolescher" Gleichungen (in vielen Fällen wird eine mehrwertige Logik benutzt. Derartige Logiken sind meist nicht Boolesch.)

- Zeitmodell:
  Kontinuierliche Realzeit

- Beobachtbare Werte :
  "Bits" (sie können mehrwertig sein).

Struktur :

- Auflistung von Komponenten und Angabe der Verbindungsstruktur (Netzliste)

Geometrie :

- Floorplanning

Testkonzepte :

- Strukturorientiertes Testen, Fehlermodelle wie Haftfehler oder Kurzschlußfehler, Testmustergeneratoren.

Erläuterungen :
Beschreibungen auf der Gatterebene können als Expansion der Module auf der RT-Ebene angesehen werden. Allerdings geht die semantische Information über die Unterscheidung zwischen Daten-und Steuersignalen, wie sie auf der RT-Ebene noch vorhanden ist, vollständig verloren. Man hat nun lediglich ein Netz mit Gattern und Flipflops als Knoten und Einbit-Verbindungsleitungen als Kanten. Das Verhalten ergibt sich aus der Transformationsabbildung an den Knoten, die kontinuierlich ausgeführt wird, und durch das Werteverteilungsschema, wie es durch die Verbindungsstruktur gegeben ist. Auf dieser Ebene ist man in vielen Fällen an präzisen Informationen über das Zeitverhalten interessiert. Daher ist das übliche Zeitmodell auf dieser Ebene das der kontinuierlichen Realzeit. Allerdings werden verschiedene approximative Verzögerungskonzepte benutzt, die von simplen Konzepten wie feste Nominalverzögerung bis hin zu Modellen reichen, die fast das analoge Verhalten der beteiligten Module wiederspiegeln. Beobachtbare Werte sind "Bits" in einer mehrwertigen Logik, wobei bis zu 32 verschiedene Werte betrachtet werden. Die logische Struktur ist auf dieser Ebene sehr gut dokumentiert. Dabei müssen die Knoten nicht auf "Gatter" im engen Sinn beschränkt sein, sondern auf atomare Schaltungen, die durch einen Booleschen Ausdruck bzw. durch ein Bündel Boolescher Ausdrücke beschrieben werden können. Dadurch sind auch hierarchische Beschreibungen möglich. Testen ist lange Zeit nur auf der Gatterebene betrachtet worden. Daher gibt es auf dieser Ebene eingeführte Fehlermodelle, die ein strukturorientiertes Testen erlauben. Dabei handelt es sich um eine Testmethode, bei der man nicht funktionelles Fehlverhalten, sondern nur die Anwesenheit von irgendeinem als möglich erachteten Defekt ausschließen will. Die üblichen Fehlermodelle sind Haftfehler und Kurzschlußfehler. Für derartige Fehlermodelle existieren Testmustergeneratoren (ATPG), falls gewisse Restriktionen beachtet werden.

Beispiel:
Es sei als Verzögerungsmodell eine einfache Durchlaufverzögerung angenommen, die jedem Gatterausgang zugeordnet wird.
Gegeben sei die in Abb. 8 gezeigte Schaltung. Sie läßt sich auf Gatterebene in DACAPO-artiger Weise wie folgt beschreiben:

```
procedure gate_demo;
    .
    .
    .
    impdef
      sig1 := sig7 and (sig5 or sig10) delay (up 5 to 7, down 3 to 6);
      sig2 := not sig1 delay (3 to 8);
      .
      .
      .
```

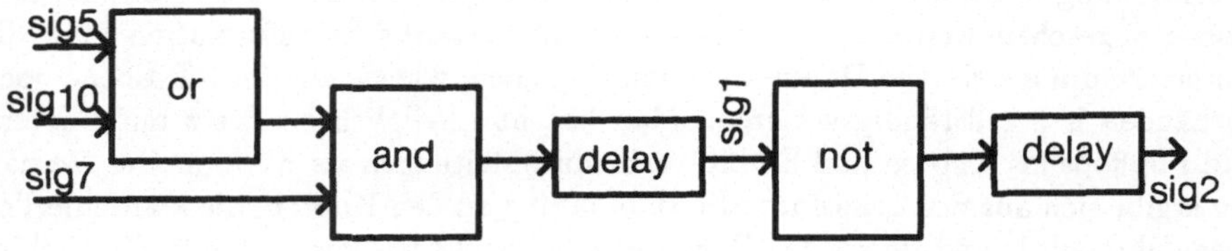

Abb. 8: Beispiel einer Gatterschaltung

In diesem Beispiel wurde angenommen, daß es für steigende und fallende Flanken
unterschiedliche Verzögerungszeiten gibt. Weiterhin wurde mit Unsicherheitsinter-
vallen bei der Verzögerungsbeschreibung gerechnet.
Typische dedizierte Sprachen für diese Ebene sind unter den Eingabesprachen von
Gattersimulatoren wie TEGAS, DISIM, LSIM, DSIM, HILO, CADAT zu finden.
Diese Ebene wird allerdings auch von gewissen RT-Sprachen, die eine hinreichend
präzise Beschreibung des Zeitverhaltens erlauben (z.B. ERES), und natürlich durch
Breitbandsprachen wie DACAPO und VHDL überdeckt. Darüber hinaus gibt es
Bestrebungen, diesen Rahmen auf komplexere Module auszuweiten. Die grundlegende Idee ist es, das Ein-/Ausgabeverhalten von Modulen ("Supergatter") in einer
bestimmten Sprache zu beschreiben und diese "Supergatter" in Beschreibungen auf
der Gatterebene einzufügen. Dieser Ansatz sollte nicht mit der RT-Ebene verwechselt werden. Auf der RT-Ebene existiert ein wohldefinierter konzeptioneller Rahmen,
während hier beliebige Module ohne vordefinierte Semantik verschaltet werden. Obwohl nur die Funktion der "Supergatter" beschrieben werden muß, werden für diesen
Zweck meist algorithmische Sprachen benutzt. Als Beispiele für derartige "Verhal-
tenssprachen" ("Behavioral Languages"), wie sie meist genannt werden, mögen dienen: HELIX, DABL, QL, CAP/FBDL. ELLA fällt in dieselbe Klasse, folgt jedoch
als konsequent funktionale Sprache einem saubereren Ansatz.

Ebene 2 : Schalterebene / Symbolisches Layout

Verhalten :

- Modellierungskonzept :
  System mehrwertiger diskreter Gleichungen

- Zeitmodell :
  Kontinuierliche Realzeit

- Beobachtbare Werte :
  Paare der Art (logischer Wert, Stärke)

Struktur :

- Auflistung von Transistoren (unterschiedlichen Typs) zusammen mit Angabe einer Verbindungsstruktur, wobei den Netzen Kapazitäten zugeordnet werden

Geometrie :

- Stickdiagramme (d.h. nichtmetrisches Layout)

Testkonzepte :

- Strukturorientiertes Testen mit modifizierten Fehlermodellen, Modifikationen zur Erhöhung der Testbarkeit, Ausnutzung topologischer Information zur Verringerung der Anzahl möglicher Kurzschlußfehler.

Erläuterungen :
Beschreibungen auf der Schalterebene werden entweder dadurch erhalten, daß man solche auf der Gatterebene zu Netzwerken aus Schaltern und Kapazitäten expandiert, oder indem man solche Schaltwerke erzeugt, die keine Entsprechung auf der Gatterebene haben. Als Modellierungskonzept hat man ein System mehrwertiger diskreter Gleichungen. Eine andere mögliche Betrachtungsweise ist die des endlichen Automaten, wobei sich der Zustand aus der momentanen Ladungsverteilung in den Kapazitäten ergibt. Die Komponenten, die auf dieser Ebene benutzt werden, sind simplifizierte Transistoren (idealisierte Schalter,"switches") und "Knoten" (Kapazitäten). Beobachtbare Werte sind jeweils Paare bestehend aus einem logischen Wert und einer Signalstärke. Beide Werte haben üblicherweise einen endlichen Wertebereich. Das Zeitmodell ist wie im Fall der Gatterebene kontinuierliche Realzeit. Bezüglich der Strukturbeschreibung müssen die involvierten Transistoren aufgelistet und die Verbindungsstruktur angegeben werden. Jedem verbindenden Netz kann eine Kapazität zugeordnet werden. Die geometrische Information wird in Form von Stickdiagrammen gegeben. Über die reine Strukturinformation hinaus enthalten sie Information über die relative Lage der Komponenten zueinander und die Dotierungsebene der Verbindungsleitungen. Natürlicherweise versucht man die strukturellen Testmethoden der Gatterebene auf dieser Ebene auch anzuwenden. Allerdings müssen hierzu die Fehlermodelle leicht modifiziert werden. Die geometrische Information, die auf dieser Ebene vorhanden ist, kann sinnvoll für Testzwecke eingesetzt werden. Speziell im Fall von Kurzschlußfehlern können die möglichen Kurzschlüsse ignoriert werden, die zwischen entfernten Punkten stattfinden müßten (eine Information, die auf höheren Eben nicht vorliegt).

Beispiel :
Abb. 9 zeigt die Struktur eines CMOS NAND-Gatters, Abb. 10 ein Stickdiagramm dazu.
Diese geometrische Information könnte alternativ auch in einer algorithmischen Layoutsprache gegeben werden. Nimmt man einen Prozedurtyp `collect (capacity,`

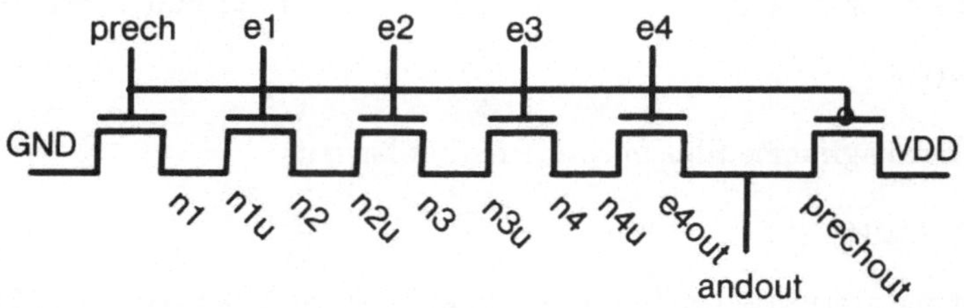

Abb. 9: Schematic eines CMOS NAND-Gatters

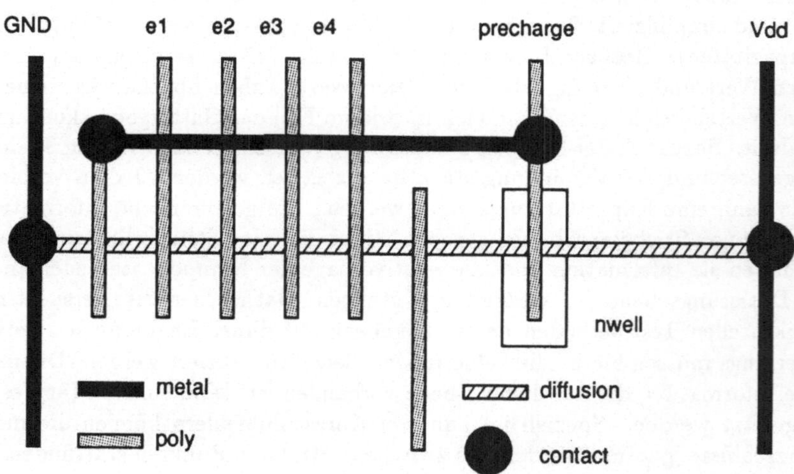

Abb. 10: Stickdiagramm eines CMOS NAND-Gatters

port1, port2,...,portn) zum Beschreiben von Netzen und einen Prozedurtyp transfer (technology, gate, source, drain) zur Beschreibung von Transistoren an, so kann diese Schaltung in DACAPO-artiger Weise wie folgt beschrieben werden :

```
procedure switch_level_example;
    .
    .
    .
  impdef
    .
    .
    transfer (pmos, prech, vdd, prechout);
    transfer (nmos, e4, n4u, e4out);
    transfer (nmos, e3, n3u, n4);
    transfer (nmos, e2, n2u, n3);
    transfer (nmos, e1, n1u, n2);
    transfer (nmos, prech, gnd, n1);
    collect (strength1, prechout, e4out, andout);
    collect (strength2, n4u, n4);
    collect (strength2, n3u, n3);
    collect (strength2, n2u, n2);
    collect (strength2, n1u, n1);
```

Alle Knoten(Netze) außer dem ersten werden mit gleicher Kapazität angenommen. Vdd und GND werden als vordefinierte Konstanten angenommen.
Die klassische dedizierte Sprache auf dieser Ebene ist die Eingabesprache des Switch-Level-Simulators MOSSIM. Diese Ebene wird partiell auch von den derzeitigen Versionen der Breitbandsprachen DACAPO und VHDL überdeckt. Typische geometrische Sprachen auf dieser Ebene sind die verschiedenen Notationen für Stickdiagramm-Editoren. Ein Beispiel für eine algorithmische Layoutsprache für symbolisches Layout ist HILL.

Ebene 1 : Elektrische Ebene / Layout

Verhalten :

- Modellierungskonzept :
  System von Differentialgleichungen

- Zeitmodell :
  Kontinuierliche Realzeit

- Beobachtbare Werte :
  Werte innerhalb eines kontinuierlichen Wertebereichs (Spannungen, Ströme,...)

Struktur :

- Auflistung elektrischer Elementarbausteine und Angabe der Verbindungsstruktur

Geometrie :

- Metrisches Layout

Testkonzept :

- Identifikation von Masken- oder Fabrikationsdefekten, funktionaler Vergleich zwischen intendiertem und beobachtetem Verhalten.

Erläuterungen :
Auf dieser Ebene wird die digitale Interpretation der Schaltung aufgegeben und das analoge Verhalten betrachtet. Das Modellierungskonzept ist durch ein System von Differentialgleichungen über kontinuierlichen Wertebereichen und in kontinuierlichen Zeitbereichen gegeben. Die benutzten Elementarbausteine sind Widerstände, Kapazitäten, etc.. Das Layout ist mit der elektrischen Beschreibung eng gekoppelt, da es wenig Sinn macht, ein metrisches Layout ohne Kenntnis des Herstellungsprozesses anzufertigen. Das metrische Layout unterscheidet sich vom symbolischen dadurch, daß jedes benutzte Objekt eine wohldefinierte Bemaßung hat. Zusätzlich muß auf dieser Ebene die Maskeninformation für jeden Herstellungsschritt bereitgestellt werden, während man auf der Ebene des symbolischen Layouts von gewissen Schritten abstrahieren kann. Für das Testen ist diese Ebene dann essentiell, wenn man den physikalischen Grund eines Fehlers identifizieren will. Dies ist besonders in der Phase der Stabilisierung eines noch instabilen Herstellungsprozesses wichtig.

Beispiel :
Abb. 11 zeigt ein metrisches Layout.
Als Beispiel für eine Beschreibung des elektrischen Verhaltens diene folgende Beschreibung eines statischen NOR mit 4 Eingängen in DOMOS :

```
TITLE NORS4

CIRCUIT

$NOR S4-1
$ 1. EINGANG
T1 P E2 N12 E1 8 1.5 110 110
```

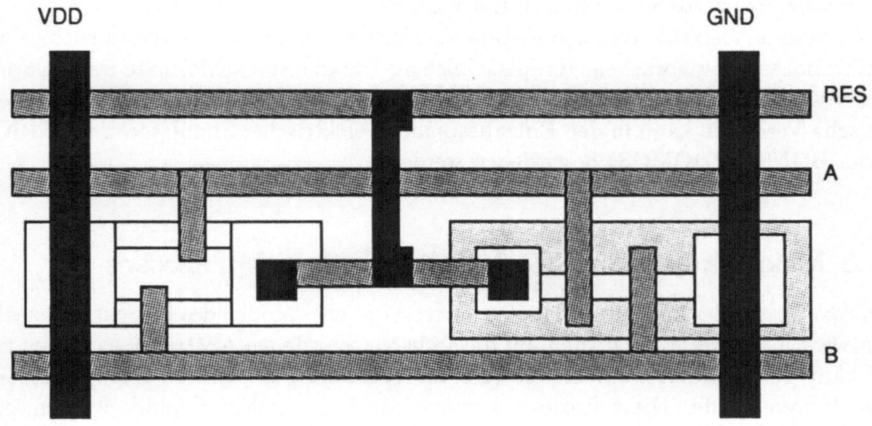

Abb. 11: Beispiel eines Layouts

```
T2 N E2 NO N11 8 2.5 110 110

$ 2. EINGANG
T3 P E3 N13 N12 8 1.5 110 110
T4 N E3 NO N11 8 2.5 110 110

$ 3. EINGANG
T5 P E3 N14 N13 8 1.5 110 110
T6 N E3 NO N11 8 2.5 110 110

$ 4. EINGANG
T7 P E3 N11 N14 8 1.5 110 110
T8 N E3 NO N11 8 2.5 110 110

$ AUSGANGSBELASTUNG JE 1 GATE GEGEN MASSE UND VDD
C 1 N11 E1 0.017
C2 NO N11 0.010

TIMER 0 160
PARAMETERS
N CHANNEL N BODY NO NB 1.8E14 TOX 0.04 VTO 1.0 CGOX 0.85E-3 BO 0.045
N THETA 0.045 LOV 0.0 K1 0.3 CJ 0.46E-4 FL 0.2 F 2.0
P CHANNEL P BODY E1 NB 1.8E16 TOX 0.04 VTO 1.0 CGOX 0.85E-3 BO 0.014
P THETA 0.055 LOV 0.0 K1 0.8 CJ 0.46E-3 FL 0.2 F 2.0
WIDTH 100
```

32

Typische dedizierte Sprachen auf dieser Ebene:
Es gibt eine Vielzahl von Layouteditoren. Darüberhinaus gibt es verschiedene algorithmische Layoutsprachen. Hauptsächlich als Datenaustauschformate werden Sprachen wie CIF oder EDIF als textuelle Darstellung von Layouts benutzt. Das elektrische Verhalten kann in den Eingabesprachen elektrischer Simulatoren wie SPICE oder BONSAI (DOMOS) beschrieben werden.

1.3 Mikroskopisches Modell des Entwurfsprozesses

In Abschnitt 1.1 wurde ein adäquates makroskopisches Modell des Entwurfsprozesses entwickelt. Dieses Modell kann auf die sechs verschiedenen Abstraktionsebenen unabhängig angewandt werden, was zu sechs vollständig getrennten Entwurfsprozessen führen würde. Diese Prozesse können jedoch dadurch verbunden werden, daß prozeßinterne Aktivitäten durch solche ersetzt werden, die sich über mehrere Ebenen erstrecken. Ein erster Kandidat für eine derartige Aktivität ist die generierende. Innerhalb einer Abstraktionsebene wird eine derartige Aktivität Modifikation oder Optimierung genannt. Falls sie sich von einer höheren Ebene zu einer niedrigeren erstreckt, wird sie in der Regel Implementierung genannt. Sie ersetzt dann die generierende Aktivität auf der niedrigeren Ebene. Somit hat man ein Modell erhalten, wie es in Abb. 12 skizziert ist.

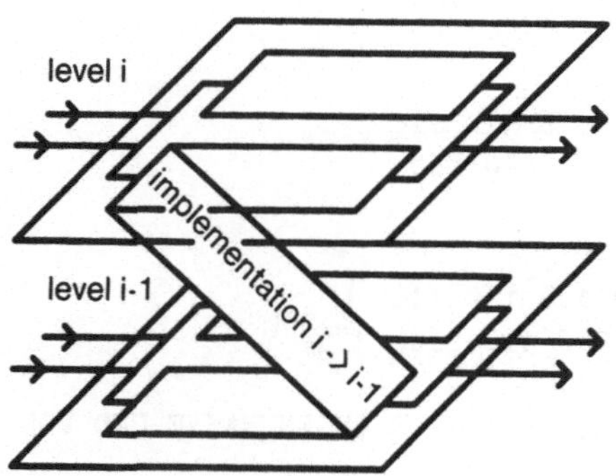

Abb. 12 Implementation im Entwurfsprozeß

Nun müssen die Ergebnisse der Implementations-Aktivität genauso behandelt werden wie die Ergebnisse der generierenden Aktivität, die dadurch substituiert werden. Dies bedeutet, daß sie dahingehend überprüft werden müssen, ob sie die aktuell auf der niedrigeren Ebene gültigen Restriktionen respektieren, oder nicht. Im Falle einer Verletzung wird man zunächst versuchen, das Problem auf der niedrigeren Ebene zu lösen, indem man Modifikationen und Optimierungen vornimmt. Gelingt dies nicht, bedeutet das, daß das auf der höheren Ebene entworfene Objekt mit den gewählten Implementationstechniken nicht unter Einhaltung der auf der niedrigen Ebene gültigen Restriktionen implementiert werden kann. Somit ist die einzige Chance, den Entwurf auf der höheren Ebene oder die Implementationsmethode zu ändern. Um eine derartige Maßnahme anzustoßen, muß die überprüfende Aktivität auf der niedrigeren Abstraktionsebene durch eine deabstrahierende substituiert werden. Diese deabstrahierende Steuerungsaktivität ersetzt die Intraebenen-Steueraktivität auf der höheren Ebene und dient dazu, die Probleme der niedrigeren Ebene zu übermitteln. Es ist zu beobachten, daß hiermit wieder eine Rückkopplungsschleife erhalten wurde, jedoch nun über mehrere Ebenen hinweg. Das so erhaltene Modell wird in Abb. 13 skizziert.

In Abb. 14 wird dieses Konzept über alle sechs Ebenen ausgedehnt, wobei der Übersichtlichkeit wegen von solchen Inter-Ebenen-Aktivitäten abgesehen wurde, die sich über mehr als zwei benachbarte Ebenen erstrecken. Grundsätzlich sind solche Aktivitäten natürlich nicht ausgeschlossen. Man kann sich sehr wohl eine Implementierungsaktivität vorstellen, die unmittelbar von der Systemebene auf die Layoutebene abbildet (idealer Silicon Compiler).

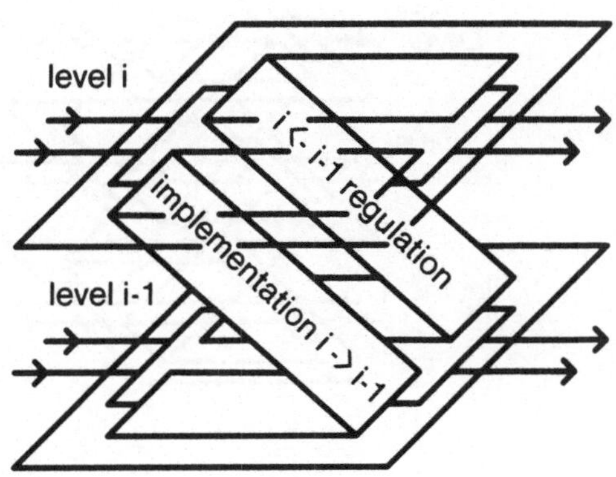

Abb. 13: Rückgekoppelter Entwurfsprozeß

Man kann sehen, wie der Aktivitätsfluß abwärts und aufwärts fließt, bis er auf der niedrigsten Ebene einen stabilen Zustand antrifft. Daher wird diese Entwurfsmethode ”Yoyo”-Entwurfsstil genannt. In jedem Zustand des Entwurfsprozesses existieren Dokumentationen der aktuellen Version des Entwurfs auf verschiedenen Abstraktionsebenen. Diese Dokumente bereit zu stellen, ist die Hauptaufgabe der beteiligten Hardwarebeschreibungssprachen. Da diese Dokumente jedoch auch vom Entwerfer verändert werden können, dienen Hardwarebeschreibungssprachen auch als Eingabemittel in den Entwurfsprozeß.

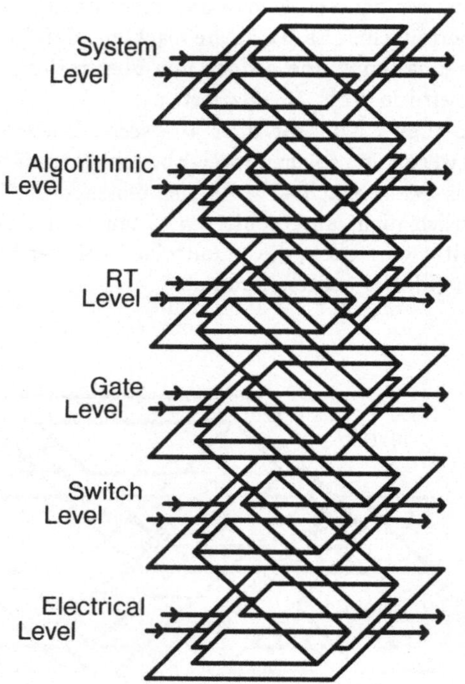

Abb. 14: Entwurfsprozeß über 6 Abstraktionsebenen

Aus dieser Diskussion folgt, daß die Skizze des Entwurfsprozesses durch zwei weitere wesentliche Komponenten komplettiert werden muß: Eine Aktivität, die über alle Abstraktionsebenen reicht, hat die verschiedenen Entwurfsdokumente auf den verschiedenen Abstraktionsebenen zu verwalten. Ein Entwurfsobjekt wird in verschiedenen Sichten (zumindest in den Sichten "Verhalten", "Struktur", "Geometrie" und "Testmethodik") auf verschiedenen Abstraktionsebenen dargestellt. Typischerweise sind diese Entwurfsdokumente hierarchisch organisiert. Hierarchie ist in diesem Kontext ein Konzept, das orthogonal zum Konzept der verschiedenen Abstraktionsebenen steht. Eine Abstraktionsebene ergibt sich durch ein spezielles Modellierungskonzept, das für die jeweilige Ebene spezifisch ist, während eine Hierarchie das Konzept der Komposition/Dekomposition wiedergibt. So sind typischerweise Dokumente über große Entwurfsobjekte auf jeder Abstraktionsebene hierarchisch. Auf der anderen Seite gibt es oft hierarchische Entwurfsdokumente, die mehrere Ebenen überspannen. Die andere Aktivität, die hinzugefügt werden muß, ist mit dem Management der Entwurfsdaten eng gekoppelt. Sie macht all diese Entwurfsdaten für den Entwerfer sichtbar und zugreifbar. Bei dieser Sichtweise wird diese Aktivität gerade ein bidirektionales Filter zwischen dem Benutzer Mensch und dem Entwurfsdatenverwalter. Dieselbe Aktivität sollte darüber hinaus benutzt werden, alle Information über Restriktionen und alle Steuerkommandos zum richtigen Empfänger zu leiten. So wird eine universelle Benutzerdialogkomponente daraus, die wiederum über alle Abstraktionsebenen reicht. Mit dieser Diskussion haben wir ein Modell des Entwurfsprozesses erhalten, wie es in Abb. 15 dargestellt ist.

Entwurfssysteme sind dazu da, Entwurfsprozesse zu unterstützen. Ein Entwurfssystem stellt zunächst eine statische Entwurfsumgebung zur Verfügung. Sie besteht aus einer Reihe von Komponenten, wobei jede Komponente gewisse Entwurfsaktivitäten ausführen kann. Hat man solch ein Entwurfssystem, so kann man es für einen speziellen Entwurfsprozeß personalisieren, indem man die Aktivitäten und den Informationsfluß dieses Prozesses auf die Fähigkeiten der Komponenten der statischen Entwurfsumgebung abbildet. Somit wird der Entwurfsprozeß eine Aktivierungsfolge ("activation record") von Komponenten der Entwurfsumgebung zusammen mit dem geeigneten Kommunikationsfluß. Diese Abbildung eines Entwurfsprozesses ("dynamische Architektur") auf eine Entwurfsumgebung ("statische Architektur") ist nicht notwendigerweise immer möglich. Es können entweder notwendige Fähigkeiten von Aktivitäten nicht vorhanden sein, oder aber es gibt Kommunikationsrestriktionen, die zu weit reichen. Eine leistungsfähige Entwurfsumgebung, die verschiedene Entwurfsprozesse unterstützen kann, sollte eine einheitliche Benutzeroberflächenkomponente, eine universelle Datenverwaltungskomponente und eine Reihe von dedizierten Komponenten, die spezielle Entwurfsaktivitäten ausführen können, enthalten. Weiterhin sollte der Informationsfluß in uniformer Weise organisiert sein, basierend auf standardisierten Schnittstellen und mächtigen, einheitlichen konzeptionellen Datenschemata. Solch eine vereinheitlichte Entwurfsumgebung sieht typischerweise aus, wie in Abb. 16 dargestellt.

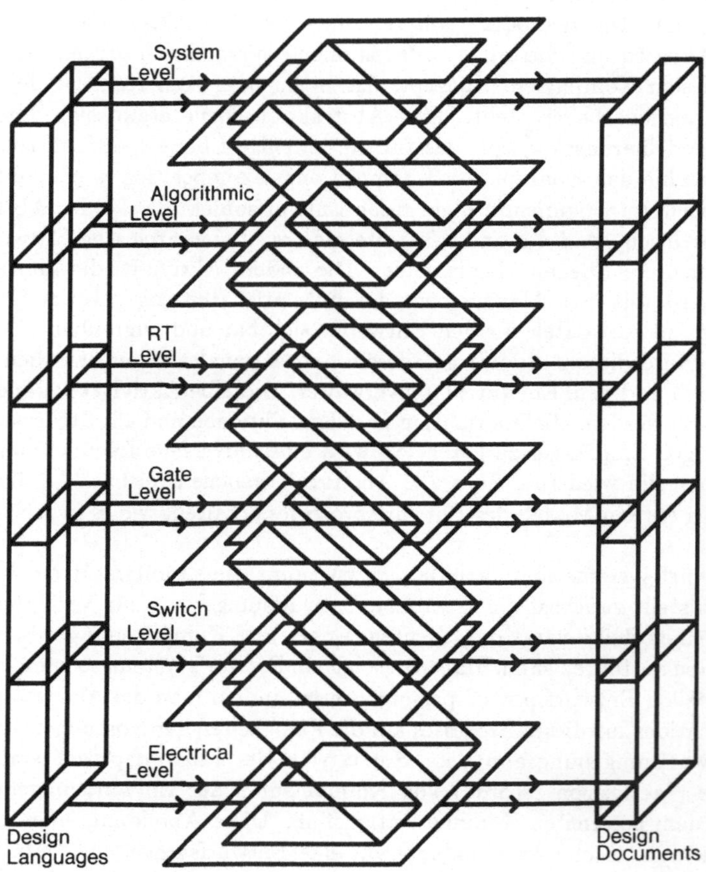

Abb. 15 Modell des Entwurfsprozesses

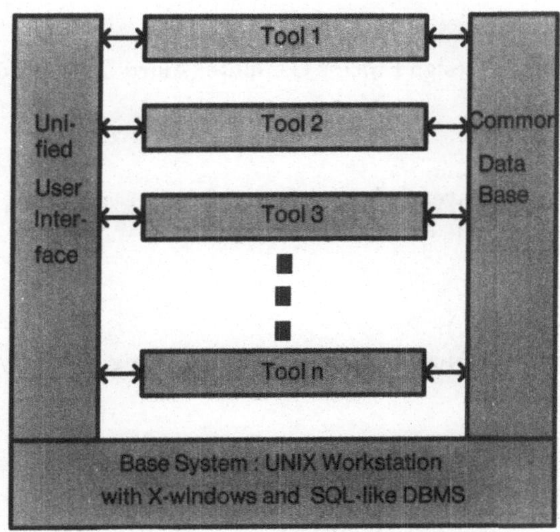

Abb. 16: Integrierte Entwurfsumgebung

1.4 Literatur

Zum Thema Entwurfsmethodik gibt es relativ wenig Literatur. Meist werden spezielle Fragestellungen oder eingeschränkte Anwendungsgebiete behandelt [02], [04], [09], [16], [19], [26], [27], [29], [32]. Koomen [12] versucht, den Entwurfsprozeß aus informationstheoretischer Sicht zu analysieren. Das in diesem Kapitel gewählte allgemeine Modell geht auf Amkreutz zurück [01]. In [23] wurde dieses Konzept auf verschiedene Abstraktionsebenen erweitert. Das Y-Diagramm geht auf Gajski zurück [05]. Der Datenbankaspekt des Entwurfsprozesses wurde intensiver bearbeitet. Die Publikationen [07], [11], [20], [22], [25], [30] mögen als repräsentative Beispiele dienen. Eine besondere Rolle kommt dabei der Datenmodellierung und Schemaarbeit zu [07], [22]. Datenaustauschformate fallen auch in diese Kategorie. Hier kommt EDIF [33] eine zunehmende Bedeutung zu. Auch die Versionsverwaltung und andere Managementfunktionen spielen eine wichtige Rolle [13], [14], [17], [21]. Als Beispiel für eine einheitliche Benutzeroberfläche mag [08] dienen. In [18] werden allgemeine Fragen des Softwareengineering im CAD-Umfeld behandelt, während in [15] eine Anforderungsanalyse gewagt wird. Es gibt bereits eine Reihe von lauffähigen CAD-Umgebungen. In [06] wird eine allgemeine Umgebung vorgestellt, in [10] ein auf niedrigeren Abstraktionsebnen angesiedeltes vollständiges System und in [28], [31] werden Toolboxes dargestellt. Das wachsende Interesse an diesem Gebiet manifestiert sich in einschlägigen Konferenzen [03], [24], wobei letztere auf das Gebiet des Computerhardware-Entwurfs konzentriert war.

[01] **J.H.E. Amkreutz:**
Cybernetic Model of the Design Process Computer Aided Design, Vol. 8, No. 3, 1976

[02] **F. Anceau, R. Reis:**
Design Strategy for VLSI
in: B. Randell, P.C. Treleaven (eds.):
VLSI Architecture
Prentice-Hall, 1983

[03] **J. Encarnacao (Ed.):**
Computer Aided Design: Modeling, Systems Engineering, CAD-Systems
CREST Advanced Course
Springer, 1980

[04] **R.A. Friedenson, J.R. Brieland, R.J. Thompson:**
Designer's Workbench: Delivery of CAD Tools
in: Proceedings 19th DAC, 1982

[05] **D.D. Gajski:**
The Structure of a Silicon Compiler
in: Proceedings of IEEE ICCD, pp 272-276, 1987

[06] **G. Gottheil, G. Kachel, T. Kathöfer, H.J. Kaufmann, B. Kleinjohann, E. Kupitz, J. Miller, B. Nelke, F.J. Rammig, B. Steinmüller, C. White:**
The CADLAB Workstation CWS
in: F.J. Rammig(Ed.): "Tool Integration and Design Environments"
North Holland 1988

[07] **H. Grabowski, M. Eigner:**
A Data Model for a Design Database
in: Proceedings IFIP WG 5.2 Working Conference on File Structures and Databases
for CAD
North Holland, 1982

[08] **K. Hammer, J. Hardin, T. Timmerman, D. Radin, T. Rhyne:**
Automating the Generation of interactive Interfaces
in: Proceedings of 23rd ACM/IEEE Design Automation Conference, 1986

[09] **D. Herrig:**
Design Theory for CAD Systems and CAD Objects
in: Proceedings IFIP WG 5.2 Working Conference on File Structures and Databases
for CAD
North Holland, 1982

[10] **E. Hörbst, M. Nett, H. Schwärtzel:**
VENUS Entwurf von VLSI-Schaltungen
Springer 1986

[11] **R.H. Katz:**
A Database Approach for Managing VLSI Design Data
in: Proceediongs 19th DAC, 1982

[12] **C.J. Koomen:**
Information Laws For System Design
in: Proceedings International Conference on Cybernetics and Society, Tokyo
Vol II, 1978

[13] **F.P. Mallman:**
The Management of Engineering Changes in the Primus System
in: Proceedings 17th DAC, 1980

[14] **R.M. Marshall, G. Bregnant:**
The Overseer: An Approach to Design Management
in: F.J. Rammig (ed.): Tool Integration and Design Environment
North Holland, 1987

[15] **C.R. McCaw et al.:**
Design Automation and VLSI in the 80's
in: Proceedings 17th DAC, 1980

[16] **M. Mills:**
A Totally Integrated Systems Approach to Design and Manufacturing at McDonnell
Douglas Corporation
in: Proceedings 18th DAC, 1981

[17] **J.A. Mölle, K.R. Dittrich, A.M. Kotz:**
Design Management Support by Advanced Databases Facilities
in: F.J. Rammig (ed.): Tool Integration and Design Environment
North Hollan, 1987

[18] **D. Nash, H. Willman:**
Software Engineering Applied to Computer-Aided Design (CAD) Software Development
in: Proceedings 18th DAC, 1981

[19] **H. Nowacki:**
Modeling of Design Decisions for CAD
in: Proceedings CREST Advanced Course on Computer Aided Design:
Modeling, Systems Engineering, CAD Systems
Springer, 1981

[20] **A.R. Newton, A.L. Sangiovanni-Vincentelli:**
Computer-Aided Design for VLSI Circuits
IEEE Computer, April, 1986

[21] **A. Patrucco:**
The Monitor, a Design Manager for a Complex CAD System
in: F.J. Rammig(Ed.): "Tool Integration and Design Environments
North Holland, 1988

[22] **R. Piloty, B. Weber:**
IREEN - A Datamodel for Tool Integration in Open Microelectronic CAD-Systems
in: F.J. Rammig (ed.): Tool Integration and Design Environments
North Holland, 1987

[23] **F.J. Rammig:**
A Multilevel Cybernetic Model of the Design Process
in: W.K. Giloi and B.D. Shriver(Eds.): "Methodologies for Computer System Design", North Holland, 1985

[24] **F.J. Rammig (Ed.):**
Tool Integration and Design Environments
North Holland, 1988

[25] **K.A. Roberts, T.E. Baker, D.H. Jerome:**
A Vertically Organized Computer-Aided Design Database
in: Proceedings 18th DAC, 1981

[26] **G. Rzevski:**
A Methodology and Associated CAD Tools for the Design of Real-Time Control Systems
in: Proceedings 2nd IFAC Symposium on Computer-Aided Design of Multivariable Technological Systems, Pergamon Press, 1983

[27] **E.G. Schlechtendahl:**
CAD Process and System Design
in: Proceedings CREST Advanced Course on Computer Aided Design: Modeling, Systems Engineering, CAD Systems, Springer, 1981

[28] **L. Spaanenburg:**
The Interconnection of Open CAD Systems
in: F.J. Rammig(Ed.): "Tool Integration and Design Environments"
North Holland, 1988

[29] **H.A. Tucker:**
Infrastructure Approach to Integrated CAD Systems
in: Proceedings CREST Advanced Course on Computer Aided Design: Modeling, Systems Engineering, CAD Systems, Springer, 1981

[30] **P. Van der Wolf, N. Van der Meijs, T.G.R. Van Leuken, I. Widyak, P. De Wilde:**
Data Management for VLSI Design: Conceptional Modeling, Tool Integration and User Interface
in: F.J. Rammig (ed.): Tool Integration and Design Environments
North Holland, 1987

[31] **F.R. Wagner, C.M.D.S. Freitas, L.G. Golendziner:**
The MPLO System - An Integrated Environment for Digital Systems Design
in: F.J. Rammig (ed.): Tool Integration and Design Environments
North Holland, 1987

[32] **H. Yoshikawa:**
General Design Theory and a CAD System
in: Proceedings IFIP WG 5.2-5.3 Working Conference on Man-Machine Communication in CAD/CAM, North Holland, 1981

[33] **–:**
EDIF - Electronic Design Interchange Format Version 2 0 0.
Electronic Industries Association
Washington D.C., 1987

2 Modellierungskonzepte und Entwurfssprachen

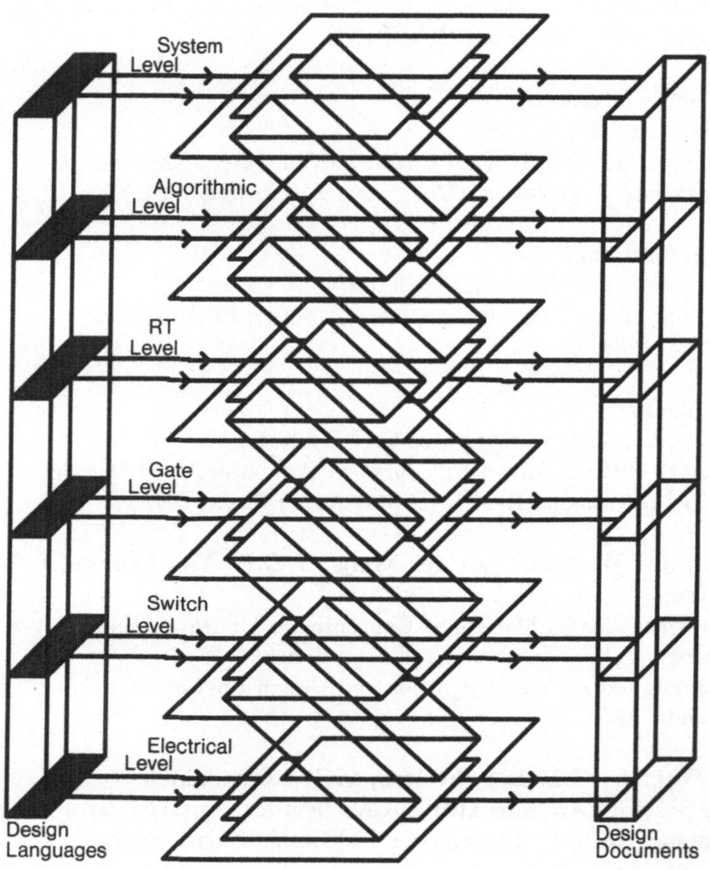

Abb. 17: Entwurfssprachen im Entwurfsprozeß

2.1 Modellierungskonzepte

In Kapitel 1 wurden verschiedene Modellierungskonzepte, wie sie auf verschiedenen Abstraktionsebenen geeignet sind, kurz besprochen. Sie sollen nun detaillierter diskutiert werden, da sie die Grundlage für den Entwurf von Beschreibungs- und Entwurfssprachen bilden.

2.1.1 Objektorientierte Modellierung

Zunächst ist objektorientierte Modellierung ein struktureller Ansatz. Ein (zu beschreibendes) System wird als strukturierte Menge von Objekten angesehen. Diese Menge von Objekten ergibt sich durch die Instantiierung von Elementen spezifischer Objekttypen. Diese Typen können generisch sein mit unterschiedlichen Attributen für verschiedene Instantiierungen. Ein Objekttyp kann Information über verschiedene Aspekte eines solchen Objekts beinhalten wie Verhalten, Struktur, Geometrie, Testen. Damit wird die strukturelle Sichtweise des Ansatzes auf die anderen Sichten ausgedehnt. Verhalten scheint in diesem Zusammenhang die meisten Schwierigkeiten zu machen. Daher werden wir uns auf diesen Aspekt konzentrieren. Als Lösungsansatz bietet sich das Konzept des Abstrakten Datentyps (ADT) an. Ein ADT ist gegeben durch eine Signatur S und eine Menge von Gleichungen E. Die Signatur ist eine Menge von Sorten (Wertebereichsnamen) zusammen mit Operationen, die darauf definiert sind. Somit gibt die Signatur die Syntax eines Systems an, während die Gleichungen zur Definition der Semantik dienen.

Beispiel :
Ein ADT zur Definition der Booleschen Algebra mag wie folgt aussehen:

```
type Boolean is

  sorts Boolean

  opns T,F : Boolean;{nullary operations, i.e.  constants}
    not :  Boolean → Boolean; {unary operation}
    and, or :  Boolean, Boolean → Boolean; {binary operations}

  eqns or(a,F) = a;
    and(a,T) = a;

    or(a,b) = or(b,a);
    and(a,b) = and(b,a);

    and(a,or(b,c)) = or(and(a,b),and(a,c));
    or(a,and(b,c)) = and(or(a,b),or(a,c));

    and(a,not(a)) = F;
    or(a,not(a)) = T;

    or(a,or(b,c)) = or(or(a,b),c);
    and(a,and(b,c)) = and(and(a,b),c);

    or(a,a) = a;
    and(a,a) = a;
```

```
    or(not(a),not(b)) = not(and(a,b));
    and(not(a),not(b)) = not(or(a,b));

    not(not(a)) = a;
endtype.
```

Dieses Beispiel illustriert auch die Bezeichnung "abstrakt" in ADT. Es wird vollständig vom Aussehen der Menge "Boolean" abstrahiert. Die einzige Forderung ist, daß es mindestens zwei Elemente geben muß, bezeichnet mit T und F. Die Sorte "Boolean" ist natürlich verschieden von dem Typ "Boolean". Die Sorte "Boolean" ist einfach eine Menge, während der Typ "Boolean" eine vollständige Algebra ist, mit Operationen definiert auf der gleichnamigen Menge, die alle genannten Gleichungen respektieren. Die Sorte "Boolean" ist von der Außenwelt nicht sichtbar. Die Algebra ist definiert auf der Basis der zwei Konstanten T und F, dem monadischen Operator not und den beiden dyadischen Operatoren and und or. Diese Operatoren haben die darunter angegebenen Gleichungen zu respektieren, nämlich Huntingtons Postulate. Bei Implementierten Abstrakten Datentypen (IADT) wird die Signatur durch Deklarationen gegeben, und die Gleichungen werden durch Implementationsbeschreibungen ersetzt, die definieren, wie die Operationen mittels bekannter IADTs (der sogenannten Trägerstruktur) ausgeführt werden können.
Somit ist ein IADT typischerweise definiert durch :

- Typidentifikation,
- Liste von Operationen,
- Referenz auf eine Trägerstruktur,
- Liste von Implementierungsbeschreibungen (eine pro Operation).

Dadurch wird anstelle einer reinen Spezifikation, wie im Falle des ADT, eine ausführbare Beschreibung erhalten. Sie beschreibt eine Hardwarestruktur, die als "Prozessor" charakterisiert werden kann, d.h. ein Objekt, das einen spezifischen Instruktionssatz hat (die Operationen), und in wohldefinierter Weise (wie in den Implementationsbeschreibungen angegeben) auf Anforderungen, derartige Instruktionen auszuführen, reagiert. Dies scheint eine sehr allgemeine Betrachtungsweise zu sein, die nicht auf Prozessoren im engeren Sinne eingeschränkt ist. Die DACAPO **export procedure** mag als Beispiel für dieses Konzept dienen. Dieses Sprachkonstrukt hat die allgemeine Form :

```
export <Liste von Operationen> procedure <Bezeichner> ;

   <Deklarationen der Trägerstruktur>;

   <Funktion oder Prozedur um Operation_1 zu implementieren>;
```

   .
   .
   .

```
<Funktion oder Prozedur um Operationn zu implementieren>;
```

```
end;
```

Somit kann für den ADT zur Definition der Booleschen Algebra folgender IADT zur Implementierung benutzt werden :

```
export (true, false, own_not, own_and, own_or) procedure boolean;

  const one = "1", zero = "0";

  function true () :  bit;
   begin
    true := one
   end;

  function false () :  bit;
   begin
    false := zero
   end;

  function own_not (in arg :  bit) :  bit;
   begin
    own_not := not(arg)
   end;

  function own_and (in arg_1, arg_2 :  bit) :  bit;
   begin
    own_and := arg_1 and arg_2
   end;

  function own_or (in arg_1, arg_2 :  bit) :  bit;
   begin
    own_or := arg_1 or arg_2
   end;
end;
```

Es sollte bemerkt werden, daß dieses Beispiel nur zur Illustration des Konzeptes gewählt wurde. In der Praxis wird sich niemand auf diese Weise seine eigene Boolesche Algebra definieren, da sie nichts weiter als die in DACAPO eingebaute Boolesche Algebra zur Verfügung stellt. Tatsächlich ist dieser IADT nur deshalb eine korrekte Implementierung des obigen ADT, weil die Operationen **not, or, and** von DACAPO auf dem Datentyp **bit** in Übereinstimmung mit den Axiomen der Booleschen Algebra definiert sind. Brauchbarere Beispiele für IADTs werden im Abschnitt 2.3 gegeben werden. Der objektorientierte Ansatz hat seine Tradition im Bereich des Software Engineering mit den Sprachen SIMULA, SMALLTALK, MAINSAIL und CommonLoops als typische Vertreter. Auf der anderen Seite ist diese Art, Module zu betrachten, für Hardwareentwerfer sehr natürlich. Sie setzen Systeme aus Komponenten zusammen, die eine Menge von Operationen an die Umwelt anbieten. Allerdings paßt die Aktivierungsvorstellung der Softwarewelt nicht ohne Modifikationen in den Hardwarebereich. Auf niedrigeren Ebenen ist es nicht adäquat, anzunehmen, daß ein Modul eine Operation auf Anforderung ausführt, d.h. als Reaktion auf ein Paket, das ihm gesandt wird. So offeriert beispielsweise ein Und-Gatter kontinuierlich einen Wert, der abhängig ist von den aktuellen Werten an seinen Eingängen (u.U. unter Einbeziehung einer gewissen Verzögerung), ohne daß irgendeine Anforderung durch irgendein Paket stattfindet. Weiterhin sind die Module eines Hardwaresystems nebenläufig aktiv, während man in klassischen objektorientierten Sprachen ein sequentielles Verhalten annimmt. Daher wird im Bereich des Hardwareentwurfs der objektorientierte Ansatz hauptsächlich auf höheren Abstraktionsebenen benutzt. Auf diesen Ebenen ist es ein wesentliches Ziel des Entwurfsprozesses, das System in Module zu dekomponieren, wobei vor einem weiteren Implementationsprozeß für diese Module drei Aspekte pro Modul definiert werden müssen :

- Die Funktionalität des Moduls,

- die Kommunikationsprotokolle, wie sie von dem Modul erkannt und erzeugt werden,

- allgemeine Restriktionen z.B. bzgl. Leistung, Testbarkeit,...

Diese Eigenschaften können mittels des objektorientierten Ansatzes in adäquater Weise ausgedrückt werden.

2.1.2 Imperative Sicht

Die imperative Sicht hat ihre Tradition in algorithmischen Programmiersprachen für Prozessoren vom v.Neumann-Typ. Von seiner Natur ist es ein Verhaltenskonzept mit wenig Unterstützung für strukturelle oder geometrische Beschreibungen. Derartige Beschreibungen können trotzdem mittels algorithmischer Sprachen erzeugt werden. Aber dann ist eine derartige Sprache eine Art Meta-Sprache zur Generierung einer Beschreibung und nicht zur Beschreibung selbst. Die Schwächen von imperativen Sprachen auf dem Gebiet der Struktur und der Geometrie werden dadurch ausgeglichen, daß dieser Ansatz die beste Unterstützung für den Entwickler dafür bietet, seine Intentionen bezüglich des dynamischen Verhaltens über die

Zeitachse wiederzugeben. So wie die objektorientierte Sicht pro Modul spezifiziert, welches die Operationen sind, die das Modul ausführen kann, und was die Effekte dieser Operationen sind, so beschreibt die imperative Sicht, wie diese Effekte durch Ausführung eines interpretierenden Algorithmus erreicht werden. Daher überrascht es nicht, daß im Fall von IADTs die Implementation der Operationen üblicherweise im imperativen Stil gegeben werden (man beachte das obige DACAPO-Beispiel im Abschnitt 2.1.1).

Man könnte annehmen, daß jede imperative Sprache für diesen Anwendungsfall geeignet sei, vorausgesetzt die notwendigen Datentypen werden angeboten. Tatsächlich hat es verschiedene Ansätze gegeben, übliche Programmiersprachen mit nur sehr geringen Änderungen als algorithmische Hardwarebeschreibungssprachen zu benutzen. Derartige Versuche sind auf der Basis von PL/I und APL gemacht worden. Allerdings sind übliche Programmiersprachen entweder strikt sequentiell oder bieten einen sehr eingeschränkten Grad an Parallelität. Daher muß man sich nach leistungsfähigeren operationalen Konzepten umsehen. Hier sollen zeitbehaftete Interpretierte Petri-Netze und "Communicating Sequential Processes" diskutiert werden.

2.1.2.1 Zeitbehaftete Interpretierte Petri-Netze

Petri-Netze wurden von Carl Adam Petri als eine naheliegende Erweiterung endlicher Automaten entwickelt. Sie modellieren ein System als eine Menge von Aktionen (genannt Transitionen) die durch Bedingungen (genannt Stellen) gesteuert werden. Jede Transition entscheidet individuell, ob ihre lokale Ausführbarkeitsbedingung erfüllt ist oder nicht. Somit ist die Steuerung über das gesamte System verteilt. Petri-Netze lassen sich sehr einfach formal definieren und sind ebenso einfach zu verstehen.

Def. 2.1.2.1.1 (Petri-Netz-Graph)

$PG = (P, T, E)$ heißt Petri-Netz-Graph :⇔
$\quad P$ endliche Menge (von "Stellen")
$\quad T$ endliche Menge (von "Transitionen")
$\quad E \subseteq (P \times T) \cup (T \times P)$
$\quad P \cap T = \emptyset$
$\quad \forall x \in (P \cup T) : \exists y \in (P \cup T) : (x, y) \in E \vee (y, x) \in E$

$\diamond$

Def. 2.1.2.1.2 (Petri-Netz)

$PN = (PG, m_o, R)$ heißt Petri-Netz :⇔
$\quad PG = (P, T, E)$ Petri-Netz-Graph
$\quad m_o \in M = \{m \mid m : P \rightarrow I\!N_0\}$ (initiale Markierung)
$\quad R \in \{r \mid r : T \rightarrow f_T\}$

$$\text{mit } f_T = \{f_t \mid t \in T\} \wedge \forall\, t \in T : (f_t : M \to M) \text{ (Schaltregel von } T)$$

$\Diamond$

In Petri-Netzen werden "Stellen" dazu benutzt, um Bedingungen zu modellieren. Falls eine Stelle p eine Marke enthält, d.h. $m(p) > 0$, wird angenommen, daß die zugeordete Bedingung wahr ist. Somit modelliert eine Markierung einen globalen Zustand im globalen Bedingungsraum. Aktionen werden durch "Transitionen" modelliert. Eine Transition kann schalten, wenn bestimmte Bedingungen an ihren Eingangs- und Ausgangsstellen wahr sind (z.B. alle Eingangsstellen markiert sind). Durch das Schalten manipuliert eine Transition die Markierung ihrer Eingangs- und Ausgangsstellen (z. B. sie entfernt eine Marke von jeder Eingangsstelle und legt eine in jede Ausgangsstelle hinein). Somit modifiziert eine Transition lokal den globalen Zustand des Bedingungsraums.

Klassische Petri-Netze kennen genau eine Schaltregel:

Def. 2.1.2.1.3 (a-schaltbar, a-Schalten)

Sei $PN = ((P, T, E), m_o, R)$ ein Petri-Netz .

Bezeichne $\cdot t = \{p \in P \mid (p, t) \in E\}$ die Menge der Eingangsstellen von t, $t^{\cdot} = \{p \in P \mid (t, p) \in E\}$ die Menge ihrer Ausgangsstellen.

Die Transition t heißt a-schaltbar unter der Markierung m :$\Leftrightarrow$

$\qquad \forall\, p \in \,\cdot t : m(p) > 0.$

$f_t : M \to M$ heißt a-Schalten der Transition t : $\Leftrightarrow$

$\qquad f_t(m(p)) := m(p) - 1 : \Leftrightarrow p \in \,\cdot t$

$\qquad f_t(m(p)) := m(p) + 1 : \Leftrightarrow p \in \, t^{\cdot}$

$\qquad f_t(m(p)) := m(p) \;\; else.$

$\Diamond$

In Petri-Netzen mit einem heterogenen Satz von Schaltregeln kann f_t von Transition zu Transition verschieden sein. Üblicherweise gibt es einige wenige Klassen von Transitionen, wobei jede Klasse ihre eigene Schaltregel hat.

Def. 2.1.2.1.4 (Interpretiertes Petri-Netz)

$IPN = (PN, I, D)$ heißt Interpretiertes Petri-Netz :$\Leftrightarrow$

$\qquad PN = ((P, T, E), m_0, R)$ Petri-Netz

$\qquad I \in \{i \mid i : T \to \sigma \cup \{\lambda\}\}$ mit

$\qquad \sigma = \{o \mid o : dom(o) \subseteq \mathrm{X}\,(D) \to codom(o) \subseteq \mathrm{X}^{\prime}\!D)\}$

$\qquad$ wobei D eine mehrtypige Menge ist (von "Datenobjekten") und $\mathrm{X}(D)$

$\qquad$ das Cartesische Produkt über alle Elemente von D bezeichnet.

$\Diamond$

Interpretierte Petri-Netze werden dadurch erhalten, daß man Transitionen t Datenmanipulationen $i(t)$ zuordnet. Immer wenn t schaltet, wird die ihr zugeordnete

Operation ausgeführt. Dies wird Interpretiertes Schalten genannt.

Def. 2.1.2.1.5 (Zeitbehaftetes Interpretiertes Petri-Netz)

$TIPN = (IPN, \Delta)$ heißt Zeitbehaftetes Interpretiertes Petri-Netz $: \Leftrightarrow$
$\quad IPN = (((P, T, E), m_0, R), I, D)$ Interpretiertes Petri-Netz
$\quad \Delta \in \{\delta \mid \delta : T \to \tau\}$ mit
$\quad \tau = \{o' \mid o' : dom(o') \subseteq X\,(D) \to I\!\!R\}$

Ein zeitbehaftetes interpretiertes Schalten ist wie folgt definiert:
Angenommen, Transition t wird schaltbar zum Zeitpunkt t_0. Zu diesem Zeitpunkt
wird die zugehörige Operation (falls existent, d.h. $i(t) \neq \lambda$) $i(t) = o \in \sigma$ initiiert.
Dies bedeutet, daß die Werte von $dom(o)$ zu diesem Zeitpunkt ausgewertet werden.
Zum selben Zeitpunkt wird die Verzögerungsfunktion $\delta(t) = o'$ auf der Basis der aktuellen Werte von $dom(o')$ ausgewertet. Angenommen, der Wert von o' ist k. Dann
werden zum Zeitpunkt $t_0 + k$ die Werte, die von o berechnet wurden, an $codom(o)$
zugewiesen und zum selben Zeitpunkt findet das Schalten der Transition statt.
$\Diamond$

Für Petri-Netze gibt es eine einprägsame graphische Darstellung. Dabei werden
Stellen als Kreise dargestellt:

Transitionen werden entweder durch Balken (amerikanische Notation) oder durch
Rechtecke (Petris Notation) dargestellt:

oder

Die Kanten werden in der üblichen Art als gerichtete Pfeile gezeichnet. Die Markierung wird meist durch kleine Punkte in den markierten Stellen dargestellt. Interpretation und Zeitbehaftung wird üblicherweise durch Attributierung der jeweiligen
Transitionen dargestellt.

Beispiel:
Abb. 18 zeigt ein zeitbehaftetes Interpretiertes Petri-Netz, das zwei nebenläufige
zyklische Prozesse beschreibt, die auf eine gemeinsame Ressource zugreifen.
Ein nebenläufiger Algorithmus wird Strukturierter Nebenläufiger Algorithmus genannt, wenn er eine Unterklasse der zeitbehafteten Interpretierten Petri-Netze ist,
die durch die folgende rekursive Konstruktion gegeben ist:

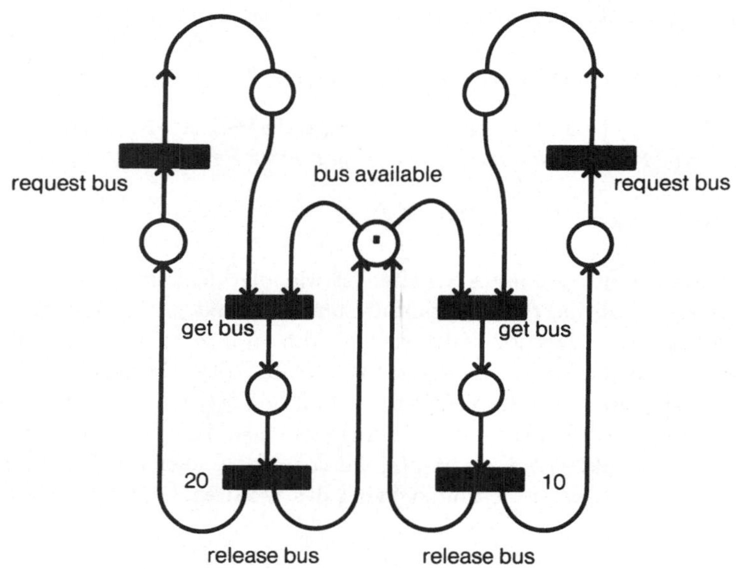

Abb. 18: Beispiel eines Petri-Netzes

Def. 2.1.2.1.6 (Strukturierter Nebenläufiger Algorithmus)

Ein Strukturierter Nebenläufiger Algorithmus ist definiert durch die in Abbildung
19 angegebene Konstruktion.
◇

Strukturierte Nebenläufige Algorithmen können sehr einfach in einer textuellen Form
dargestellt werden, unter Benutzung von Konstrukten wie **seqbegin** ... **end**,
conbegin ... **end**, **if**...**then** ... **else**, **while** ... **do**. DACAPO mag als
ein Beispiel für solch eine Sprache dienen. Sie wird in Abschnitt 2.3 detaillierter dargestellt.
Zeitbehaftete Interpretierte Petri-Netze sind sehr gut geeignet, die imperative Sicht
darzustellen, selbst dann, wenn ein sehr hoher Grad an Nebenläufigkeit vorhanden
ist. Ein konzeptionelles Problem ergibt sich allerdings daher, daß man in der imperativen Sicht meist an einen zentralisierten Controller denkt, während Petri-Netze
in ihrer Natur dezentral sind.

2.1.2.2 Communicating Sequential Processes (CSP)

Dieses Konzept wurde von C.A.R Hoare 1978 zuerst publiziert. Es ist ein außerordentlich einfaches Modell für parallele Abläufe. Ein Gesamtsystem wird hierbei als
Menge von nebenläufig aktiven Prozessen dargestellt, wobei jeder einzelne Prozeß

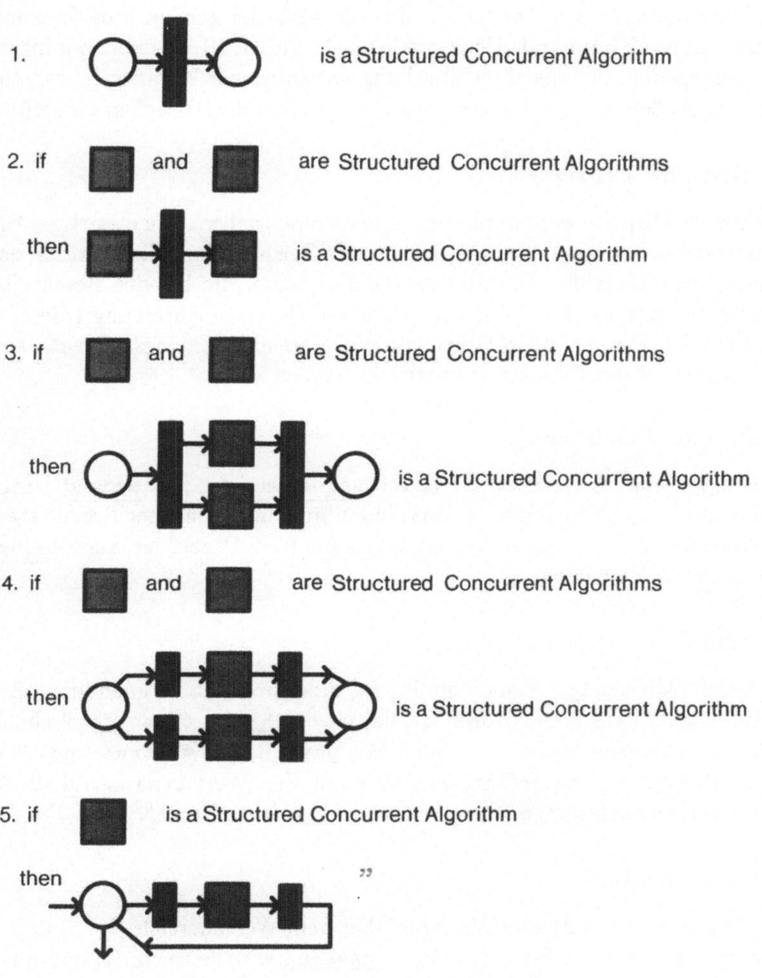

Abb. 19: Strukturierter Nebenläufiger Algorithmus

52

strikt sequentiell ist. Ein Einzelprozess wird nur mit Hilfe der Konstrukte Zuweisung, "Guarded Command" und Iteration dargestellt, d.h. durch Aneinanderreihung, Zuweisungen, Fallunterscheidungen und "While"-Schleifen. Die Prozesse sind vollständig unabhängig. Dies bedeutet, daß sie keinerlei gemeinsame Ressourcen haben dürfen, außer Kommunikationskanäle. Hier wird CSP in einer modifizierten Syntax wiedergegeben, die aus einer Mischung verschiedener Notationen von Hoare entstanden ist. Außerdem werden ein paar geringfügige Restriktionen eingeführt.

(i) Ereignisse und Prozesse

Zu spezifizierende Objekte werden über Ereignisse beschrieben. Ein derartiges Ereignis wird als einfache atomare Aktion gesehen. Als Beispiel diene die Wertzuweisung an eine bestimmte Variable. Die Menge der Ereignisse, die bei der Beschreibung eines Objekts benutzt werden, wird das Alphabet dieser Beschreibung (dieses Objekts) genannt. Ein Prozeß ist ein beliebiges Verhaltensmuster eines Objekts, soweit es mit dem Alphabet des Objekts ausgedrückt werden kann.

(ii) Sequentielle Ausführung

Sei **a** ein Ereignis und P ein Prozeß. Durch **seqbegin** **a** ; P **seqend** wird bezeichnet, daß zunächst das Ereignis **a** stattfinden muß und dann der Prozeß startet. Es wird definiert, daß **a** ein Prozeß ist und daß, wenn P ein Prozeß ist, auch **seqbegin** **a** ; P **seqend** ein Prozeß ist.

(iii) Rekursion

Sei P ein Prozeß. Mit **while** true **do** P wird bezeichnet, daß P unendlich oft wiederholt werden soll. Falls P ein Prozeß ist, dann ist **while** true **do** P ebenfalls ein Prozeß. Sei con eine binäre Variable. Mit **while** con = true **do** P wird bezeichnet, daß P solange ausgeführt wird, wie con den Wert **true** hat. Falls P ein Prozeß ist, dann ist auch **while** con = true **do** P ein Prozeß.

(iv) Fallunterscheidung

Seien $P_1, ..., P_n$ Prozesse, cnt eine Variable über dem Wertebereich $\{c_1, ..., c_n\}$. Mit **case** cnt **of** $c_1 : P_1; c_2 : P_2; ...; c_n : P_n$ **caseend** wird bezeichnet, daß nur das P_i ausgeführt wird, dessen c_i der derzeitige Wert von cnt ist.
Falls $P_1, ..., P_n$ Prozesse sind, dann ist auch **case** cnt **of** $c_1 : P_1; c_2 : P_2; ...; c_n : P_n$ **caseend** ein Prozeß.

(v) Eingabe/Ausgabe

Sei **chan** eine spezielle Variable vom Typ **channel**. Dies bezeichnet einen Kommunikationskanal. Sei **var** eine beliebige Variable. Mit **chan !** **var** wird eine

Output-Operation bezeichnet. Der Wert von **var** wird über den Kanal **chan** gesendet. Diese Operation ist erst abgeschlossen, wenn der Empfänger (ein nebenläufig aktiver Prozeß, siehe 2.1.2.2.7) diesen Wert gelesen hat. Mit **chan ? var** wird eine Input-Operation bezeichnet. Der Wert von **var** wird auf den aktuellen Wert von **chan** gesetzt. Diese Operation kann nur dann durchgeführt werden, wenn der Kanal nicht leer ist. Ein Kanal ist initial leer, bis ihm ein Wert durch eine Output-Operation zugewiesen wird. Durch eine Input-Operation wird der Kanal wieder geleert. Input/Output-Operationen werden wie Zuweisungen als Ereignisse angesehen. Aus ihrer Definition folgt, daß weder eine Input-Operation noch eine Output-Operation durchgeführt werden kann, wenn nur ein Prozeß aktiv ist. Man nennt diese Art der Kommunikation "Rendevous". Zusätzlich gibt es noch eine Boolesche Funktion **test(chan)** für jeden Kanal **chan**. Der Wert dieser Funktion ist **true**, falls der Kanal **chan** nicht leer ist, **false** sonst. Sie darf nur in Kontrollausdrücken benutzt werden. Man beachte, daß **test** keine Input-Operation ist.

(vi) Sequentieller Prozeß

Ein sequentieller Prozeß wird konstruiert nach (i) bis (vi). Nichts sonst ist ein sequentieller Prozeß.

(vii) Nebenläufiger Prozeß

Ein sequentieller Prozeß ist auch ein nebenläufiger Prozeß. Sei P ein sequentieller Prozeß und C ein nebenläufiger. Mit <u>conbegin</u> P ; C <u>conend</u> wird bezeichnet, daß P und C nebenläufig ausgeführt werden. Dies bedeutet, daß P und C zur selben Zeit initiiert werden und dann völlig unabhängig laufen, solange sie nicht über einen gemeinsamen Kanal kommunizieren. Der gesamte Prozeß <u>conbegin</u> P ; C <u>conend</u> wird terminiert, wenn der letzte der enthaltenen Prozesse P und C terminiert wird. Prozesse innerhalb eines nebenläufigen Prozesses dürfen keine Ressource außer Kommunikationskanälen mit anderen Prozessen gemeinsam haben. Falls P ein sequentieller Prozeß ist und C ein nebenläufiger, dann ist <u>conbegin</u> P ; C <u>conend</u> ebenfalls ein nebenläufiger Prozeß. Nichts sonst ist ein nebenläufiger Prozeß.

Beispiel: ("Dining philosophers")
Vor langer Zeit, als Philosophen noch eine ausgezeichnete Reputation bei reichen Leuten hatten, lud ein wohlhabender Schotte fünf berühmte Philosophen in sein Seminar ein, das er speziell für sie bauen ließ. Dieses Seminar hatte fünf kleine Räume, einen für jeden Philosophen und wohl eingerichtet für das Nachdenken des Philosophen. Weil aber auch ein Genius hin und wieder essen muß, hatte er auch ein Speisezimmer in der Mitte des Gebäudes vorgesehen, einfach von den Denk-Klausen zu erreichen. Im Speisezimmer war ein runder Tisch mit fünf Stühlen, fünf Tellern und fünf Gabeln aus massivem Gold, für jeden Philosophen je einmal. In der Mitte des Tisches stand eine große Schüssel, die jederzeit mit köstlichen Spaghetti gefüllt

54

war. Dies war das Leibgericht von Philosophen dieser Zeit. Wenn ein Philosoph beschloß zu essen, ging er in das Speisezimmer, setzte sich an seinen Platz und begann zu essen. Hierzu ergriff er seine Gabel, d.h. die Gabel zu seiner Linken. Wegen der außerordentlichen Länge der Spaghetti höchster Qualität war er gezwungen, eine zweite Gabel zu benutzen, d.h. die Gabel zu seiner Rechten. Wie üblich unter Philosophen (nicht nur zu dieser Zeit) war keinerlei Kommunikation zwischen den Philosophen möglich, da sie vollständig unterschiedliche, hochkomplizierte und im höchsten Grad künstliche Sprachen benutzten, die sie nur selbst (manchmal) verstanden.

Dieses System kann in CSP mittels 10 Prozessen beschrieben werden: Je einer für jeden Philosophen und je einer für jede Gabel. Kommunikationskanäle müssen zwischen jedem Philosophen und den beiden ihm benachbarten Gabeln eingerichtet werden. Sei $catchfork_{i,j}$ der Kanal zwischen $fork_i$ und $philosopher_j$.

Der Prozeß für $Philosoph_i$ sieht wie folgt aus:

```
philosopherᵢ :=
    while true
     seqbegin
       think;
       catchforkᵢ,ᵢ ! true;
       catchforkᵢ mod 5,ᵢ ! true;
       eat;
       catchforkᵢ,ᵢ ! false;
       catchforkᵢ mod 5,ᵢ ! false;
     seqend;
```

Der Prozeß für $fork_i$ sieht wie folgt aus:

```
forkᵢ :=
    while true
     case (test(catchforkᵢ,ᵢ),test (catchforkᵢ,ᵢ mod 5))of
     (true,false) : seqbegin
          catchforkᵢ,ᵢ ? x ;
          catchforkᵢ,ᵢ ? x
        seqend ;
     (false,true) : seqbegin
          catchforkᵢ,ᵢ mod 5 ? x ;
          catchforkᵢ,ᵢ mod 5 ? x
        seqend ;
     (false,false) : ;
     (true,true) :
     endcase;
```

Das Gesamtsystem wird beschrieben durch:

<u>conbegin</u>
    $philosopher_0$;
    $philosopher_1$;
    $philosopher_2$;
    $philosopher_3$;
    $philosopher_4$;
    $fork_0$;
    $fork_1$;
    $fork_2$;
    $fork_3$;
    $fork_4$;
<u>conend</u>;

Ein paar Kommentare:

- Alle Deklarationen wurden weggelassen.

- Natürlich ist es in diesem Beispiel ohne Bedeutung, was für Nachrichten über die Kommunikationskanäle übertragen werden. Die Kanäle werden nur zu Synchronisationszwecken benutzt.

- Dieses System ist für die beteiligten Philosophen sehr gefährlich. Falls alle fünf Philosophen zur selben Zeit beschließen, zu essen, kann es geschehen, daß jeder "seine" Gabel ergreift, aber die notwendige zweite nicht bekommen kann. Das System bietet für diese Situation , genannt "Deadlock" keine Lösung. Tatsächlich würde diese Situation in dem System, wie oben beschrieben, dazu führen, daß alle fünf Philosophen des Hungers sterben würden.

Das Problem der "dining philosophers" wurde von Dijkstra eingeführt. Eine Lösung für das "Deadlock"-Problem wurde von Scholten beschrieben. Er führte einfach einen weiteren Prozeß (ein "intelligentes" Speisezimmer, z.B. einen Platzanweiser) ein, der sicherstellt, daß nie mehr als vier Philosophen gleichzeitig im Speisezimmer sind.

2.1.3 Reaktive Sicht

Die imperative Sicht betrachtet ein System aus der Sicht des Steuerwerks. Ein Steuerwerk ist ein Objekt, das bewirkt, daß andere Objekte Operationen in wohldefinierter (partieller) Ordnung ausführen. Die reaktive Sicht invertiert diese Betrachtungsweise. Nun wird das Gesamtsystem aus der Sicht der gesteuerten Objekte betrachtet. Aus dieser Sichtweise ist die (partielle) globale Ordnung der Operationen ohne Bedeutung. Für ein spezielles Objekt ist es lediglich relevant, daß eine bestimmte Aktion zu jedem Zeitpunkt, zu dem eine bestimmte Bedingung wahr

56

wird, ausgeführt werden muß. Diese Operation kann eine Modifikation des globalen Bedingungsraums beinhalten. Die Beschreibungsmächtigkeit ist dieselbe wie die im Falle imperativer Beschreibungen. Allerdings wird nun die Information über die globalen operativen Konzepte verborgen. Das nachfolgende Beispiel mag diesen Inversionsprozeß illustrieren:

a) Imperative Beschreibung (DACAPO-Notation):

```
while power_ on do
   seqbegin
      operation_0 ;
      operation_1 ;
      operation_2
   end ;
```

b) Äquivalente reaktive Beschreibung (DACAPO-Notation):

```
var  sequence := 0 ; {auxiliary object, initialized to 0}
impdef                    {start of reactive description}
   at up (sequence = 0 & power_on) do
      parbegin
      operation_0 ;
      sequence := 1
   end ;
at up (sequence = 1 & power_on) do
   parbegin
      operation_1 ;
      sequence := 2
   end ;
at up (sequence = 2 & power_on) do
   parbegin
      operation_2 ;
      sequence := 0
   end ;
```

Diese reaktive Beschreibung hat drei Haupt-Statements der Form:

```
at up (sequence = i & power_on) do
      parbegin
         operation_i ;
         sequence := ((i + 1) mod 3 :
      end ;
```

Sie sind kontinuierlich "aktiviert". Immer wenn eine Bedingung sequence = i & power_on wahr wird, wird die dazugehörige Aktion

```
parbegin
operation_i ;
sequence := ((i + 1) mod 3
end ;
```

ausgeführt.
Somit hat die Reihenfolge der verschiedenen Anweisungen keinen Einfluß auf die
Semantik der Beschreibung. Dies ist für die reaktive Sicht essentiell. Die reaktive Sicht ist in mancher Hinsicht zur objektorientierten Sicht ähnlich. In beiden
Fällen wird die Menge der Komponenten, aus denen ein System besteht, aufgelistet.
Der Hauptunterschied besteht darin, daß sich die objektorientierte Sicht sowohl
auf die auszuführenden Aktionen wie auch auf die Nachrichten, die diese Aktionen
auslösen, bezieht. Im Gegensatz dazu ist die reaktive Sicht vollständig passiv. D.h.
den Ausführbarkeitsbedingungen gilt das Hauptaugenmerk. Daß diese Bedingungen
durch Aktionen ausgelöst werden, wird nicht besonders identifiziert.
Die reaktive Sicht ist eine strukturelle Sicht, die Verhalten ebenso mit überdeckt.
Geometrische Information kann durch zusätzliche Attribute ebenfalls gegeben werden. Im Bereich des Softwareentwurfs ist die reaktive Sicht als das Konzept der
"Guarded Commands" bekannt. Für Hardwarebeschreibungen erscheint der Ansatz recht natürlich zu sein, falls Implementationsaspekte von besonderem Interesse
sind. Daher wird diese Sicht insbesondere auf der RT-Ebene benutzt. Hier ist die
grundlegende Operation das Speichern von eventuell modifizierter Information in
Zielregistern unter bestimmten Bedingungen. Dies ist tatsächlich eine Inversion der
Mikroprogrammierungssicht, bzw. Mikroprogrammierung aus Sicht der gesteuerten
Objekte.

2.1.4 Stimulierte Gleichungen

Die Bedingungen der reaktiven Sicht können auch ständig wahr sein. In diesem Fall
werden die dazugehörigen Operationen kontinuierlich ausgeführt. Falls man reaktive Beschreibungen auf solche beschränkt, bei denen alle Bedingungen ständig wahr
sind, schränkt man die Beschreibungsmächtigkeit nicht ein. Dies mag mit Hilfe der
folgenden Diskussion illustriert werden:

Sei
$$at \; c \; do \; t \; := \; f(s)$$

die allgemeine Struktur eines "Guarded Command" mit der Bedeutung, daß immer
dann, wenn c wahr wird, die dazugehörige Operation ausgeführt wird. Die Operation führt dazu, daß gewisse Zielobjekte, identifiziert durch t, modifiziert werden.
Diese Modifikation wird durch eine bestimmte Funktion, identifiziert durch f, auf
den Werten gewisser Quellobjekte, identifiziert durch s, berechnet. Eine reaktive
Beschreibung wird gegeben durch eine Menge

$$R = \{ \ \underline{at}\ c_i\ \underline{do}\ t_i\ :=\ f_i(s_i)\ \mid\ i\ =\ 1\ :\ n\}.$$

Im allgemeinen ist es nicht zwingend, daß die c_i gegenseitig disjunkt sind. Jedoch ist es stets möglich, R so umzuschreiben, daß die c_i tatsächlich disjunkt werden. Dies bedeutet, daß die Beschreibung nach den Bedingungen organisiert wird, d.h. es wird pro Bedingung beschrieben, was geschieht, wenn diese Bedingung wahr wird. Andererseits ist es ebenfalls nicht zwingend, daß die t_i disjunkt sind. Wieder ist es stets möglich, eine beliebige reaktive Beschreibung so umzuschreiben, daß die t_i tatsächlich disjunkt sind. In diesem Fall wird pro Zielobjekt beschrieben, wie sein Werteverlauf im Laufe der Zeit definiert ist. Um eine Beschreibung so umzuschreiben, müssen Bedingungen in die Modifikationsfunktion aufgenommen werden. Dies ist stets möglich, da gilt:

```
at c do t := f (s)
```

ist äquivalent zu

```
at true  do t := if c then f(s)
                    else t.
```

Der Präfix **at** true **do** kann in diesem Fall entfallen. Der Ausdruck auf der rechten Seite der Zuweisungsanweisung hat stets einen definierten Wert. Daher wurde aus der Zuweisung eine Gleichung, durch die der Wert von t kontinuierlich definiert ist. Als Konsequenz muß es für jedes Zielobjekt t genau eine definierende Gleichung geben.

Beispiel:
Gegeben die Beschreibung

```
at a do R1 := R2 & R3 ;
at b do R1 := R2 + R3 ;
at a do R4 := R5.
```

Diese Beschreibung kann nach Bedingungen sortiert werden. Dann erhält man:

```
at a do
   parbegin
     R1 := R2 & R3 ;
     R4 := R5
   end ;
at b do
   R1 := R2 + R3.
```

Unter Benutzung von || als Konkatenationssymbol (DACAPO-Notation) ist diese Beschreibung äquivalent zu :

```
at a do R1 || R4  := (R2 & R3) || R5;
at b do R1        := R2 + R3.
```

Andererseits kann diese Beschreibung auch nach Zielobjekten sortiert werden:

```
R1 := case a || b of
                false || false : R1;
                false || true  : R2 + R3;
                true  || false : R2 & R3;
                true  || true  : error
     end;
R4 := if b then R5 else R4.
```

Nun ist das Gesamtsystem als ein System von Gleichungen beschrieben. In einem stabilen Zustand sind alle enthaltenen Gleichungen im Äquilibrium. Durch Wertänderung an einem beliebigen Objekt eines derartigen Systems kann der Gleichgewichtszustand gestört werden, was in der Regel zu einem instabilen Zustand führt. Als Reaktion wird ein derartiges Gleichungssystem versuchen, sich wieder zu stabilisieren. Man beachte, daß es nicht notwendigerweise einen stabilen Zustand geben muß. In solch einem Fall versucht das System ständig (vergeblich), sich zu stabilisieren. Bis hier wurde stets angenommen, daß die linken und rechten Seiten der beteiligten Gleichungen unterschiedliche Bedeutungen haben. In diesem Fall bewegt man sich in einem System unidirektionaler Objekte, wo es einen wohldefinierten Fluß von Störungen durch das System gibt, wie eine Wellenfront. Falls man diese Unterscheidung zwischen linker und rechter Seite aufgibt, denkt man an bidirektionale Objekte. Damit erhält man erheblich kompliziertere Störungsflüsse durch das System. Beide Betrachtungsweisen sind bei der Beschreibung von Hardware sinnvoll. Im Bereich des Softwareentwurfs korrespondiert zu den stimulierten Gleichungen die funktionale Programmierung zusammen mit einem Auswertungsmodell, wie es durch Datenflußrechner gegeben ist. Zur Hardwarebeschreibung werden stimulierte Gleichungen auf niedrigeren Abstraktionsebenen benutzt. Da traditionelle Entwerfer mit diesem Konzept am besten vertraut sind, gibt es eine Vielzahl von Ansätzen, damit auch höhere Abstraktionsebenen zu überdecken. Dies geschieht dadurch, daß komplexere Basisobjekte angeboten werden oder der Benutzer sich seine eigenen Basisobjekte beliebiger Komplexität definieren kann.

2.1.5 Modellierungskonzepte und Abstraktionsebenen

Es ist gerade das zugrundeliegende Modellierungskonzept, das eine bestimmte Abstraktionsebene konstituiert. Es gibt aber auch Konzepte, die für verschiedene Abstraktionsebenen geeignet sind. Auf der Systemebene erscheint der objektorientierte Ansatz am besten geeignet zu sein. Er überdeckt sowohl strukturelle wie Verhaltensaspekte. Geometrische Spezifikationen sind auf dieser Ebene von geringerem Interesse. Bei Bedarf können sie jedoch ebenfalls in diesem Konzept untergebracht werden. Im Verhaltensbereich können auch algorithmische Konzepte von Interesse sein. Algorithmen können sowohl zur Beschreibung der äußersten Steuerung wie auch zur Implementierung der Operationen (Implementierte Abstrakte Datentypen) benutzt werden. Die algorithmische Ebene existiert nur im Verhaltensbereich. Per Definition ist diese Ebene an die imperative Sicht gebunden. Die Art der algorithmischen Beschreibung ist an die intendierte Benutzung der Entwurfssprache gebunden. Falls sie als Beschreibungssprache benutzt werden soll, die präzise die Algorithmen, die auf den Steuerwerken laufen, beschreiben soll, sind nebenläufige Algorithmen und Manipulationsobjekte in der Nähe von Hardwarerealisierungen zu benutzen. Im Fall von Spezifikationssprachen (beispielsweise als Eingabe in ein Synthesesystem) mögen prozessorientierte oder gar sequentielle Ansätze sinnvoll sein. Auf der RT-Ebene ist die reaktive Sicht die geeignetste. Sie kann als ein Spezialfall der objektorientierten Sicht interpretiert werden. Alle Aspekte (Struktur, Verhalten, Geometrie, Test) können überdeckt werden. Im Gegensatz zur algorithmischen Ebene ist allerdings die globale Wirkungsweise des Gesamtsystems nicht explizit sichtbar. Es gibt den verbreiteten Versuch, die RT-Ebene auch durch sogenannte "Behavioral Languages" zu überdecken. Doch gehen in diesem Fall die Strukurierungskonzepte, die für die RT-Ebene spezifisch sind, verloren.
Auf der Gatterebene sind nur stimulierte Gleichungen sinnvoll, da auf dieser Ebene die Unterscheidung zwischen Steuer- und Datensignalen nicht mehr sichtbar ist. Dasselbe gilt auf der Schalterebene. In beiden Fällen kann der Strukturaspekt abgedeckt werden, falls die involvierten Ausdrücke zu trivialen aufgespalten werden, d.h. zu solchen, wo pro Ausdruck nur ein Operator existiert (Netzlisten). "Schematics" und Stickdiagramme mögen als Beispiele dienen. Auch auf der elektrischen Ebene sind stimulierte Gleichungen das geeignete Modellierungskonzept. In diesem Fall werden Differentialgleichungen benutzt.

2.2 Sprachkonzepte

Sprachkonzepte sind mit Modellierungskonzepten natürlich eng verwoben. Doch ist die externe Darstellung (eben das Sprachkonzept) sehr wohl von eigenem Wert. Wie oben dargestellt, muß eine breite Palette von Modellierungskonzepten berücksichtigt werden, falls die gesamte Entwurfsbandbreite überdeckt werden soll. Um dies zu erreichen, gibt es drei Hauptklassen von Ansätzen:

- Menge von Sprachen, jede Sprache dediziert für eine spezielle Ebene

- Sprachfamilien

- Breitbandsprachen

Zusätzlich gibt es noch dedizierte Sprachen, die versuchen, mit ihrem Sprachkonzept neben der Ebene, der sie zugeordnet sind, benachbarte Ebenen zu überdecken.

2.2.1 Dedizierte Sprachen

2.2.1.1 Dedizierte Sprachen für die Systemebene

Historisch gesehen war der erste Ansatz einer dedizierten Sprache für die System-ebene PMS. Dies ist eine Sprache, um die Struktur (und nur die Struktur) eines Computersystems systematisch zu beschreiben. Zu diesem Zweck repräsentiert sie einen Computer als Graph mit verschiedenen Knotentypen. Die Haupttypen sind:

- Prozessor (P)

- Memory (M)

- Switch (S)

Dies gab der Sprache auch ihren Namen. Jede Instantiierung eines solchen Knoten-typs kann attributiert sein. Solche Attribute können benutzt werden, um Kapazität, Wortlänge, Zugriffszeit von Speichern oder Bandbreite von Zugriffspfaden zu spe-zifizieren. Komponenten von Typ "Memory" werden benutzt, um jegliche Art von Subsystemen zur Datenspeicherung zu bezeichnen, wie Hauptspeicher, Hintergrund-speicher, Registerfelder, etc..
"Switches" werden benutzt, um nichttriviale Verbindungen zu beschreiben, die mehr als zwei Komponenten verbinden, so daß ein Multiplexen/Demultiplexen nötig ist. Triviale Verbindungen werden einfach durch Kanten des Graphen dargestellt. Pro-zessoren werden als aktive Komponenten mit einem bestimmten Instruktionssatz angesehen.
Eine Sprache wie PMS beschreibt nur die Struktur eines Computersystems. Die angebotene Information gibt an:

- Welches sind die Komponenten, aus denen das System besteht (= Menge der Knoten im Graph)

- Was ist die Verbindungsstruktur (= Menge der Kanten im Graph)

Konzeptionell handelt es sich um nichts anderes als ein "Schematic" mit Kompo-nenten der Systemebene. Abb. 20 zeigt ein Beispiel.
Andere dedizierte Sprachen auf dieser Ebene konzentrieren sich auf verschiedene Aspekte der Verhaltensbeschreibung. Hier kann jede Sprache, die Mechanismen zur Beschreibung Implementierter Abstrakter Datentypen enthält, geeignet sein, die Module aus Sicht der angebotenen Dienste zu spezifizieren. Um dies zu leisten, muß eine derartige Sprache folgende Sprachmittel beinhalten:

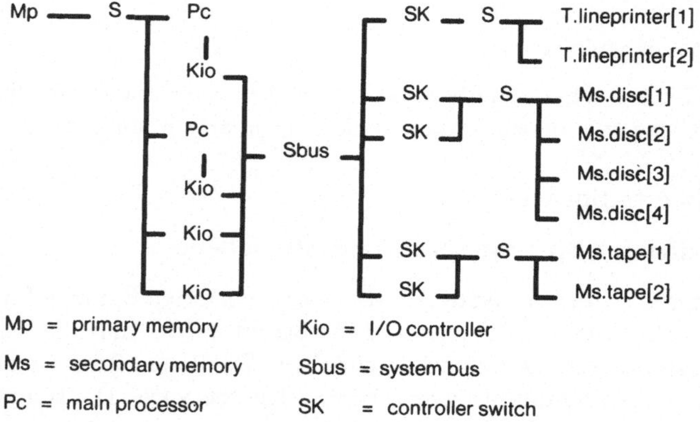

Abb. 20: Beispiel einer PMS-Beschreibung

- Einen Mechanismus, um Komponententypen (mit "Instruktionssatz") zu vereinbaren

- einen Mechanismus, solche Komponenten zu instantiieren

- einen Mechanismus, statische Speicherbereiche den instantiierten Komponenten zuzuordnen

- einen Mechanismus, die Implementierung der Operationen anzugeben

SIMULA mit seinem Klassen-Konzept ist ein gutes Beispiel für ein derartiges Konzept. Man kann SIMULA als die erste objektorientierte Sprache ansehen. Objektorientierte Sprachen aus jüngerer Zeit, insbesondere SMALLTALK, können ebenfalls benutzt werden. Allerdings leiden die meisten derartigen Sprachen daran, daß sie keine Sprachmittel zur Beschreibung von Parallelität beinhalten. Selbst das Coroutinenkonzept von SIMULA ist nur eine schwache Lösung, da man durch dieses Konzept im Wesentlichen dazu gezwungen wird, die Abbildung paralleler Prozesse auf einen Monoprozessor anzugeben, anstatt echte parallele Prozesse zu beschreiben. Auf der Systemebene sind drei Hauptaspekte der beteiligten Objekte von Interesse:

- ihre Funktionalität

- ihre Kommunikationsprotokolle

- ihre charakterisierenden Attribute, insbesondere in Bezug auf ihre Leistungsdaten

Daher existieren besonders spezialisierte Sprachen auf dieser Ebene. Die Sprache
HIT mag als Beispiel für eine Spezialsprache zur Beschreibung von Leistungsaspek-
ten dienen. In dieser Sprache wird ein System als Netz beschrieben, das aus zwei
Klassen von Objekten besteht:

- Anforderungen,

- Dienste.

Diese Komponenten werden durch eine Verbindungsmatrix verschaltet. Eine Verbindung darin bedeutet, daß die jeweilige Anforderung von dem jeweiligen Dienst
eine Dienstleistung anfordert. Den Anforderungen ist eine Häufigkeitsverteilung zugeordnet, die angibt, wie die Anforderungen anfallen. In ähnlicher Weise werden die
Dienste mit Bedienzeitverteilungen attributiert. Dienste können ihrerseits wieder
als Systeme gesehen werden, die in analoger Weise dekomponiert werden können.
Damit können hierarchische Beschreibungen entstehen.

Beispiel:

```
TYPE io_subsystem COMPONENT;

  PROVIDE
    SERVICE io_operation (amount : REAL);
  END PROVIDE;

  TYPE io_operation PROCESS (amount : REAL;
    USE
       SERVICE disk operation (time : REAL);
       cpu_request           (time : REAL);
    END USE;


    BEGIN
    cpu_request(negexp(amount * 20));
    PROB
       WHEN 0.2 : disk_operation(negexp(amount));
       ELSE     : disk_operation(negexp(amount * 2));
    END PROB;
  END TYPE io_operation;

  TYPE overhead PROCESS;
    USE
       SERVICE disk_operation (time : REAL);
       cpu_request    (time : REAL);
```

64

```
    END USE;

    BEGIN
    LOOP
       cpu_request(negexp(2.0));
       disk1-operation(negexp(0.2));
    END LOOP;
END TYPE overhead;

COMPONENT disk                    : server(LET dispatch := ps);
ENCLOSE   cpu                     : server;

REFER io_operation, overhead    TO disk, disk3, cpu
EQUATING
   io_operation.disk_operation   WITH disk1.request;
   io_operation.cpu_request      WITH cpu.request;
   overhead.cpu request          WITH cpu.request;
   overhead.disk_operation       WITH disk.request;
END REFER;

BEGIN
CREATE 1 OF overhead AT 0.0;
END TYPE io_subsystem;
```

2.2.1.2 Dedizierte Sprachen für die Algorithmische Ebene

Auf dieser Ebene müssen Sprachkonstrukte zur Beschreibung potentiell paralleler
Algorithmen bereitgestellt werden. Algorithmische Hardwarebeschreibungssprachen
folgen üblicherweise den Konzepten allgemeiner algorithmischer Sprachen, allerdings
mit Datentypen und Operatoren, die der speziellen Aufgabenstellung angepaßt sind,
und mit Sprachmitteln, um Parallelität auszudrücken. Bezüglich der Datentypen
und der Operatoren ist es relativ einfach, Konzepte von Sprachen wie PASCAL,
MODULA oder ADA zu übernehmen und sie in Richtung Bitketten und Bitket-
tenoperationen zu optimieren. DACAPO ist ein gutes Beispiel für diesen Ansatz.
Betrachtet man die Kontrollstrukturen, so erscheinen drei Hauptansätze möglich:

- Lokale Ansätze

- erweiterte strukturierte Programmierung

- Prozeßkommunikation

Bei den lokalen Ansätzen wird ausgedrückt, wann eine Anweisung bezogen auf ihre
lokale Umgebung ausgeführt werden soll. In einer Sprache wie PASCAL bedeutet ein Semikolon, daß die Anweisung nach dem Semikolon unmittelbar nach der

Terminierung der Anweisung davor ausgeführt werden soll. Dies ist ein mögliches Beispiel eines solchen Symbols. In ISPS wird das Semikolon durch das Symbol **next** ersetzt, während die Semantik zweier durch ein Semikolon getrennter Anweisungen ist, daß diese nebenläufig auszuführen sind. Ein nichtlokaler Transfer der Kontrolle muß durch spezielle Anweisungen wie **goto** oder (wie im Fall von ISPS) **resume** ausgedrückt werden. Ein anderer lokaler Ansatz ist die Möglichkeit, Interpretierte Petri-Netze unmittelbar zu beschreiben. In DACAPO beispielsweise geschieht dies durch Anweisungen der Form :

<u>on</u> (<list of input places>) <u>do</u> <u>mark</u> (<list of output places>)

Beispiel:

<u>on</u> (request <u>and</u> available) <u>do</u> <u>mark</u> (locked <u>and</u> ackn) bus_grant.

In diesem Beispiel müssen **request, available, locked,** und **ackn** Variable vom Typ **place** sein, während **bus_grant** eine Prozedur sein muß. Lokale Ansätze sind sehr allgemein. Doch sind derartige Beschreibungen oft schwierig zu lesen, da sie dazu tendieren, unübersichtlich zu werden. Dieser Nachteil lässt sich durch erweiterte strukturierte Programmierung überwinden. Hierzu werden die üblichen Sprachkonstrukte zur
Reihung
 (<u>begin</u> S_1; S_2 <u>end</u>),
Selektion
 (<u>if</u> ... <u>then</u> ... <u>else</u> oder <u>case</u> ... <u>of</u>),
und Iteration
 <u>while</u> ... <u>do</u>, <u>repeat</u> ... <u>until</u> ..., oder <u>for</u> ... <u>do</u> ...)

so erweitert, daß auch Parallelität ausgedrückt werden kann. Im Fall von DACAPO geschieht dies durch die Hinzunahme von <u>conbegin</u> S_1; S_2 <u>end</u> und <u>for</u> ... <u>conto</u> ... <u>do</u> ... Zusätzlich wird ein Prozedurmechanismus angeboten, der Arbitrierung und gegenseitigen Ausschluß im Fall nebenläufiger Aktivierung beinhaltet. Dieser Ansatz führt zu sehr gut lesbaren, wohlstrukturierten Dokumenten. Darüberhinaus ist er auch hinreichend allgemein.
Im Fall der Prozeßkommunikation wird ein zu beschreibendes Gesamtsystem als Menge nebenläufig aktiver sequentieller Prozesse mit einem wohldefinierten Kommunikationsmechanismus gesehen. Dieser Mechanismus dient sowohl zur Beschreibung der Kommunikation als auch der Synchronisation der Prozesse untereinander. Dies ist besonders strikt im Fall des ”Rendevouz”- Ansatzes, wie er in Abschnitt 2.1.2.2 beschrieben ist, durchgeführt. Die Prozeßkommunikation führt zu sehr gut lesbaren Beschreibungen. Leider gibt dieser Ansatz in den meisten Fällen den tatsächlichen Kontrollmechanismus nur sehr unpräzise wieder.

2.2.1.3 Dedizierte Sprachen für die Registertransferebene

Diese Abstraktionsebene unterliegt einem sehr einfachen Modellierungskonzept. Daher ist es auf dieser Ebene ausreichend, "Guarded Commands" anzubieten. Eine derartige Anweisung sieht typischerweise wie folgt aus:

```
<guard> <action>
```

In CDL (der "klassischen" RT-Sprache) sieht eine derartige Anweisung beispielsweise wie folgt aus:

```
/S(2) P/ if ( C=5 ) then ( S <- 001 ) else ( S <- 100 ) ,
         A <- countup A .
```

Diese Anweisung hat die folgende Bedeutung:

Immer wenn Bit Nummer 2 von Register S und das Taktsignal P wahr werden, werden zwei Unteraktionen ausgeführt: Das (Zustands-)Register S erhält einen neuen Wert, und der Inhalt von Register A wird um 1 hochgezählt. Der Wert, den das Register S erhält, ist von dem aktuellen Wert der Variablen C abhängig. Dies kann ein Register oder ein "Terminal", d.h. eine nicht speichernde Variable sein.
Eine gesamte CDL-Beschreibung ist nichts weiter als eine Ansammlung derartiger Anweisungen. Die Reihenfolge, in der diese Anweisungen aufgeschrieben werden, ist ohne Einfluß auf die Semantik der Beschreibung. Alle dedizierten RT-Sprachen folgen diesem Prinzip. Sie unterscheiden sich nur in:

- Syntaktischen Feinheiten

- Konzepten zur Beschreibung des Zeitverhaltens

- Konzepten zur Beschreibung von Hierarchie

Da die RT-Ebene hauptsächlich in der strukturellen Domäne beheimatet ist, erscheinen hier auch graphische Varianten sinnvoll. ABL mag als Beispiel dienen. In dieser Ausprägung der RT-Sprache KARL gibt es ein graphisches Symbol für jeden Typ einer textuellen RT-Anweisung. Somit läßt sich eine RT-Beschreibung durch einen "Schematic"-Editor erzeugen. Abb. 21 zeigt diese Entsprechung.

2.2.1.4 Dedizierte Sprachen für die Gatterebene

Auf der Gatterebene müssen Boolesche Gleichungen beschrieben werden. Dies geschieht üblicherweise mit einer Variablen auf der linken Seite der Gleichung. Damit wird die unidirektionale Natur logischer Gatter ausgedrückt. Sprachen der Gatterebene erlauben entweder relativ komplexe Ausdrücke auf Booleschen Operatoren

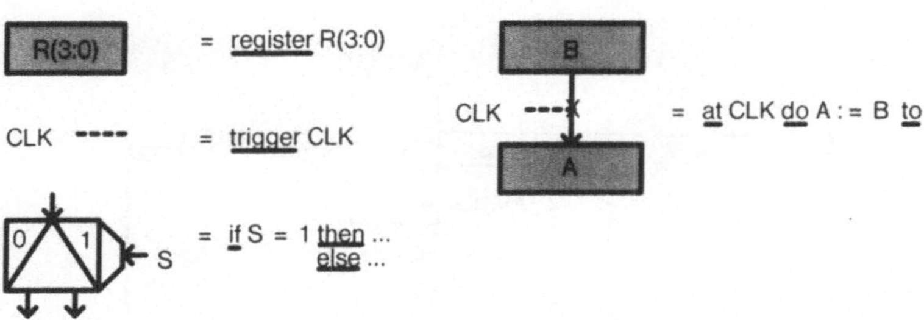

Abb. 21: KARL textuelle Beschreibung und äquivalente Beschreibung in ABL

und Variablen, oder sie sind pro Anweisung beschränkt auf einen einzigen monadischen oder dyadischen Operator zusammen mit seinen Argumenten. Im letzteren Fall werden reine Netzlisten beschrieben. Einige Sprachen erlauben auch Signalbündel, während restriktivere nur mit Ein-Bit-Signalen arbeiten. Natürlich sind
all diese Varianten nur für die Lesbarkeit von Bedeutung. Die Beschreibungsmächtigkeit wird davon nicht berührt. Auf der Gatterebene ist man in den meisten Fällen
an einer präzisen Beschreibung des Zeitverhaltens interessiert. Hier bieten verschiedene Sprachen recht unterschiedliche Konzepte, wobei es eine große Bandbreite er-
reichbarer Beschreibungspräzision gibt. Die Gatterebene ist das klassische Feld,
"Schematic-Editing" als Entwurfssprache einzusetzen. Diese Technik liefert eine
gute Dokumentation der Struktur, die auch sehr einfach zu verstehen ist. Die Booleschen Funktionen jedoch, die implementiert sind, werden durch all die Strukturinformation verborgen. Alle Arten von Beschreibungen auf der Gatterebene lassen
sich einfach zu hierarchischen Beschreibungen erweitern.
Abb. 22 zeigt eine Gatterebenen-Beschreibung, wie sie von einem "Schematic-
Editor" erzeugt wird.

2.2.1.5 Dedizierte Sprachen für die Schalterebene/Ebene des Symbolischen Layout

Bezüglich des Verhaltens ist der Hauptunterschied zwischen der Gatterebene und
dieser die potentiell bidirektionale Natur von Komponenten der Schalterebene. Daher zieht man es in textuellen Beschreibungen meist vor, Knoten verschiedenen Typs
aufzulisten, anstatt anweisungsartige Gleichungen wie auf der Gatterebene aufzuzu-
schreiben. Als Beispiel mag eine Sprache dienen, die mit zwei Klassen von Knoten
arbeitet, einer für Switches (Transistoren) und einer für Nets (Kapazitäten). Eine
derartige Sprache mag Anweisungen der folgenden Art anbieten:

```
switch ( gate, source, drain )
       [ transistor-type, resistance, switching-time ]
```

68

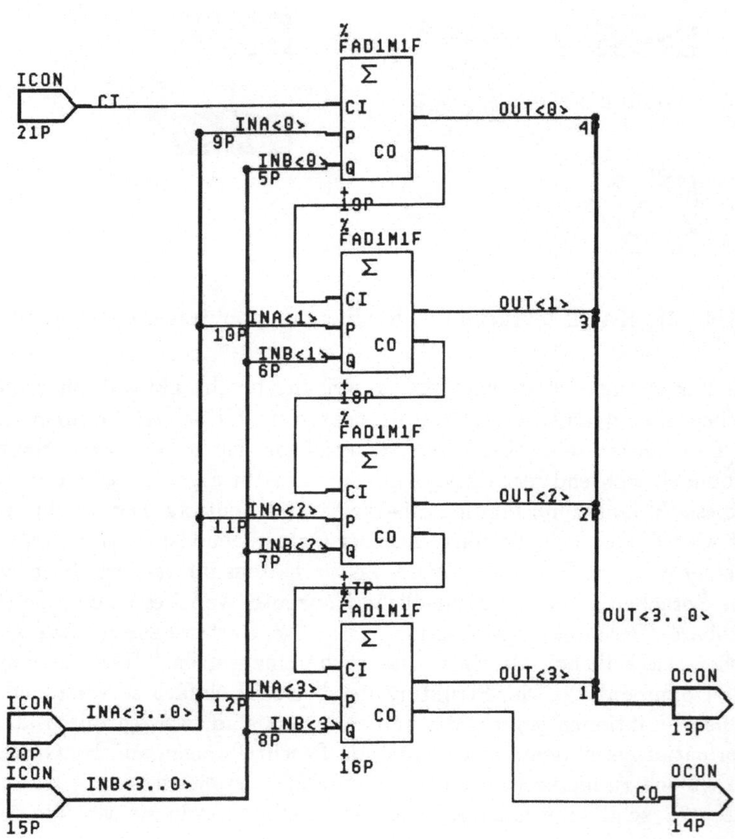

Abb. 22: Beispiel eines "Schematic" auf Gatterebene

```
net (< list of connected transistor ports >)
   [ capacitance, decay-time ]
```

In graphischen Notationen gibt es keinen essentiellen Unterschied zur Gatterebene, falls nur strukturelle Information wiedergegeben werden soll. Soll auch topologische Information gegeben werden, sind Stickdiagramme adäquat. Dabei gibt es eine Farbe (oder Füllmuster) pro Ebene des Fabrikationsprozesses. Kontakte werden durch spezielle Symbole dargestellt, da sie ebenfalls als Ebenen des Fabrikationsprozesses angesehen werden. Transistoren werden als Überschneidung von Linien der richtigen Farbe beschrieben, beispielsweise durch eine für die Ebene "Polysilizium" und eine solche für die Ebene "Diffusion". Die Breite der Linien hat keine semantische Bedeutung. Jedoch wird die relative Lage der Objekte zueinander in einem Stick-Diagramm als Spezifikation der intendierten Anordnung im endgültigen Layout interpretiert. Das nachfolgende Beispiel zeigt ein dynamisches CMOS NAND-Gatter als textuelle Beschreibung. Abb. 23 zeigt ein Schematic und Abb. 24 ein Stick-Diagramm davon.

```
switch ( precharge, vdd, prechargeout) [ pmos, 1, 500ps ];
switch ( e4, n4u, e4out) [ nmos, 1, 500ps ];
switch ( e3, n3u, n4) [ nmos, 2, 500ps ];
switch ( e2, n2u, n3) [ nmos, 2, 500ps ];
switch ( e1, n1u, n2) [ nmos, 2, 500ps ];
switch ( precharge, gnd, n1) [ nmos, 1, 500ps ];
net ( prechargeout, e4out, nandout ) [ 5, 3ns ];
net ( n4u, n4 ) [ 1, 2ns ];
net ( n3u, n3 ) [ 1, 2ns ];
net ( n2u, n2 ) [ 1, 2ns ];
net ( n1u, n1 ) [ 1, 2ns ];
```

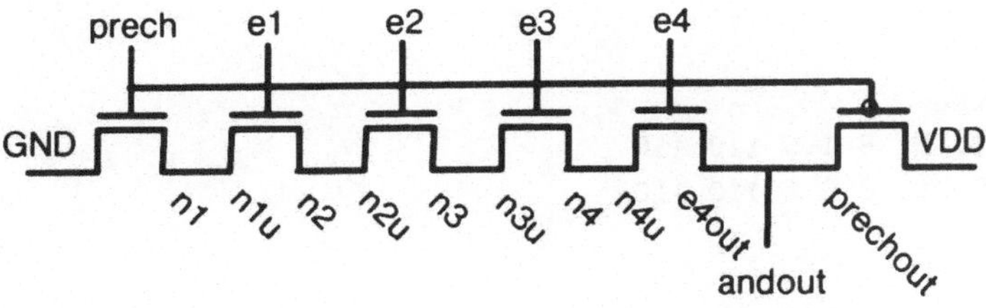

Abb. 23: Schematic eines dynamischen CMOS-Gatters

2.2.1.6 Dedizierte Sprachen für die Elektrische/Layout-Ebene

Es gibt keinen wesentlichen Unterschied zwischen dieser Ebene und der Schalterebene, falls man die Sprachkonzepte betrachtet. Nur die benutzten Objekte un-

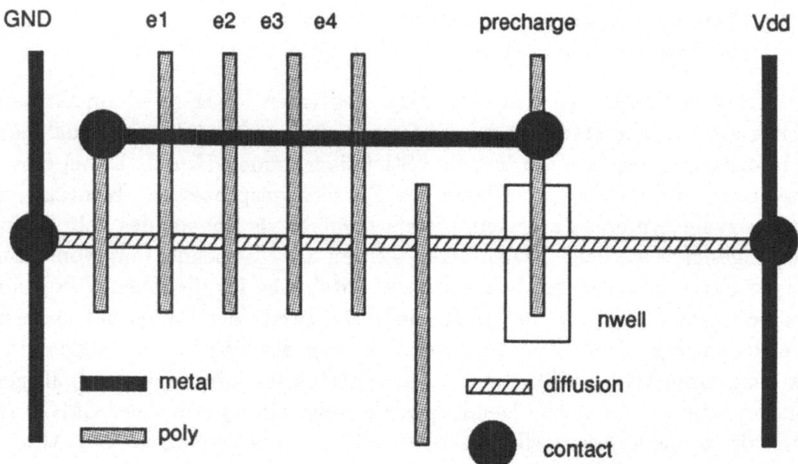

Abb. 24: Stick-Diagramm eines dynamischen CMOS-Gatters

terscheiden sich. Insbesondere werden die Attribute, die den Objekten zugeordnet werden, auf dieser Ebene erheblich komplizierter. Betrachtet man die geometrische Information, so müssen die nichtmetrischen Linien in den Stickdiagrammen nun durch Rechtecke mit wohldefinierter Bemaßung ersetzt werden.
Das nachfolgende Beispiel zeigt die textuelle Beschreibung eines CMOS NOR-Gatters in DOMOS. Abb. 25 zeigt ein Schematic eines CMOS NOR-Gatters und Abb. 26 ein Layout davon.

```
TITLE NORS4

CIRCUIT

$NORS4-1
$ 1. EINGANG
T1 P E2 N12 E1 8 1.5 110 110
T2 N E2 NO N11 8 2.5 110 110

$ 2. EINGANG
T 3 P E3 N13 N12 8 1.5 110 110
T4 N E3 NO N11 8 2.5 110 110

$ 3. EINGANG
T5 P E3 N14 N13 8 1.5 110 110
T6 N E3 NO N11 8 2.5 110 110

$ 4. EINGANG
```

```
T7 P E3 N11 N14 8 1.5 110 110
T8 N E3 NO N11 8 2.5 110 110

$ AUSGANGSBELASTUNG JE 1 GATE GEGEN MASSE UND VDD
C1 N11 E1 0.017
C2 NO N11 0.010

TIMER 0 160
PARAMETERS
N CHANNEL N BODY NO NB 1.8E14 TOX 0.04 VTO 1.0 CGOX 0.85E-3 BO 0.045
N THETA 0.045 LOV 0.0 K1 0.3 CJ 0.46E-4 FL 0.2 F 2.0
P CHANNEL P BODY E1 NB 1.8E16 TOX 0.04 VTO 1.0 CGOX 0.85E-3 BO 0.014
P THETA 0.055 LOV 0.0 K1 0.8 CJ 0.46E-3 FL 0.2 F 2.0
WIDTH 100
```

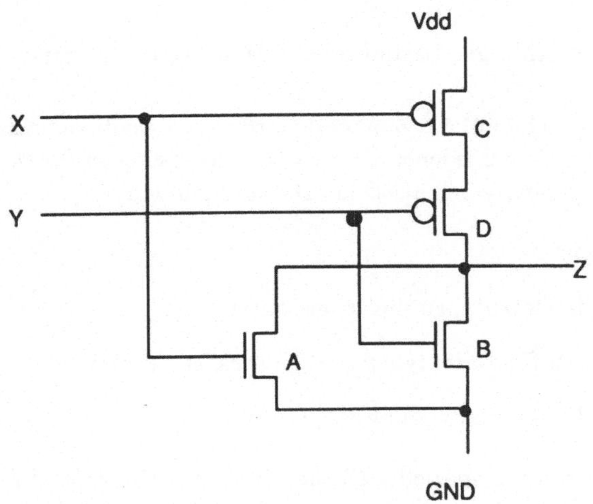

Abb. 25: Schematic eines CMOS NOR-Gatters

2.2.2 Sprachfamilien

Die obige Diskussion zeigt, daß es nicht zu schwierig ist, für jede Abstraktionsebene
eine dedizierte Sprache zu entwerfen. Auf diese Weise erhält man sehr schlanke Sprachen. Als weiterer Vorteil ist zu nennen, daß man dafür leicht effiziente Software, vor
allem Simulatoren bauen kann. In einem systematischen Entwurfsprozeß ist dieser
Ansatz jedoch nicht praktikabel. Kein Entwerfer wird akzeptieren, daß er die Beschreibung seines Entwurfs mehrmals in völlig unterschiedliche Konzepte übersetzen
muß. Automatische Synthese- und Verifikationswerkzeuge werden zudem in einer
derartigen Umgebung äußerst kompliziert. Ein Ansatz, diese Probleme zu meistern,

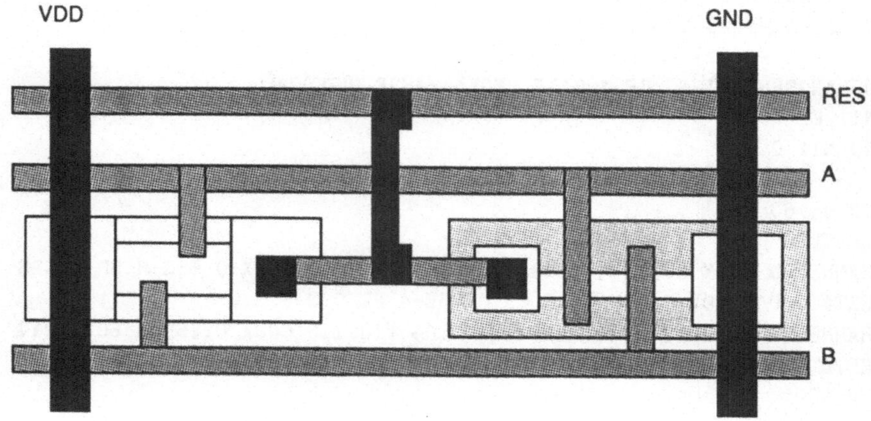

Abb. 26: Layout eines CMOS NOR-Gatters

ist die Idee der Sprachfamilien. Zunächst werden innerhalb einer Sprachfamilie alle
Konstrukte, die auf verschiedenen Ebenen (in verschiedenen Sprachkonzepten) dieselbe Bedeutung haben, vereinheitlicht. Dies schließt ein:

- Basisnotation

- grundlegende Datentypen und Konstanten

- Konstruktoren für Datentypen und Kontrollstrukturen

- grundlegende Modularisierungstechniken

Spezifische Eigenschaften spezieller Ebenen (spezielle Konzepte) sollten semantisch
in gemeinsamen Konzepten verankert sein. Weiterhin wird gefordert, daß man sich
im Einklang mit dem syntaktischen "Geist" der Familie befindet. Im Idealfall gibt
es eine sehr kleine Kernsprache mit großer Beschreibungsmächtigkeit und einen Mechanismus, aus einer Sprache der Familie eine neue abzuleiten. Diese Konstruktion muß Syntax und Semantik beinhalten. Das konsequenteste Beispiel für diesen
Ansatz stellt CONLAN dar. CONLAN (CONsensus LANguage) ist keine Hardwarebeschreibungssprache im engeren Sinn, sondern ein Rahmen zur Definition und
Implementierung von solchen Sprachen. CONLAN wurde von einem internationalen
Kommitee definiert. Das Ergebnis wurde in einem 1983 publizierten Endbericht dokumentiert. Jede Beschreibung im CONLAN-Rahmen hat zunächst eine Referenz-
sprache innerhalb der CONLAN-Sprachfamilie zu nennen. Diese REFLAN kann
benutzt werden, um eine neue Sprache abzuleiten oder um ein Stück Hardware zu
beschreiben. Um eine neue Sprache abzuleiten, bietet der CONLAN-Rahmen Konstrukte an, die es erlauben, die syntaktische und semantische Verankerung in der

REFLAN zu spezifizieren. Die Wurzel der CONLAN-Famile ist PSCL (Primitive Set CONLAN). Unter Benutzung der CONLAN-Techniken wurde aus PSCL BCL (Base CONLAN) abgeleitet. Dies ist bereits eine elementare Hardwarebeschreibungssprache. BCL ist hauptsächlich als "Unterwurzel" für alle anderen Hardwarebeschreibungssprachen innerhalb des CONLAN Rahmens intendiert. Abb. 27 illustriert diesen Ableitungsmechanismus.

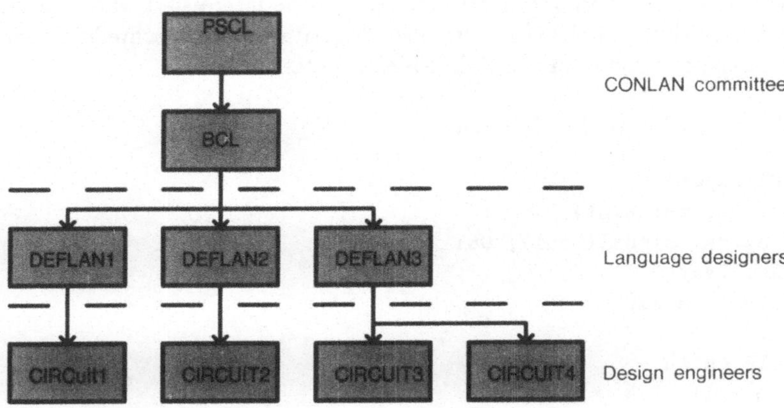

Abb. 27: Ableitungsbaum für Sprachen der CONLAN-Sprachfamilie

In PSCL gibt es die Datentypen **integer, bool, string**, und **tuple@** (der Postfix "**@**" bezeichnet Objekte, die nur zum Zweck der Sprachdefinition benutzt werden können). Das Grundobjekt ist **cell@**. Es dient als Basis für jede Variable oder jedes Objekt in höheren (d.h. abgeleiteten) Sprachen. In BCL gibt es Integer-Teilbereiche, Arrays und Records. In dieser Sprache sind von besonderem Interesse sogenannte **signals**, d.h. Objekte, die als Werte Wertefolgen über die Zeit haben. Dabei gibt es ein diskretes Zeitmodell. Wie die meisten Hardwarebeschreibungssprachen unterscheidet BCL zwischen **terminals** (nicht speichernde Variable) und **variables** (speichernde Variable). Das Verhalten wird mittels CONLAN **operations** beschrieben. Dies ist eine Form implementierter ADTs. Dabei wird ein Unterschied zwischen **functions**, die einen Wert liefern, und **activities** gemacht. Letztere sind vergleichbar mit Prozeduren in einer Sprache wie PASCAL. Der Rumpf einer Operation wird in Form einer Liste von **activity**- Aktivierungen gegeben. Diese Aktivierungen können bedingt sein und nebenläufig stattfinden. Strukturinformation wird in Form von **description segments** angegeben. Diese dienen zur statischen Segmentierung von Beschreibungen. Ein **description segment** besteht aus einem **interface part** und einem **body**. Im **body** werden die internen Objekttypen (andere **description segments**) deklariert und Objekte davon instantiiert, wobei ein generischer Mechanismus angeboten wird. Das intendierte Verhalten kann mittels **assertions** spezifiziert werden. Dies sind Invarianten, die stets wahr sein müssen. Im Gegensatz zu den meisten anderen Hardwarebeschreibungssprachen interpretiert CONLAN **delays** als Referenz auf vergangene Werte von Argumenten. Dies ist vom theoretischen Standpunkt ein sehr sauberer Ansatz. CONLAN ist ein außergewöhnliches Konzept mit einer Reihe exzellenter Ideen. Eine Reihe von Sprachen ist in diesen konzeptionellen Rahmen eingebettet worden, darunter auch DACAPO. Das Hauptproblem von CONLAN ist, daß die Entwerfer dieses Sprachkonzepts fast gar nicht an der algorithmischen Ebene interessiert waren. Somit ist es recht kompliziert, im CONLAN-Rahmen Algorithmen zu beschreiben oder eine algorithmische Sprache in diesen Rahmen einzubetten.

Beispiel einer CONLAN Beschreibung:

```
DESCRIPTION dff
   (tsu, th, tp: pint)
   (IN d, ck: signal(bool); OUT
   q, nq: bvar(0))
ASSERT tp > th END
BODY
ASSERT IF ck%th
&~ck%(th + 1) THEN
  stable(d,tsu + th)
  & stable0(ck%th, tsu)
  & stable1(ck, th) ELSE 1
  ENDIF ENDASSERT
IF ck%(tp-1) & ~ck%tp THEN q := d, nq := ~d END
ENDdff
```

2.2.3 Breitbandsprachen

Offensichtlich ist es nötig, in RT-Sprachen Konstrukte für die Gatterebene einzubetten. Andererseits sollte eine Hardwarebeschreibungssprache für die algorithmische Ebene, die sich an modernen Programmiersprachen orientiert, genügend Spracheigenschaften haben, um auch die Systemebene zu überdecken. Wenn man also diese beiden Komplexe kombiniert, erhält man eine Breitbandsprache, die vier Ebenen überdeckt. Natürlich muß man hier dem Vereinheitlichungsaspekt der Sprachfamilien ebenfalls folgen, um zu verhindern, daß ein Sprachdinosaurier entsteht.
Breitbandsprachen befreien den Hardwareentwerfer vom Zwang, während des Entwurfsprozesses von einer Beschreibungsart zur anderen zu springen. Sie scheinen auch die einzige Lösung für das Problem der "mixed-level"-Beschreibung und - Simulation digitaler Systeme zu sein. Betrachtet man eine spezielle Ebene, so tendieren Beschreibungen in einer Breitbandsprache manchmal dazu, etwas komplizierter als solche in einer dedizierten Sprache zu sein. Zudem tendieren dazugehörige Simulatoren dazu, etwas weniger effizient als spezialisierte zu sein. Aber

die Vorteile des Breitbandansatzes wiegen diese Nachteile deutlich auf. Aus den genannten Gründen sind Breitbandsprachen die aussichtsreichste Lösung des Problems, digitale Hardware umfassend beschreiben zu müssen. Die bedeutendsten Vertreter dieses Konzepts sind DACAPO und VHDL. DACAPO wird im Abschnitt 2.3 detailliert vorgestellt werden.

2.3 Die Hardwarebeschreibungssprache DACAPO III

DACAPO III ist die jüngste Version einer Hardwarebeschreibungssprache, deren erste Version vom Autor 1975 vorgestellt wurde, damals DIGITEST II genannt. 1979 wurde eine der heutigen Form sehr ähnliche Version definiert und implementiert. Diese Sprache wurde CAP/DSDL (für Concurrent Algorithmic Programming Language/Digital Systems Description Language) genannt. Mit einer anderen Implementierung erhielt diese Sprache den Namen DACAPO II. Geringfügige Modifikationen und die Hinzunahme eines an MODULA II angelehnten Modulkonzepts hatten die Sprache DACAPO III zum Ergebnis. DACAPO III ist eine echte Breitbandsprache mit mächtiger Unterstützung der Systemebene, der algorithmischen Ebene, der Registertransferebene und der Gatterebene. Die Schalterebene wird weniger stark unterstützt. Es ist nicht die Absicht, in diesem Abschnitt ein Sprachhandbuch für DACAPO III zu geben. Stattdessen ist eine informelle Einführung in die grundlegenden Prinzipien der Sprache intendiert. Der Abschnitt ist nach den zu überdeckenden Abstraktionsebenen organisiert, wobei am Anfang allerdings einige gemeinsame Grundlagen diskutiert werden.

2.3.1 DACAPO III Grundlagen

DACAPO III ist eine Sprache, die, so weit möglich, wie MODULA II (oder PASCAL) aussieht. Daher können die Grundnotation, die Konstanten, Bezeichner, Gültigkeitsbereiche, Datentypen sehr knapp erläutert werden.

Bezeichner:

Ein Bezeichner in DACAPO III besteht aus einem Buchstaben gefolgt von einer beliebigen Anzahl von Buchstaben, Ziffern oder Unterstrichen.

Beispiele:

```
DACAPO_III
A
enable_register_4_to_be_loaded_from_bus_3
```

Es gibt eine relativ große Anzahl an reservierten Wortsymbolen und vordefinierten Bezeichnern, die nicht als vom Benutzer definierte Bezeichner benutzt werden dürfen. Im vorliegenden Dokument werden Wortsymbole durch Unterstreichung gekennzeichnet.

Kommentare:

Jeder Text beginnend mit ”{” bis ”}” wird als Kommentar interpretiert.

Beispiel:
```
{Are you still reading this crazy book?}
```

Konstanten:

Numerische Konstanten können in dezimaler oder verallgemeinerter binärer Notation dargestellt werden. Dezimale Konstanten werden geformt durch eine beliebige Folge von dezimalen Ziffern mit einem potentiellen Vorzeichen. Der Wertebereich ist extrem groß, da eine virtuelle DACAPO-Maschine mit einer Wortlänge von $(2**31)-1$ bit angenommen wird.

Beispiele:
```
-87643509873465340598634958634598346598734659873465834658963459853
```

Bitkettenkonstanten werden in öffnende und schließende ' " ' eingeschlossen. Für jede Bitposition gibt es den erweiterten Wertebereich {0, 1, X, L, H, Y, Z} mit der folgenden Bedeutung:

```
0 : logisch null          , niederohmig
1 : logisch eins          , niederohmig
X : logisch unbekannt     , niederohmig
L : logisch null          , hochohmig
H : logisch eins          , hochohmig
Y : logisch unbekannt     , hochohmig
Z : kein logischer Wert   , hochohmig
```

Ein führendes (1) oder (B) bedeutet Binärdarstellung, d.h. es folgt ein String, gebildet aus den obigen Symbolen. Dieser Präfix wird als Voreinstellung angenommen. Ein führendes (2) oder (Q) bedeutet Quartaldarstellung; die Menge der erlaubten Symbole ist hier um {2, 3} erweitert. Symbole der Menge {X, L, H, Y, Z} werden als Paare dieser Symbole interpretiert.
Ein führendes (3) oder (O) bedeutet Oktaldarstellung. Die Menge der erlaubten Symbole ist hier durch {2, 3, 4, 5, 6, 7} erweitert. Symbole der Menge {X, L, H, Y, Z} werden als Tripel dieser Symbole interpretiert. Ein führendes (4) oder (X) bedeutet Hexadezimaldarstellung. Die Menge der erlaubten Symbole ist hier um {2, 3, 4, 5, 6, 7, 8, 9, A, B, C, D, E, F} erweitert. Symbole der

Menge {X, L, H, Y, Z} werden als Quadrupel dieser Symbole interpretiert.
Es sind beliebige Mischformen erlaubt, und Leerzeichen sowie Zeilenvorschübe können
beliebig eingefügt werden.

Beispiele: (Alle Beispiele bezeichnen denselben String)

```
"(1)1100011100001111"
"    1100011100001111"
"1100 0111 0000 1111"
"(4) C70F"
"1100 (4) 7 (3) 0 (2) 1 (1) 111"
```

Bitketten werden auch als Integer interpretiert und umgekehrt. Zeichenkettenkon-
stanten werden in ' ' ' eingeschlossen. Jedes darin enthaltene Zeichen wird als
Bitkette der Länge 8 nach EBCDIC- oder ASCII- Code (je nach Voreinstellung, die
auch geändert werden kann,) interpretiert.

Beispiele:
```
'DACAPO III'
'310'
```
EBCDIC-Code angenommen, ist die zweite Zeichenkette äquivalent zu
```
"(4) F3F1F0"
```

Für Verzögerungsbeschreibungen werden optional dimensionierte Konstante angeboten. Diese Dimensionierungen sind:

```
HR    =   Stunden
MIN   =   Minuten
SEC   =   Sekunden
MS    =   Millisekunden
US    =   Microsekunden
NS    =   Nanosekunden
PS    =   Picosekunden
```

Beispiel:
```
50 US "(4)FF" NS
```

Bitketten, die eine Repetition eines einzigen Binärsymbols sind, können durch eines
von { ALL_0, ALL_1, ALL_X, ALL_L, ALL_H, ALL_Y, ALL_Z } beschrieben werden.
Derartige Konstanten haben wie dezimale keine vordefinierte Länge, sondern werden
vom Compiler auf die notwendige Länge gebracht. Eine feste Länge kann durch den
Präfix (n) gefordert werden, wobei n eine beliebige numerische Konstante ist.

Beispiel:
```
("(4)F") ALL_L
```

ist äquivalent zu "LLLL LLLL LLLL LLLL"

Überall wo eine Konstante erlaubt ist, kann sie durch einen beliebigen Ausdruck auf konstanten Werten ersetzt werden (d.h. durch einen Ausdruck, der zur Compilezeit ausgewertet werden kann).

Konstantendefinition:

Konstanten können mittels PASCAL-Notation an Bezeichner gebunden werden.

Beispiele:
```
const wordlength = 32 ;
      busdefault = bit (4) ALL_Z ;
      bytelength = wordlength/4 ;
```

Datentypen :

Der grundlegende Datentyp von DACAPO III ist die Bitkette beliebiger Länge. Er wird mit bit(n) bezeichnet, wobei n die Länge in bit angibt. Jedes "Bit" ist siebenwertig wie oben angegeben. Um dies explizit auszudrücken, kann man auch bit_7(n) schreiben. Statt bit(1) oder bit_7(1) kann man auch einfach bit oder bit_7 schreiben. Will man die "Bits" auf den Wertebereich {0, 1, X} einschränken, so muß man bit_3 anstelle von bit oder bit_7 schreiben.
Der Typ integer bezeichnet eine Bitkette der Länge 32, wobei jedes "Bit" auf den Wertebereich {0, 1} eingeschränkt ist. Ähnlich bezeichnet der Typ timevar eine derartige Bitkette der Länge 64. In jedem Fall werden die Bits von rechts nach links, beginnend mit 0, gezählt. Während bei Bitketten die tatsächliche Kodierung angegeben wird, wird dies bei Aufzählungstypen offengelassen. Deren Wertebereich wird durch Aufzählung der möglichen (symbolischen) Werte gegeben.

Beispiele :
```
bit
bit_3(3948567093459846987654)
(andcode, orcode, nandcode, notcode, norcode, exorcode, addcode,
minuscode)
```

Strukturierte Typen werden durch PASCAL-artige Konstrukte für Arrays und Records gebildet. Es sind Arrays von Records und Arrays von Arrays erlaubt, nicht aber Records, die als Komponenten Arrays haben. Der Grund liegt darin, daß ein Record auch als die Bitkette angesehen wird, die durch Konkatenation all seiner Komponenten entsteht.

Beispiele :

```
array [0 : 7] of bit
array [1023 : 0, 0 : 7] of bit
```

dies ist äquivalent zu **array** [1023 :   0] **of array** [0 :   7] **of bit**

```
array [0 : 255] of record
                      opc : bit(3);
                      adr : bit(13)
                   end
```

Typdefinitionen:

Wie in PASCAL können Typen an Bezeichner gebunden werden.

Beispiele:

```
type register_file = array [0 : 15] of bit_3(wordlength) ;
     address_field = record
                         base_register  : bit_3(4)  ;
                         displacement   : bit_3(24) ;
                         index_register : bit_3(4)  ;
                      end ;
     instruction_register = record
                               opc: bit_3(3) ;
                               adr_1, adr_2 : address_field
                            end ;
```

In DACAPO ist das Typkonzept um die Möglichkeit, Abstrakte Datentypen zu definieren, erweitert. Dies wird an späterer Stelle erläutert werden.

Objektdeklaration :

Objekte eines bestimmten (vom Benutzer angegebenen oder vordefinierten) Typs werden durch Deklaration kreiert. Bis auf die Erweiterung, die es erlaubt, ADTs zu instantiieren, geschieht dies wie in PASCAL. Datenobjekte können einen initialen Wert bekommen, indem man ihnen bei der Deklaration eine Konstante (einen konstanten Ausdruck) zuweist. Der voreingestellte Initialwert ist "ALL_Z". DACAPO unterscheidet zwischen zwei Hauptklassen von Datenobjekten:

- Objekte mit Speicherfähigkeit (Register, Speicherzellen, Flipflops) und

- Objekte ohne Speicherfähigkeit (Verbindungsleitungen, Ausgänge von kombinatorischer Logik).

80

Speichernde Objekte werden durch das Attribut **explicit** (das entfallen kann) gekennzeichnet, während nicht speichernde Objekte das Attribut **implicit** haben
müssen.

Beispiele:

```
var a : bit(4) := "XHLZ" ;
    b : implicit bit(8) := 0 ;
```

{automatische Längenanpassung der Dezimalkonstante}

```
    c : explicit record  c1, c2 : bit(2) end := "1100" ;
```

{Record interpretiert als Bitkette}

```
    d : array [0 : 3] of bit(2) := "00", "11", "01", "10" ;
```

Ausdrücke:

Ausdrücke sind denen in PASCAL sehr ähnlich. Referenzen zu den aktuellen Werten
einfacher Datenobjekte werden durch Nennung des Objekts gemacht. Ein aktueller
Wert einer Arraykomponente wird durch Nennung des Arrays zusammen mit der
entsprechenden Indexliste referenziert. Ganze Arrays können ebenfalls referenziert
werden, indem man einfach die Indexliste nicht aufführt. Allerdings darf bei mehr-
dimensionalen Arrays nur entweder der rechteste Index oder die gesamte Indexliste
entfallen. Der aktuelle Wert einer Recordkomponente wird durch Angabe des gesamten Pfades zu dieser Komponente mit Punkt als Trennsymbol referenziert. Da
gesamte Records als Bitketten angesehen werden, können sie in Gesamtheit auch
referenziert werden.

Beispiele:
Es seien die folgenden Deklarationen angenommen:

```
type register_file = array [0 : 15] of bit_3(wordlength) ;
     address_field = record
                           base_register  : bit_3(4)  ;
                           displacement   : bit_3(24) ;
                           index_register : bit_3(4)  ;
                        end ;
     instruction_register = record
                              opc: bit_3(3) ;
                              adr_1, adr_2 : address_field
                            end ;
var a : bit(4) := "XHLZ" ;
    b : register_file ;
    c : instruction_register ;
```

Mit diesen Deklarationen

- wird mit **a** der aktuelle Wert des Datenobjekts **a** referenziert,

- wird mit **register_file [14/2]** der Wert der siebten Komponente des Arrays **register_file** referenziert,

- wird mit **register_file** der aktuelle Wert des gesamten Arrays referenziert,

- wird durch **instruction_register.adr_1.displacement** der aktuelle Wert der genannten (Blatt-) Recordkomponente referenziert

- wird durch **instruction_register.adr_2** der aktuelle Wert des gesamten Subrecords referenziert.

Falls Operanden durch Operatoren verknüpft werden, muß das Konzept des "strong typing" von DACAPO beachtet werden. Nur Operanden derselben Länge und derselben Struktur sind kompatibel. Allerdings sind Records zu jeder Bitkette mit gleicher Länge und gleichem bitweisen Wertebereich kompatibel. Damit ist ein Record zu jedem anderen Record in dieser Klasse kompatibel, auch wenn er unterschiedlich strukturiert ist.

Beispiele :
Ein Objekt vom Typ
record a,b :**bit**(2) **end**
ist kompatibel zu einem Objekt vom Typ
record a : **bit**(3); b : **bit** **end**.
Ein Objekt vom Typ **bit**(10)
ist weder kompatibel zu einem Objekt vom Typ
bit(5) (unterschiedliche Länge) noch zu einem Objekt vom Typ
bit_3(10) (unterschiedlicher bitweiser Wertebereich).

Es gibt eine große Anzahl von Operatoren in DACAPO für Arithmetik, Logik, Vergleiche, Stringmanipulation und Fallunterscheidung.

Arithmetische Operatoren:

Operation	Operator	Alias
Vorzeichen	+	
Vorzeichen	-	
Multiplikation {eingeschränkt auf max 32 bit}	*	
Division {eingeschränkt auf max 32 bit}	/	
Modulo {eingeschränkt auf max 32 bit}	mod	
Addition	+	
Subtraktion	-	
Addition (Vorzeichenlos)	|+|	
Subtraktion (Vorzeichenlos)	|-|	

Die beiden Vorzeichenoperatoren sind monadisch, während alle anderen Operatoren dyadisch sind. Ein üblicher Additions- oder Subtraktionsoperator interpretiert die Bitmuster seiner Operanden als Zweierkomplementdarstellung vorzeichenbehafteter ganzer Zahlen, während die vorzeichenlosen Alternativen diese als vorzeichenlose nichtnegative ganze Zahlen interpretieren. Außer Multiplikation, Division und Modulobildung sind alle Operatoren auf Operanden beliebiger Länge definiert.

Logische Operatoren:

Operation	Operator	Alias
not	/	<u>not</u>
monadisches and	(&)	(<u>and</u>)
monadisches or	(|)	(<u>or</u>)
monadisches nand	(/&)	(<u>nand</u>)
monadisches nor	(/|)	(<u>nor</u>)
monadisches exor	(©)	(<u>exor</u>)
monadisches equivalence	(/©)	(eqv)
and	&	<u>and</u>
or	|	<u>or</u>
nand	/&	<u>nand</u>
nor	/|	<u>nor</u>
exor	©	<u>exor</u>
equivalence	/©	<u>eqv</u>

Die Operatoren <u>and</u>, <u>or</u>, <u>nand</u>, <u>nor</u>, <u>exor</u>, und **equivalence** sind dyadische Operatoren. Sie akzeptieren beliebige Bitketten gleicher Länge und operieren darauf bitweise. Es wird angenommen, daß sie Gatter mit Ausgangstreibern modellieren. Daher liefern sie stets einen Wert im Bereich {0, 1, X} und interpretieren Werte L, H, Y, Z als 0, 1, X, X. Der monadische Operator <u>not</u> wirkt analog. Die monadischen <u>and</u>-, <u>or</u>-, <u>nand</u>-, <u>nor</u>-, <u>exor</u>- und **equivalence**-Operatoren sind Reduktionsoperatoren. Sei (#) ein derartiger Operator und $a = a_n a_{n-1} ... a_0$ das Argument.

Dann ist (#)a definiert als
- a   falls n = 0
- a_1#a_0 falls n = 1
- (#)($a_n a_{n-1} ... (a_1$#a_0)) sonst

Vergleichsoperatoren:

Operation	Operator	Alias
gleich	=	
ungleich	<>	
größer	>	
größergleich	>=	
kleiner	<	
kleinergleich	<=	
größer (vorzeichenlos)	|>|	
größergleich (vorzeichenlos)	|>=|	
kleiner (vorzeichenlos)	|<|	
kleinergleich (vorzeichenlos)	|<= |	

Alle Vergleichsoperatoren wirken auf zwei Bitketten beliebiger, aber gleicher Länge als Argumente. Das Ergebnis ist eine Bitkette der Länge 1 mit Wert "1", falls der Ausdruck wahr ist, und "0" sonst. Die vorzeichenlosen Operatoren interpretieren die Argumentbitketten als vorzeichenlose ganze Zahl, während die anderen von einer Zweierkomplementdarstellung ausgehen.

Stringoperatoren:

Operation	Operator	Alias
Konkatenation	||	
Substring (ein Bit)	.(n)	
Substring (mehrere Bit)	.(n:m)	

Die Konkatenation nimmt zwei Argumente und klebt sie zusammen, z.B. "110"||"001" = "110001". Der Einbit-Substring-Operator isoliert das bezeichnete Bit, während der Mehrbit-Substring-Operator die bezeichnete Unterbitkette isoliert. Dabei bedeutet das Symbol m die rechte Grenze und n die linke. Das rechteste Bit einer Bitkette ist stets das Bit 0. Alle Stringoperatoren können auf alle Typen von Argumenten angewandt werden, da in DACAPO jeder Datentyp auch als Bitkette interpretiert wird. Man beachte die Ähnlichkeit zwischen der Notation von Records und Substrings. So wie jeder Record auch als Bitkette, die durch Konkatenation seiner Komponenten entsteht, interpretiert wird, wird jede Bitkette auch als beliebig strukturierbarer Record angesehen. Da in diesem Fall die Komponenten keine

84

Bezeichner haben, müssen sie durch Angabe der Position angesprochen werden.

Beispiele:
Angenommen sei die folgende Deklaration:

```
var a record
      a1 :  bit(5) ;
      a2 :  bit(10)
   end ;
```

Mit dieser Deklaration gilt:

a und a2 || a1 bezeichnen denselben String,
a.(4:0) und a.a1 bezeichnen denselben String,
a.(8:4) ist ebenfalls ein gültiger Substring.

Fallunterscheidung:

Falls E_1 und E_2 gültige Ausdrücke sind und cond ein Datenobjekt vom Typ bit(1)
ist, dann ist if cond then E_1 else E_2 ein gültiger Ausdruck. Der Wert des gesamten Ausdrucks ist entweder der von E_1 oder der von E_2 in Abhängigkeit von dem
aktuellen Wert von cond. Man beachte, daß der else-Teil natürlich nicht fehlen darf.

Falls $E_0, E_1, ..., E_n$ gültige Ausdrücke sind, cond ein Datenobjekt und $\{v_0, v_1, ..., v_{n-1}\}$
eine Teilmenge des Wertebereichs von cond, dann ist
case cond of $v_0 : E_0; v_1 : E_1; ...; v_{n-1} : E_{n-1}$; else E_n end
ein gültiger Ausdruck.
Der Wert des gesamten Ausdrucks ist der von E_i, falls der aktuelle Wert von cond
v_i ist.

Funktionsaufruf:

Anstelle der Referenz auf ein Datenobjekt kann auch eine Funktion aufgerufen werden. Die referenzierte Funktion kann entweder eine eingebaute Funktion der Sprache
oder eine vom Benutzer definierte sein. Eine Funktion kann (formale) Parameter
haben, die mit aktuellen Parametern versorgt werden müssen. Auch hier findet eine
strenge Typprüfung statt. Definition und Benutzung von Funktionen wird detaillierter im Abschnitt 2.3.3 diskutiert werden. Allgemein hat ein Funktionsaufruf die
Form:

```
function-identifier( list of formal parameters ).
```

Beispiel :

```
shlarit ( alu_out, factor )
```

Shlarit (für arithmetischer Linksshift) ist eine in DACAPO eingebaute Funktion. In diesem Fall ist ihr Wert der des Arguments `alu_out` arithmetisch um `factor` Stellen nach links geschoben.

Komplexe Ausdrücke:

Es können Ausdrücke beliebiger Komplexität geformt werden. Dabei gibt es eine wohldefinierte Operatorpräzedenz, die durch Klammerung überschrieben werden kann. Man beachte, daß die strenge Typprüfung auch auf alle Teilausdrücke angewandt wird.

Assertions

Simulation eines Systems bedeutet den Versuch, es zu verifizieren. Dies bedeutet, daß man versucht, herauszufinden, ob das beschriebene Verhalten mit dem intendierten übereinstimmt. Dies bedeutet aber auch, daß der Entwerfer die Bedingungen, die erfüllt sein müssen, kennt. Üblicherweise muß er nun das Simulationsergebnis analysieren, d.h. auf Erfüllung dieser Bedingungen überprüfen. Falls er jedoch im voraus in der Lage ist, die Bedingungen zu formulieren, kann er diese mühsame Tätigkeit dem Simulator überlassen. In DACAPO hat er die Option, seine Bedingungen als Assertions zu formulieren. Derartige Assertions sind Invarianten, die stets gelten müssen. Im Falle einer Verletzung reagiert der Simulator in einer Weise, die der Benutzer spezifizieren kann, z.B. durch Ausgabe einer Fehlermeldung.
Alle Assertions einer Prozedur oder einer Funktion müssen in einem Assertions-Teil gruppiert werden. Dieser Teil wird mit dem Wortsymbol **assertions** eingeleitet. Jede **assertion** ist von der Form:

```
condition → action
```

Dabei ist `condition` ein beliebiger Ausdruck vom Typ <u>bit</u>(1), und `action` ist eine beliebige Anweisung. Die **assertion** wird kontinuierlich ausgewertet, wobei sich der Simulator hierfür einer speziellen Technik bedient, die minimale CPU-Zeit erfordert. Immer wenn `condition` wahr wird, wird `action` ausgeführt. Typische Aktionen sind:

- Modifikation des Zustandes mittels Zuweisungsanweisung,

- Fehlermeldung mittels der eingebauten Funktion **error**,

- Simulationsstop mittels der eingebauten Funktion **stop**.

Beispiele :
<u>assertions</u>
```
 readacc and writeacc → accerrorflag := "1" ;
 control_state = "11" → stop (state_check, ' control_state = "11" ');
 time - changetime (read_request) > 50 →
         error ( 'slow memory request frequency');
```

Die erste **assertion** überprüft, ob die zwei Signale **readacc** und **writeacc** zur selben Zeit gesetzt sind. Immer wenn dies geschieht, wird **accerrorflag** gesetzt. Die zweite **assertion** überprüft, ob **control_state** den Wert "11" erhält. Immer wenn dies geschieht, wird die Simulation gestoppt und die Fehlermeldung 'control_state = "11"' gesendet. Dies findet allerdings nur statt, falls der Schalter **state_check** gesetzt ist. Dies kann entweder in dem zu analysierenden Modell oder extern durch Stimuli geschehen. Die letzte **assertion** benutzt die eingebauten Funktionen **time** und **changetime**, die die aktuelle Simulationszeit bzw. den Zeitpunkt des letzten Signalwechsels der entsprechenden Variable liefern. In unserem Fall wird überprüft, ob mehr als 50 Zeiteinheiten zwischen zwei Wertwechseln der Variable **readrequest** stattfinden. Ist dies der Fall, so wird eine Fehlermeldung produziert.

2.3.2 Beschreibungen in DACAPO III auf der algorithmischen Ebene

Algorithmen spielen auch auf der Systemebene eine wichtige Rolle, doch schwerpunktmäßig sind sie auf der algorithmischen Ebene angesiedelt. Daher wird diese Ebene zuerst diskutiert. Aus einem ähnlichen Grund werden alle Sprachmittel, die die Modularisierung unterstützen, im Abschnitt über die Systemebene behandelt, obwohl diese Techniken für andere Ebenen ebenfalls von Bedeutung sind. Der algorithmische Teil einer DACAPO-Beschreibung besteht aus einer Verbundanweisung (Compound statement, CS). Ein derartiges CS besteht aus einem CS-Kopf, einer Liste von Anweisungen und einem CS-Ende, das einfach von dem Wortsymbol **end** gebildet wird. Folgende Typen von Anweisungen können in einem CS auftreten:

- Verbundanweisung,
- Zuweisungs-Anweisung,
- if-Anweisung,
- case-Anweisung,
- while-Anweisung,
- repeat-Anweisung,
- for-Anweisung,
- at/when-Anweisung,
- Prozedur-Aufruf
- Leer-Anweisung.

2.3.2.1 Verbundanweisung

Es gibt vier verschiedene Typen von Verbundanweisungen:

- die sequentielle Verbundanweisung,
- die nebenläufige Verbundanweisung,
- die parallele Verbundanweisung,
- die kompakt sequentielle Verbundanweisung.

Letztere wird im Abschnitt 2.3.6 diskutiert werden.

Die sequentielle Verbundanweisung hat die Form

seqbegin $S_1; S_2; ...; S_n$ **end** ;

Die Semantik ist, daß die Anweisung S_i initiiert wird, nachdem die Anweisung S_{i-1} terminiert hat. Dies bedeutet aber nicht notwendigerweise, daß S_i unmittelbar nach der Terminierung von S_{i-1} initiiert wird, da es nebenläufig aktive Teile geben kann, die mit dieser Anweisung interferieren. Ausgedrückt in Interpretierten Petri-Netzen korrespondiert diese Anweisung zu dem in Abb. 28 skizzierten Netzmuster.

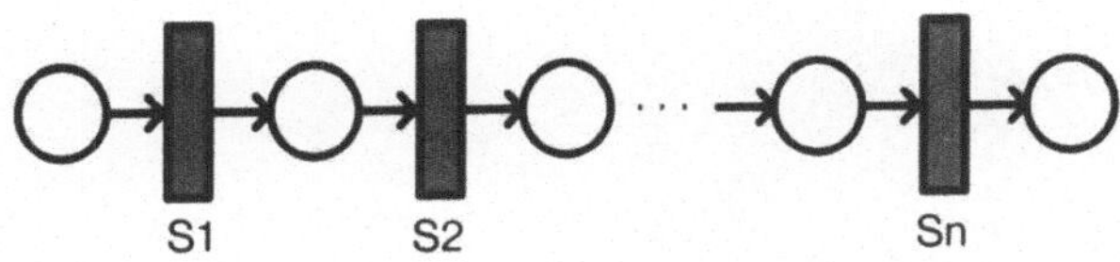

Abb. 28: Petri-Netz für **seqbegin** ... **end**

Die nebenläufige Verbundanweisung hat die Form:

conbegin $S_1; S_2; ...; S_n$ **end** ;

Die Semantik ist, daß bei Initiierung der gesamten nebenläufigen Verbundanweisung alle eingebetteten Anweisungen $S_1; S_2; ...; S_n$ nebenläufig initiiert werden. Sie werden nun vollständig unabhängig voneinander ausgeführt. Wenn die zeitlich letzte dieser Anweisungen terminiert hat, terminiert die gesamte nebenläufige Verbundanweisung. Es sollte bemerkt werden, daß die Anordnung der Anweisungen $S_1; S_2; ...; S_n$ innerhalb einer nebenläufigen Verbundanweisung natürlich ohne semantische Bedeutung ist. Ausgedrückt in Interpretierten Petri-Netzen korrespondiert diese Anweisung zu dem in Abb. 29 skizzierten Netzmuster.

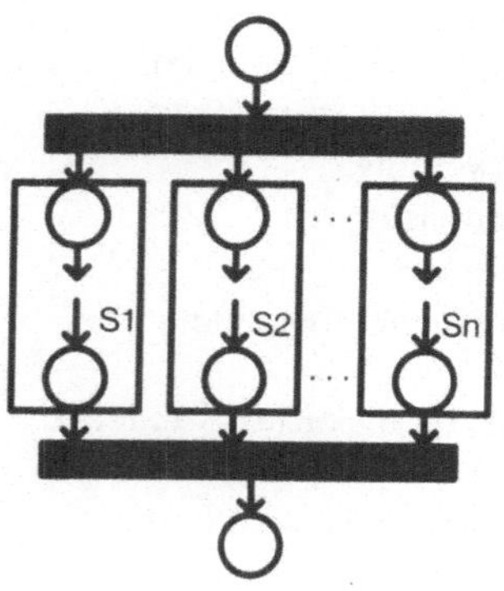

Abb. 29: Petri-Netz für <u>conbegin</u> ... <u>end</u>

Das folgende Beispiel zeigt, weshalb zwei konsekutive Anweisungen in einer sequentiellen Verbundanweisung nicht notwendigerweise unmittelbar hintereinander ausgeführt werden:

```
conbegin
    seqbegin
       a := 1 ;
       b := 10/a
    end ;
    a := 0
end
```

In diesem Beispiel enthält eine nebenläufige Verbundanweisung zwei Anweisungen: eine sequentielle Verbundanweisung und eine einfache Zuweisungsanweisung. Da es keine innere Synchronisation zwischen ihnen gibt, kann es geschehen, daß die Zuweisung a := 0 direkt nach der ersten Zuweisung (a := 1) der eingebetteten sequentiellen Anweisung, aber vor deren zweiter (b := 10/a) ausgeführt wird, was zu unvorhergesehenen Problemen führen kann.

Die parallele Verbundanweisung hat die Form:

<u>parbegin</u> $S_1; S_2; ...; S_n$ <u>end</u> ;

In diesem Fall sind die eingebetteten Anweisungen $S_1; S_2; ...; S_n$ typmäßig eingeschränkt auf Zuweisungsanweisungen. Die Semantik ist, daß all diese Anweisungen initiiert werden, wenn die gesamte parallele Verbundanweisung initiiert wird. Dann werden sie strikt synchron ausgeführt, d.h. die Ausführung einer Anweisung S_i hat keinerlei Auswirkung auf die anderen Anweisungen derselben parallelen Verbundanweisung. Natürlich ist die Anordnung der eingebetteten Anweisungen $S_1; ...; S_n$ innerhalb der parallelen Verbundanweisung ohne semantische Bedeutung.

Beispiel :
parbegin a := b ; b := a <u>end</u> ;
Dies beschreibt eine einfache **swap**-Operation während
conbegin a := b ; b := a <u>end</u> ;
ein nondeterministisches Verhalten beschreiben würde.

2.3.2.2 Zuweisungs-Anweisung

Eine Zuweisungs-Anweisung führt dazu, daß ein neuer Wert in ein speicherndes Datenobjekt eingespeichert wird. Das empfangende Datenobjekt hält diesen Wert solange, bis eine weitere Zuweisung stattfindet. Die Zuweisungs-Anweisung hat die Form:

```
assignment_target := expression ;
```

Im einfachsten Fall ist **assignment_target** eine Referenz auf ein Datenobjekt. Es muß mit dem zugewiesenen Ausdruck typkompatibel sein. Beide Seiten einer Zuweisungs-Anweisung können aber auch ganze Records oder Arrays sein.

Beispiel:
```
var register_array :  array [0 :15]
              of word ;
   memory_bank :  array [0 :   "(4)FFFFFFFF"]
              of word ;
   .
   .
   .
memory_bank
    [save_area_base :  save_area_base + 15]  := register_array ;
```

Das Zuweisungsziel kann auch durch eine Konkatenation von Datenobjekten, durch Substrings oder eine Kombination von beiden gegeben sein.

Beispiele:
Angenommen, der Typ **word** steht für **bit(32)**. Dann kann durch die folgende Zuweisung der Inhalt eines Registers über zwei Speicherzellen verteilt werden:

```
(memory_bank [adr] || memory_bank [adr+1]).(48 :  16)
        := register_array [reg_adr] ;
```

90

Weiterhin sind Mehrfachzuweisungen erlaubt, wodurch ein identischer Wert einer Liste von Datenobjekten zugewiesen wird.

Beispiel :
`buffer_register_1 , buffer_register_2 := memory_address ;`

Zuweisungen können verzögert werden, um Echtzeitverhalten zu modellieren. Dieses Konzept ist in DACAPO auf allen Ebenen verfügbar, ist aber hauptsächlich auf der Gatter- und Schalterebene von Bedeutung, weshalb es in diesem Kontext (Abschnitt 2.3.5) detailliert diskutiert wird.

2.3.2.3 If - Anweisung

Die If-Anweisung erlaubt es, alternative Ausführungsströme zu beschreiben. Die Entscheidung wird auf der Basis des aktuellen Wertes eines Datenobjekts oder eines Ausdrucks vom Typ `bit(1)` getroffen. Die If-Anweisung hat die folgende Form:

`if` condition `then` S_1 `else` S_2 ;

Semantik: Falls der aktuelle Wert von **condition** "1" ist, dann wird S_1 ausgeführt. Ist dieser Wert "0", so wird S_2 ausgeführt. Für alle anderen Fälle kann der Anwender durch das Setzen von Optionen angeben, was zu geschehen hat (z.B. die gesamte Anweisung ignorieren, den **true**-Teil wählen, ...). Im Gegensatz zu anderen Sprachen darf in DACAPO der **else**-Teil einer If-Anweisung nicht fehlen. Ausgedrückt in Interpretierten Petri-Netzen korrespondiert diese Anweisung zu dem in Abb. 30 skizzierten Netzmuster.

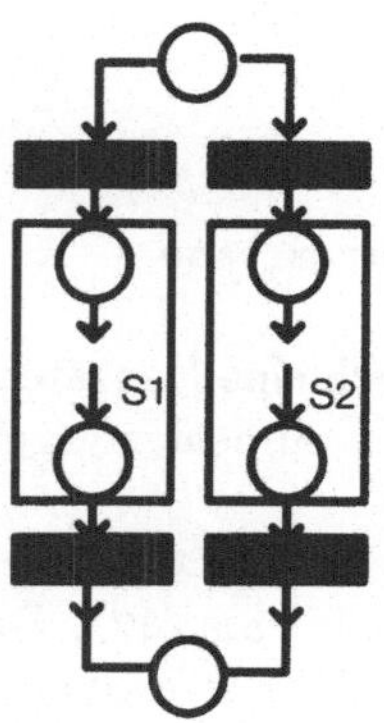

Abb. 30: Petri-Netz für `if` ... `then` ... `else`

2.3.2.4 Case - Anweisung

Wie die If-Anweisung beschreibt die Case-Anweisung einen alternativen Strom von
Anweisungen. In diesem Fall jedoch ist man nicht auf zwei Alternativen eingeschränkt, sondern kann zwischen einer beliebigen Anzahl wählen. Die Auswahl
geschieht auf der Basis des aktuellen Wertes eines Datenobjekts oder eines Ausdrucks. Die Menge $\{v_1, v_2, ..., v_{n-1}\}$ muß eine Teilmenge des Wertebereichs dieses
Datenobjekts oder Ausdrucks sein. Die Case-Anweisung hat die Form:

```
case condition of v1 : S1; v2 : S2 ; ... vn-1 : Sn-1 ; else Sn end ;
```

Semantik: In Abhängigkeit von dem aktuellen Wert von condition wird eine der
Anweisungen $S_1, ..., S_n$ ausgeführt. Die Selektoren können zu Listen gruppiert werden. Weiterhin wird eine Reihe von Kurzschreibweisen zur Beschreibung von Wertebereichen von Selektoren angeboten.

Beispiel:

```
case opcode of
   add, sub : seqbegin
                result:= arg1 + arg2 ;
                condition := if overflow then
                                        not condition
                                    else
                                        condition

             end ;
   andcode   : result := arg1 & arg2 ;
   orcode    : result := arg1 | arg2 ;
   else      : error ('illegal opcode')
end ;
```

2.3.2.5 While - Anweisung

Die While-Anweisung ist das grundlegende DACAPO-Schleifenkonstrukt. Sie hat
die folgende Form:

```
while condition do S ;
```

Dabei ist condition ein Datenobjekt oder ein Ausdruck vom Typ bit (1) und S
eine beliebige Anweisung. Diese Anweisung hat die folgende Semantik:

```
if condition then seqbegin S ; while condition do S end
                else ;
```

Ausgedrückt in Interpretierten Petri-Netzen korrespondiert diese Anweisung zu dem in Abb. 31 skizzierten Netzmuster.

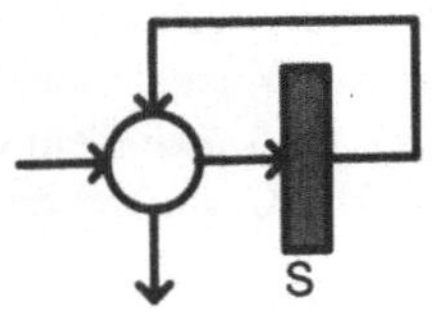

Abb. 31: Petri-Netz für **while** ... **do**

2.3.2.6 Repeat - Anweisung

Die Repeat-Anweisung ist der While-Anweisung sehr ähnlich. Der Hauptunterschied besteht darin, daß der Schleifenrumpf zunächst ausgeführt wird und dann erst der Test stattfindet. Diese Anweisung hat die folgende Form:

repeat S **until** condition ;

Semantik: Diese Anweisung ist äquivalent zu:

seqbegin S ; **while** **not** condition **do** S **end** ;

Ausgedrückt in Interpretierten Petri-Netzen korrespondiert diese Anweisung zu dem in Abb. 32 skizzierten Netzmuster.

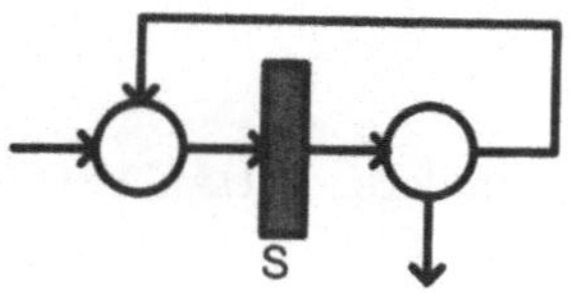

Abb. 32: Petri-Netz für **repeat** ... **until**

2.3.2.7 For - Anweisung

Syntaktisch ähnelt die DACAPO For-Anweisung der von PASCAL. Jedoch ist in vielen Fällen die Semantik unterschiedlich. Die For-Anweisung hat die folgende

Form:

```
for index := start_value application_selection final_value by step_size

do S ;
```

Dabei ist S eine beliebige Anweisung (man beachte die unten aufgeführten Restriktionen), index bezeichnet ein Datenobjekt, während start_value, final_value und step_size Konstante, bzw konstante Ausdrücke, sind.
Der Term application_selection hat eine der folgenden Formen:

- seqto , seqdownto {sequentielle Anwendung}

- conto , condownto {nebenläufige Anwendung}

- parto , pardownto {synchronisiert parallele Anwendung}

- to , downto   {kompakt sequentielle Anwendung}

Semantik: In DACAPO bezeichnet die For-Anweisung zunächst keine Schleife, sondern es ist eine Kurzschreibweise für eine Verbundanweisung. Sei $\# \in$ {seq , con, par } und bezeichne S index $\rightarrow$ value die Anweisung S, wobei jedes Auftreten der Variable index durch die Konstante value ersetzt wird. Dann gilt:

```
for index := start_value #to final_value by step_size do S ;
```

ist äquivalent zu

```
#begin

      Sindex → start_value
      Sindex → start_value+step_size ;
      Sindex → start_value+2*step_size ;
                      .
                      .
                      .
      Sindex → final_value
end ;
```

Der Fall der #downto-Version wird analog definiert. Aus der Definition folgt unmittelbar, daß die eingebettete Anweisung im Fall von parto und downparto auf die Zuweisungsanweisung eingeschränkt ist. Für den Fall to und downto gibt es andere Restriktionen, die im Abschnitt 2.3.6 erläutert werden. Der Term step_size kann entfallen, falls er den Wert 1 hat.

94

Beispiele :

```
for  adr := 0 conto 6/2 do
   register [adr] := adr ;
```

Diese Anweisung ist äquivalent zu:

```
conbegin
   register [0] := 0 ;
   register [1] := 1 ;
   register [2] := 2 ;
   register [3] := 3
end ;
```

```
for index := 0 parto 2 do
   flags.(index) := if index > 0 then flags.(index - 1)
                                 else flags.(2) ;
```

Diese Anweisung ist äquivalent zu:

```
parbegin
   flags.(0) := flags.(2) ;
   flags.(1) := flags.(0) ;
   flags.(2) := flags.(1)
end ;
```

2.3.2.8 At/When - Anweisung

Üblicherweise wird in der imperativen Programmierung der Kontrollfluß vollständig durch die Kontrollstruktur des Algorithmus gegeben. Dies macht es jedoch etwas schwierig, eine Synchronisation des Algorithmus mit externen Ereignissen zu beschreiben. Solche Ereignisse können vereinzelt auftreten (z.B. ein Tastendruck) oder regelmäßig (z.B. ein Taktsignal). Um derartige Beschreibungen zu unterstützen, kann in DACAPO einer vorhandenen Kontrollstruktur eine Synchronisationsstruktur überlagert werden. Die Grundidee ist, daß jeder Anweisung ein Ereignis zugeordnet werden kann, mit dem sie sich synchronisiert. In diesem Fall wird eine Anweisung ausgeführt, wenn dies aufgrund des "normalen" Kontrollflusses der Fall wäre und danach das Ereignis stattfindet. Das Synchronisationsereignis kann entweder ein Wertwechsel oder ein Wertepegel sein. Die At-Anweisung beschreibt eine Synchronisation mit Wertewechseln. Sie hat die Form:

```
at direction ( event ) do statement ;
```

Hier ist **event** ein beliebiges Datenobjekt oder ein beliebiger Ausdruck, je vom Typ bit(1), und direction ist aus {up , down , change} mit offensichtlicher Bedeutung.

Statement ist eine beliebige Anweisung. Diese Anweisung wird ausgeführt, wenn sie wegen des "normalen" Kontrollflusses initiiert werden würde und danach das Ereignis wahr wird, d.h. der bezeichnete Wertewechel stattfindet.

Beispiel:
```
while true do
    conbegin
      seqbegin
          at up (cl1) do S₁ ;
          at up (cl1) do S₂
      end ;
      at up (cl1) do S₃
    end
```

Dies beschreibt die zyklische Ausführung einer nebenläufigen Aktivität, die aus zwei Zweigen besteht. Der erste davon beinhaltet die sequentielle Ausführung zweier Anweisungen. Ohne die Präfixe **at up**(cl1) würde pro Zyklus S_3 zu einem beliebigen Zeitpunkt während einer Auführung von S_1 und S_2 stattfinden. Wegen der Präfixe jedoch läuft das folgende ab:
Bei Initiierung der nebenläufigen Verbundanweisung würden S_1 und S_3 wegen des "normalen" Kontrollflusses initiiert. Es wird aber noch gewartet, bis danach cl1 seinen Wert von "0" auf "1" wechselt. Erst dann werden S_1 und S_3 tatsächlich ausgeführt. Nach Terminierung von S_1 würde S_2 aufgrund der "normalen" Kontrollstruktur initiiert. Wieder wird jedoch gewartet, bis die nächste positive Flanke von cl1 auftritt. Dann wird S_2 ausgeführt. Nach ihrer Terminierung wird die gesamte nebenläufige Verbundanweisung terminiert, was die nächste Iteration initiiert.

Die When-Anweisung beschreibt die pegelsensitive Alternative. Sie hat die Form:

```
when condition do statement ;
```

Condition ist ein beliebiges Datenobjekt oder ein beliebiger Ausdruck, je vom Typ **bit**(1), **statement** ist eine beliebige Anweisung. Die When-Anweisung ist äquivalent zu:

```
if condition then statement
            else at up (condition) do statement ;
```

Beispiel:
Schreibt man das obige Beispiel um, so erhält man:

```
while true do
    conbegin
```

```
      seqbegin
        when cl1 do S₁ ;
        when cl1 do S₂
      end ;
      when cl1 do S3
end
```

Nun ist das Verhalten wie folgt:

Bei Initiierung der nebenläufigen Verbundanweisung würden S_1 und S_3 wegen des "normalen" Kontrollflusses initiiert. Hat cl1 zu diesem Zeitpunkt den Wert "1", so werden S_1 und S_3 sofort gestartet. Wenn nicht, so wird gewartet, bis danach cl1 seinen Wert von "0" auf "1" wechselt, bis S_1 und S_3 tatsächlich ausgeführt werden. Nach Terminierung von S_1 würde S_2 aufgrund der "normalen" Kontrollstruktur initiiert. Hat cl1 noch oder wieder zu diesem Zeitpunkt den Wert "1", so wird S_2 sofort ausgeführt. Ansonsten wird gewartet, bis die nächste positive Flanke von cl1 auftritt. Dann wird S_2 ausgeführt. Nach ihrer Terminierung wird die gesamte nebenläufige Verbundanweisung terminiert, was die nächste Iteration initiiert.

2.3.2.9 Prozeduraufruf

Die Organisation von Algorithmen mittels Prozeduren ist eine wichtige Strukturierungsmethode. Da der gesamte Modularisierungsmechanismus von DACAPO im Abschnitt 2.3.3 behandelt wird, wird eine detaillierte Beschreibung von Prozeduraufrufen auf diesen Abschnitt verschoben. Ein Prozeduraufruf hat die Form:

```
procedure_identifier ( list of actual parameters ) ;
```

Der `procedure_identifier` identifiziert das Prozedurobjekt, das zu aktivieren ist. Dieses Prozedurobjekt kann eine von mehreren Inkarnationen eines Prozedurtyps sein. Die (optionale) Liste aktueller Parameter bindet einen aktuellen Parameter an jeden formalen des Prozedurobjekts. Ein aktueller Parameter kann ein beliebiger Ausdruck sein, wobei in DACAPO im Gegensatz zu fast allen anderen Sprachen die Art des aktuellen Parameters den Typ der Parameterübergabe steuert. Eine einfache Referenz auf ein Datenobjekt führt zu "call by reference", was nur möglich ist, falls die Parameterübergabe in Richtung auf die gerufene Prozedur stattfindet. Alle anderen Arten von aktuellen Parametern haben "call by value" zur Folge. Natürlich findet eine strenge Typprüfung auf den Parametern statt.

Beispiel :

```
calculate_something ( a , (a) , 5 , if a&b then c else d ) ;
```

In diesem Fall wird die Prozedur `calculate_something` aktiviert und vier aktuelle Parameter werden an formale gebunden. Nur der erste wird "by reference" gebunden, da es sich um die einfache Referenz auf ein Datenobjekt (einfache Variable) handelt. Die Parameter (a) und **if a&b then c else d** sind kompliziertere Ausdrücke und werden wie die Konstante 5 "by value" gebunden. Eine Prozeduraktivierung resultiert nicht notwendigerweise in einer sofortigen Initiierung ihrer Aktivität, um diesen Auftrag zu erfüllen, da es für dasselbe Prozedurobjekt konkurrierende Aufträge geben kann und ein Prozedurobjekt nur einen Auftrag gleichzeitig bearbeiten kann. (In Abschnitt 2.3.3 wird dies detaillierter dargestellt.)

2.3.2.10 Leeranweisung

Die Leeranweisung ist syntaktisch eine leere Zeichenkette. Es gbt zwei Gründe für ihre Existenz:

- In der if-Anweisung ist der **else**-Teil verpflichtend. Benutzt man eine Leeranweisung als die im **else**-Teil auszuführende Anweisung, so hat man die gleiche Wirkung wie beim Weglassen des **else**-Teils.

- Es gibt zwei Anweisungen in DACAPO, die Realzeit konsumieren können: Die Zuweisungs-Anweisung und die Leeranweisung. DACAPO bietet die volle Möglichkeit der Realzeit-Beschreibung auf allen Ebenen. Da diese Eigenschaft aber hauptsächlich auf der Gatter-/Schalterebene von Interesse ist, wird sie in Abschnitt 2.3.5 behandelt.

Beispiel:

```
seqbegin
    if a > b then c := a delay ( loadtime )
            else delay ( prechargetime ) ;
    delay ( loadtime ) ;
end ;
```

In diesem Beispiel sind zwei Leeranweisungen enthalten. Die erste wird zur "Simulation" eines fehlenden **else**-Zweiges benutzt und dazu, um auszudrücken, daß eine gewisse Zeit (der aktuelle Wert der Variable **prechargetime**) zu verstreichen hat, bis die konsekutiv folgende Anweisung ausgeführt werden kann. Die zweite Leeranweisung wird nur dazu benutzt, um auszudrücken, daß nach Beendigung der if-Anweisung eine gewisse Zeit zu verstreichen hat, bis die gesamte sequentielle Verbundanweisung terminiert.

2.3.3 Beschreibungen in DACAPO III auf der Systemebene

In diesem Abschnitt werden eine Reihe von Sprachkonzepten beschrieben, die auch für andere Abstraktionsebenen wertvoll sind. Da aber die wesentliche Unterstützung der Systemebene in der Modularisierung und Einkapselung besteht, werden alle damit zusammenhängenden Spracheigenschaften in diesem Abschnitt behandelt. Ebenfalls hier werden auf hoher Abstraktionsebene liegende Konzepte der Ereignissteuerung behandelt.

Eine DACAPO-Beschreibung gliedert sich in Module. Dabei wird unterschieden zwischen **Definition Modules**, die die Schnittstelle zur Umgebung spezifizieren, und **Implementation Modules**, welche die Interna beschreiben. Das äußerste Modul ist ein solches ohne Unterscheidung zwischen **Definition Module** und **Implementation Module**. Module können unter Benutzung von Prozeduren und Funktionen weiter organisiert werden.

2.3.3.1 Prozeduren

In DACAPO bilden Prozeduren die Grundtechnik der Blockstrukturierung von Beschreibungen. Eine Prozedur hat die folgende Form:

```
procedure procedure_identifier (Liste von formalen Parametern) ;

    constant definitions            {optional} ;
    type definitions                {optional} ;
    variable declarations           {optional} ;
    procedures/function declarations {optional} ;
    assertions                      {optional} ;
    interrupt service routines      {optional} ;
    reactive part                   {optional} ;
    algorithmic part                {zwingend} .
```

Die Teile `constant definitions`, `type definitions` und `variable declarations` wurden im Abschnitt 2.3.1 erläutert. In diesem Abschnitt werden hierzu geringfügige Erweiterungen eingeführt. Der algorithmische Teil wurde in Abschnitt 2.3.2 beschrieben, während der reaktive Teil in den Abschnitten 2.3.4 und 2.3.5 behandelt wird. In DACAPO wird zwischen drei Klassen von formalen Parametern unterschieden:

- Inputparameter (`direction=in` in der Parameterliste),
- Outputparameter (`direction=out` in der Parameterliste) und
- bidirektionale Parameter (`direction=inout` in der Parameterliste).

Inputparameter importieren einen Wert in eine Prozedur. Innerhalb der Prozedur ist keine Wertzuweisung an solch einen Parameter erlaubt. Outputparameter exportieren einen Wert aus einer Prozedur. Als korrespondierende aktuelle Parameter sind nur Referenzen auf Datenobjekte erlaubt. Bidirektionale Parameter importieren und exportieren Werte. Wieder sind als korrespondierende aktuelle Parameter nur Referenzen auf Datenobjekte (d.h. keine darüber hinausgehenden Ausdrücke oder Konstanten) erlaubt. Eine Liste formaler Parameter wird angegeben als Liste von Parameterspezifikationen, getrennt durch Semikolons. Eine Parameterspezifikation hat die Form:

```
direction list_of_identifiers :  type
```

Direction ist aus { in , out , inout }. Die Liste von Bezeichnern ist durch Kommata getrennt. Der Typ ist ein beliebiger der im Abschnitt 2.3.1 eingeführten Typen. Die gesamte Parameterliste ist optional.

Beispiel :

```
procedure processor
        (inout memory_bus, address_bus : implicit bit(32);
        in    int_req                  : array[0:7] of bit ;
        out   int_ackn                 : array [0:7] of bit ;
        out   memory_request           : record
                                           read_request,
                                           write_request : bit
                                         end ;
        out   status                   : bit(8) ) ;
```

Eine Prozedur wird durch Nennung ihres Bezeichners und durch Binden von aktuellen Parametern an ihre formalen aktiviert. Aktuelle und formale Parameter müssen typkompatibel sein. Parameter der Art explicit werden mit ihrem Wert zum Zeitpunkt des Aufrufs übergeben und erhalten den Wert des dazugehörigen formalen Parameters zum Zeitpunkt der Terminierung der gerufenen Prozedur. Bei Parametern der Art implicit wird kontinuierlich die Gleichheit von aktuellem und formalem Parameter sichergestellt.

Beispiel :
Die Prozedur mit dem oben angegebenen Prozedurkopf kann aktiviert werden durch:

```
processor ( sys_bus, mem_bus, interrupts, ackn, mem_req, stat ) ;
```

Dabei wurde angenommen, daß die aktuellen Parameter typkompatibel sind, beispielsweise muß interrupts vom Typ array[0:7] of bit sein.
Ist eine Prozedur einmal aktiviert, so bleibt sie solange aktiv, bis ihr algorithmischer Teil terminiert wird. Im Gegensatz zu Sprachen wie PASCAL behalten alle Variable von der Art explicit ihren Wert, wenn eine Prozedur deaktiviert wird. Die Regeln bezüglich des Gültigkeitsbereichs von Bezeichnern sind genau die von PASCAL, d.h. wenn ein Bezeichner in einer Prozedur an ein Objekt gebunden wird, so ist er dies auch in allen statisch enthaltenen Prozeduren, solange er darin nicht an ein anderes Objekt gebunden wird.
Eine wichtige Eigenschaft einer Prozedur ist, daß sie zu einem Zeitpunkt nur einmal

aktiviert sein kann. Andererseits kann es konkurrierende Aktivierungsversuche geben. In einem derartigen Fall selektiert ein eingebauter Arbitrierungsmechanismus den zuerst zu befriedigenden Aufruf.

2.3.3.2 Funktionen

Funktionen unterscheiden sich von Prozeduren nur dadurch, daß sie einen Wert an ein Objekt, das durch den Funktionsbezeichner identifiziert ist, zurückgeben. Daher hat eine Funktion einen Typ, der im Funktionskopf spezifiziert werden muß:

```
function function-identifier ( list of formal parameters ) :  type ;
```

Der Typ kann ein beliebiger der in Abschnitt 2.3.1 beschriebenen Typen sein. Der Funktionsrumpf ist der gleiche wie bei einer Prozedur. Allerdings muß es eine Zuweisungs-Anweisung geben, die dem Funktionsbezeichner einen Wert zuweist. Funktionen werden dadurch aufgerufen, daß sie in einem Ausdruck referenziert werden. Alle anderen Eigenschaften von Funktionen gleichen denen von Prozeduren.

Beispiel :

```
function match_cam (in pattern : bit(16) ) : bit(1024) ;
   var memory : array [0 :1023] of record
                                    key  : bit(16) ;
                                    data : bit(32)
                               end ;
       i      : bit(10) ;
   conbegin
      for i := 0 parto 1023 do
         match_cam.(i) := memory[i] = pattern
   end ;
```

Diese Funktion modelliert den Suchprozeß in einem 1KW-Assoziativspeicher mit 16-bit-Schlüssel und 32-bit-Daten.
Durch die folgende Anweisung wird die Funktion aktiviert, um zu entscheiden, ob ein gegebenes Muster in dem Speicher enthalten ist (man nehme an, daß die Variable hit vom Typ bit(1) ist):

```
hit := (or) match_cam( "(4)FF FF" ) ;
```

Wie auch Prozeduren, können Funktionen zu einem Zeitpunkt nur einmal aktiviert sein. So haben auch sie einen eingebauten Mechanismus, um eventuelle Konflikte durch konkurrierende Aufrufe aufzulösen.

2.3.3.3 Exportprozeduren

Exportprozeduren sind die DACAPO-Notation für Implementierte Abstrakte Datentypen, falls verlangt wird, daß die Operationen des IADT gegenseitig ausschließlich aktiviert werden sollen. Ist diese Restriktion nicht gefordert oder nicht sinnvoll, so können IADTs auch mittels Modulen spezifiziert werden (siehe Abschnitt 2.3.5). Eine Exportprozedur wird durch einen Exportprozedurkopf und einen Exportprozedurrumpf gegeben. Der Exportprozedurkopf hat das folgende Aussehen:

```
export ( list_of_operations ) procedure export_procedure_identifier ;
```

Der Rumpf einer Exportprozedur ist dem einer einfachen Prozedur sehr ähnlich. Allerdings ist der algorithmische Teil durch das Schlüsselwort **end** zu ersetzen. Für jeden Bezeichner, der in der Liste der Operationen im Kopf der Exportprozedur enthalten ist, muß es genau eine Prozedur oder Funktion mit demselben Bezeichner geben. Durch sie wird die Implementierung dieser Operation definiert. Der gegenseitige Ausschluß der Operationen ergibt sich einfach dadurch, daß eine Exportprozedur eine Prozedur ist. Als solche kann sie zu einem Zeitpunkt höchstens einmal aktiv sein.

Beispiel:

Das folgende Beispiel beschreibt einen Fifo-Puffer mit einer Kapazität von 8 32-bit-Worten. Er hat die Operationen **reset, insert** und **remove**. Eine **insert**-Operation wird zurückgewiesen und ein "voll"-Anzeiger wird gesetzt, falls der Puffer voll ist. Eine **remove**-Operation auf einem leeren Puffer wird analog gehandhabt. Der IADT ist auf einem Array mit zwei zirkulären Zeigerregistern implementiert.

```
export ( reset, insert, remove ) procedure fifo ;

   var buffer: array [ 0 : 7 ] of bit(32) ;
       next, first: bit(4) ;

   procedure reset ;
      seqbegin
         first, next := 0
      end ;   {reset}

   procedure insert ( in item : bit(32) ; out full : bit ) ;
      conbegin
         if ( next |+| "0001" ) mod 8 = first
            then full := "1"
            else conbegin
               buffer [next] := item ;
               next := (( next |+| "0001" ) mod 8 ) ;
```

```
            full := "0"
        end
  end ;  {insert}


  procedure remove ( out item : bit(32) ; out empty : bit ) ;
    conbegin
      if  first = next
        then empty := "1"
        else conbegin
          item  := buffer [first] ;
          first := (( first |+| "0001" ) mod 8 ) ;
          empty := "0"
        end
  end ;  {remove}


end ;  {fifo}
```

Eine **insert**-Operation kann angefordert werden durch:
fifo.insert (data, error flag) ;
Falls nebenläufig eine Anfrage besteht, ein Datum zu entfernen, z.b. durch:
fifo.remove (data, error flag) ;
so wird eine der beiden Anforderungen solange zurückgehalten, bis die andere erfüllt
ist.

2.3.3.4 Prozedur-, Funktions-, Exportprozedurtypen

In DACAPO ist das Typkonzept von PASCAL derart erweitert, daß auch Typen
von Prozeduren, Funktionen und Exportprozeduren erlaubt sind. Dies geschieht einfach dadurch, daß die Typbeschreibung in einer Typdefinition durch eine Prozedur-,
Funktions- oder Exportprozedurdeklaration ersetzt wird. Instantiierungen von Objekten derartigen Typs geschehen einfach durch Deklaration von Variablen dieses
Typs.

Beispiel :
Angenommen, in einem System wird nicht nur ein Fifo-Puffer benötigt, sondern 8.
Aus irgendeinem Grund mag es praktisch sein, diese als zweidimensionales Array
4 bei 2 zu arrangieren. Solch ein System kann auf die folgende Weise beschrieben
werden:

```
type fifo =
  export ( reset, insert, remove ) procedure fifo ;

    var buffer   : array [ 0 : 7 ] of bit(32) ;
        next, first : bit(4) ;
```

```
procedure reset ;
  seqbegin
    first, next := 0
  end ;  {reset}


procedure insert ( in item : bit(32) ; out full : bit ) ;
    conbegin
      if ( next |+| "0001" ) mod 8 = first
        then full := "1"
        else conbegin
               buffer [next] := item ;
               next := (( next |+| "0001" ) mod 8 ) ;
               full := "0"
             end
    end ;  {insert}


procedure remove ( out item : bit(32) ; out empty : bit ) ;
    conbegin
      if  first = next
        then empty := "1"
        else conbegin
               item  := buffer [first] ;
               first := (( first |+| "0001" ) mod 8 ) ;
               empty := "0"
             end
    end ;  {remove}


  end ;  {fifo}
         .
         .
         .

var fifo_array : array [ 0 : 3 , 0 : 1 ] of fifo ;
```

Durch diese Deklaration werden 8 Instantiierungen des IADT `fifo` gemacht, jede mit eigenem Zustandsraum. Sie können nebenläufig aktiviert werden, doch kann innerhalb einer bestimmten Instanz zu einem Zeitpunkt immer nur eine Operation stattfinden. Eine **reset**-Operation beispielsweise an einem bestimmten `fifo`-Objekt kann angefordert werden durch:

```
fifo_array [ 3,1 ] .  reset ;
```

104

2.3.3.5 Generische Typen

In vielen Fällen ist es angenehm, von einem bestimmten Typ Instantiierungen zu
kreieren, die sich geringfügig unterscheiden. So mag man beispielsweise Fifo-Puffer
unterschiedlichen Datentyps und unterschiedlicher Kapazität benötigen. Diese Möglichkeit wird durch generische Typen gegeben. Um einen Typ generisch zu machen,
muß man die Typbeschreibung mit einer generischen Spezifikation präfixen. Diese
hat die Form:

```
generic list_of_generic_attributes :
```

Die generischen Attribute in der Liste werden durch Semikolons getrennt. Jedes
davon hat die Form:

```
type_identifier  oder   const_identifier
```

womit ausgedrückt wird, daß entweder der entsprechende Typ oder die entsprechende Konstante generisch sind. Dadurch werden diese Bezeichner formale Attribute des Typs. Falls ein Objekt dieses Typs instantiiert wird, müssen aktuelle
Attribute an diese formalen gebunden werden. Dies geschieht, indem man eine durch
Kommata getrennte und in eckige Klammern eingeschlossene Liste von aktuellen Attributen (Typen oder Konstante) der Deklaration nachstellt.

Beispiel :
Es sei angenommen, daß drei Fifo-Puffer benötigt werden, einer mit Kapazität von
64 Einzelbytes, einer mit Kapazität von vier Records, die aus zwei Worten unterschiedlicher Länge bestehen, und einer mit Kapazität von zwei Arrays aus 16
Worten. Ein derartiges System kann wie folgt beschrieben werden:

```
type fifo = generic const depth ; type item_type :
    export ( reset, insert, remove ) procedure fifo ;

        var buffer   : array [ 0 : depth - 1 ] of item_type ;
            next, first : bit(depth) ;

        procedure reset ;
          seqbegin
            first, next := 0
          end ;  {reset}

        procedure insert ( in item : item_type ; out full : bit ) ;
            conbegin
              if ( next |+| "0001" ) mod depth = first
                then full := "1"
```

```
        else conbegin
                buffer [next] := item ;
                next := (( next |+| "0001" ) mod depth ) ;
                full := "0"
             end
    end ;   {insert}


    procedure remove ( out item : item_type ; out empty : bit ) ;
       conbegin
         if  first = next
           then empty := "1"
           else conbegin
                   item  := buffer [first] ;
                   first := (( first |+| "0001" ) mod depth ) ;
                   empty := "0"
                end
       end ;  {remove}


    end ;  {fifo}
            .
            .
            .


var byte_fifo_array : array [ 0 : 3 , 0 : 1 ] of fifo [ 64 , bit(8)];
var record_fifo     : fifo [ 4 , record opc : bit(8) ;
                                  adr : bit(24) end ];
var array_fifo      : fifo [ 2 , array [ 16 ] of bit(32) ] ;
```

Es sollte bemerkt werden, daß das Generic-Konzept nicht auf Prozeduren, Funktionen und Exportprozeduren beschränkt ist, sondern auf alle Typen angewandt werden kann.

2.3.3.6 Module

Ein Modul ist eine Übersetzungseinheit in DACAPO III. Somit erlaubt das Modul-Konzept nicht nur, Beschreibungen zu strukturieren, sondern auch, Bibliotheken (vor-)übersetzter Beschreibungen zu halten. Es gibt zwei Hauptarten von Modulen: Definitionsmodule, die die Schnittstelle eines Moduls zu seiner Umgebung spezifizieren, d.h. diejenigen seiner internen Objekte, die es der Umgebung zur Verfügung stellen möchte, und Implementationsmodule, die das Innere von Modulen beschreiben. Für jeden Modulbezeichner muß es genau ein Paar aus Definitions- und Implementationsmodul mit diesem Bezeichner geben.
Ein Definitionsmodul stellt ein internes Objekt einfach dadurch zur Verfügung, daß es es mit Bezeichner und Typ auflistet. Man beachte, daß die formalen Parameter

von Prozeduren und Funktionen Teil ihrer Typdefinition sind. Falls ein (Definitions-
oder Implementations-) Modul ein von einem anderen Definitionsmodul angebotenes
Objekt benutzen will, hat es es zu importieren. Dies geschieht durch Importklauseln
nach dem Modulkopf. Eine Importklausel hat die Form:

```
from module_identifier import object_identifier ;
```

Importierte Objekte werden referenziert mit der Notation:

```
module_identifier .  object_identifier
```

Ein Modulkopf hat die Form:

```
definition_module module_identifer ;
```

falls es ein Definitionsmodul ist, oder:

```
implementation_module module_identifer ;
```

falls es ein Implementationsmodul ist.
Das äußerste (Implementations-)Modul hat kein Definitionsmodul. Sein Modulkopf
hat einfach das Aussehen:

```
module module_identifer ;
```

Beispiel :
Es sei angenommen, daß eine grobe Beschreibung eines einfachen Computers anzufertigen ist. Diese Beschreibung soll in folgende Hauptobjekte organisiert werden:

- Ein CPU-Objekt,
- ein IOP-Objekt und
- ein ALU-Objekt für die CPU.

Sie kann dieser Dekomposition folgend in Module organisiert werden, wodurch man
die folgende mögliche Beschreibung erhält:

```
definition_module cpu ;
        type opcodes = ( andcode, addcode, cmpcode ) ;
        var ac,     {accumulator}
        dr          {data register}    : bit(16) ;
        ac_zero     {accumulator = 0} : bit ;
    procedure action ;
end cpu .
```

```
definition_module iop ;
    procedure read  ( in  adr : bit(16) ;
                      out dat : bit(32) ) ;
    procedure write ( in adr  : bit(16) ;
                      in dat  : bit(32) ) ;
end iop .

definition_module alu ;
    procedure action ( in opc : bit(2) ) ;
end alu .

module main ;
   from cpu import action ;
   seqbegin
      cpu.action
end main .

implementation_module cpu ;
   from iop import read, write ;
   from alu import action ;

   const eternity  = "0"    ;
         loadop    = "0000" ;
         storeop   = "0001" ;
         addop     = "0010" ;
         andop     = "0011" ;
         jumpop    = "0100" ;
         jumpzop   = "0101" ;
         compop    = "0110" ;
         rshop     = "0111" ;
         multop    = "1000" ;
         swpop     = "1001" ;

   var mr    { multiplyer register } : bit(32) ;
       ar,   { address register }
       pc    {program counter }      : bit(16) ;
       ir    {instruction register } : bit(4)  ;
       count { 5 bit counter}        : bit(6)  ;
       dr    { data buffer register} : bit(32) ;

   procedure action ;
      seqbegin
```

108

```
repeat
  seqbegin
    ar := pc ;
    iop.read (ar,dr) ;
    conbegin
      pc := pc + "(4)0001" ;
      ir := dr.(31 : 28)
    end ;
    case ir of
      loadop : seqbegin
                  ar := dr.(15 : 0 ) ;
                  iop.read ( ar, dr ) ;
                  ac := dr ;
                  ac_zero := (nor) ac
                end ;
      storeop : seqbegin
                  conbegin
                    ar := dr.(15 : 0 ) ;
                    ac := dr ;
                  end ;
                  iop.write ( ar, dr )
                end ;
      swpop   : seqbegin
                  ac || mr  := mr || ac ;
                  ac_zero   := (nor) ac
                end ;
      multop  : seqbegin
                  ar := dr.(15 : 0 ) ;
                  conbegin
                    iop.read ( ar, dr ) ;
                    mr := ac
                  end ;
                  conbegin
                    ac       := "0" ;
                    ac_zero := "1"
                  end ;
                  for count := 0 seqto 31 do
                    seqbegin
                      if mr.(0) = "1" then
                                    alu.action (addcode )
                                else ;
                      ac || mr := shr ( ac || mr, 1)
                    end ;
```

```
                         ac_zero := (nor) ac
                       end ;
          addop      : seqbegin
                         ar := dr.(15 : 0 ) ;
                         iop.read ( ar, dr ) ;
                         alu.action (addcode )
                       end ;
          andop      : seqbegin
                         ar := dr.(15 : 0 ) ;
                         iop.read ( ar, dr ) ;
                         alu.action (andcode )
                       end ;
          jumpop     : pc := dr.( 15 : 0 ) ;
          jumpzop    : if ac_zero then pc := dr.( 15 : 0 ) else ;
          compop     : alu.action (cmpcode ) ;
          rshop      : seqbegin
                         ac || mr := shr ( ac || mr, 1 ) ;
                         ac_zero := (nor) ac
                       end ;
        end ;
      end
    until eternity
end cpu .


implementation_module iop ;
   var mm  {main memory } : array [0 : "(4)FFFF"] of bit(32) ;

   procedure read ( in adr : bit(16) ; out dat : bit(32) ) ;
      seqbegin
        dat := mm [ adr ]
      end ;

   procedure write ( in adr : bit(16) ; in dat : bit(32) ) ;
      seqbegin
        mm [ adr ] := dat
      end ;
end iop .


implementation_module alu ;
   from cpu import opcodes, ac, ac_zero, dr ;

   procedure action ( in opc : bit(2) ) ;
      seqbegin
```

```
        case opc of
           cpu.addcode    : cpu.ac := cpu.ac |+| cpu.dr ;
           cpu.andcode    : cpu.ac := cpu.ac  & cpu.dr ;
           cpu.cmpcode    : cpu.ac := not cpu.ac ;
        end ;
        cpu.ac_zero := (nor) cpu.ac
     end
end alu .
```

Es sollte darauf hingewiesen werden, daß diese Beschreibung für eine Bibliothek aus
vorübersetzten Beschreibungen nicht sehr gut geeignet ist. Der Grund ist, daß das
Modul **alu** Information aus dem Modul **cpu** importiert. Diese Kenntnis kann ein
Bibliotheksmodul nicht haben. Würde man die Register, die von **cpu** importiert
werden, in die Parameterliste der Prozedur **action** von **alu** aufnehmen, so wäre
das Problem teilweise gelöst. Als weiteres Problem existiert der Aufzählungstyp
opcodes. Er wurde benutzt, da angenommen wurde, daß zu diesem Zeitpunkt die
Codierung der Operationen noch nicht festliegt. Dieses Problem würde dadurch
gelöst, daß man die Prozedur **action** von **alu** durch eine Exportprozedur, die diese
Operationen exportiert, ersetzt. Module können wie Exportprozeduren dazu benutzt werden, Implementierte Abstrakte Daten-Typen zu beschreiben. Die Operationen des IADT werden bei Exportprozeduren in der Exportliste aufgezählt, beim
Modulansatz werden die entsprechenden Funktionen und Prozeduren im Definitionsmodul aufgeführt. Ein wichtiger Unterschied zwischen diesen beiden Ansätzen
besteht darin, daß eine Exportprozedur eine Prozedur ist und damit sicherstellt,
daß zu einem Zeitpunkt nur eine Operation ausgeführt wird. Dies gilt nicht für ein
Modul. Hier können mehrere Operationen nebenläufig aktiviert sein. Es ist vom zu
beschreibenden System abhängig, welche der Alternativen zu wählen ist.

2.3.3.7 Interruptsysteme

DACAPO bietet auch auf höheren Abstraktionsebenen einen ereignisgetriebenen
Modellierungsstil an. Dies geschieht mit Hilfe des Interrupt-Konzepts. Natürlich
haben Interrupts in einer hochgradig nebenläufigen Umgebung eine Semantik, die
nicht völlig identisch mit der in sequentiellen Systemen ist. Die Grundidee eines
Interrupts, nämlich ein System unabhängig von seinem aktuellen Zustand in einen
spezifischen Zustand zu zwingen, wird auch in diesem Kontext beibehalten.
Das Interrupt-Konzept von DACAPO wird mit Hilfe von Interrupt-Signalen, Interrupt-
Service-Routinen und Operationen auf Interrupt-Signalen realisiert. Interrupt-Signale
sind Objekte eines spezifischen Typs:

```
interrupt ( priority )
```

Die Priorität ist eine numerische nichtnegative Konstante, wobei 0 die höchstmögliche Priorität und aufsteigende Zahlen abnehmende Priorität bedeuten. Ein Interrupt-Signal kann nur zwei Werte annehmen:

{set, reset}.

Auf Interrupt-Signale reagieren Interrupt Service Routinen. Falls ein Interrupt-Signal den Wert "set" bekommt, wird jede gerade aktive Prozedur oder Funktion, in der eine Interrupt-Service-Routine für dieses Interrupt-Signal deklariert ist, unterbrochen. Alle anderen nebenläufig aktiven Prozeduren und Funktionen bleiben unberührt. In einer unterbrochenen Prozedur oder Funktion wird zunächst die Interrupt-Service-Routine ausgeführt und dann die Aktivität dort wieder aufgenommen, wo sie unterbrochen wurde. Wichtig ist, daß bei diesem Konzept ein Interrupt-Signal gleichzeitig von verschiedenen Interrupt-Service-Routinen bedient werden kann, wobei sich die verschiedenen Reaktionen unterscheiden können. Ein "System-Reset" mag als Beispiel für solch eine Situation dienen. Es löst bei verschiedenen Modulen die lokale "Reset"-Operation aus, die für die verschiedenen Komponenten sehr unterschiedlich sein kann.
Interrupt-Service-Routinen werden in einer Prozedur oder Funktion in einem speziellen Teil deklariert:

interrupts list_of_interrupt_service_routines

Eine Interrupt Service Routine hat die Form :

on **interrupt** (interrupt_signal_expression) **do** statement

Hier ist **statement** eine beliebige Anweisung aus dem algorithmischen Teil. Die interrupt_signal_expression ist ein Ausdruck ausschließlich auf Interrupt-Signalen und nur mit den Operatoren **and** (**&**) und **or** (**|**). Eine Interrupt-Service-Routine hat die folgende Wirkung:
Falls die interrupt_signal_expression wahr wird (hierbei wird **set** wie **wahr** und **reset** wie **false** interpretiert) dann wird die Prozedur oder Funktion, in der die Service-Routine deklariert ist, einschließlich aller dynamisch aufgerufenen Blöcke, unterbrochen. Dies gilt allerdings nur, wenn diese Funktion oder Prozedur gerade aktiv ist. Unterbrechen einer gerade aktiven Funktion oder Prozedur bedeutet, daß alle gerade aktiven nicht unterbrechbaren Aktionen normal weiterverarbeitet werden, aber keine Folgeaktionen mehr initiiert werden. Nicht unterbrechbare Aktionen sind:

- Kompakt sequentielle Verbundanweisungen (mit **begin** ... **end** eingeschlossen, siehe Abschnitt 2.3.6),

- Kontrollausdrücke in **if**, **case**, **while**, **for**,

112

- Zuweisungs-Anweisungen,

- Leeranweisungen.

Wenn die letzte nicht unterbrechbare Aktion beendet ist, wird die Interrupt-Service Routine initiiert und all die Interrupt-Signale, die diese Unterbrechung ausgelöst haben, werden lokal für diese Funktion oder Prozedur auf `reset` gesetzt. Sie können für andere Blöcke sehr wohl gesetzt bleiben. Nach Terminierung der Interrupt-Service-Routine wird die unterbrochene Aktivität wieder aufgesetzt, d.h. all die Aktionen, die ohne die Unterbrechung gerade initiiert worden wären, werden nun initiiert. Die Werte von Interrupt-Signalen werden für Funktionen oder Prozeduren, die zu dem Zeitpunkt, zu dem die Signale gesetzt werden, nicht aktiv sind, gespeichert. Diese Blöcke werden dann sofort nach ihrer Aktivierung unterbrochen.
Interrupt-Signale können nur mit bestimmten Operationen manipuliert und abgefragt werden. Dies sind die folgenden:

`disable` (x) mit x ein Interrupt-Signal. Bedeutung: In der Prozedur oder Funktion, in der diese Operation ausgeführt wird, wird danach ignoriert, daß x gesetzt ist.

`enable` (x) mit x ein Interrupt-Signal. Bedeutung: Inverse Operation zu `disable` (x).

`sint` (x) oder `sint` ($x_1, x_2, ..., x_n$). Bedeutung: Das Interrupt-Signal x (oder die Signale x_1 bis x_n) werden gesetzt.

`wait`. Bedeutung: Die Operation, die dieser Anweisung bzgl. der Kontrollstruktur folgt, wird erst dann initiiert, wenn irgendeine Interrupt-Service-Routine dieser Funktion oder Prozedur nach Ausführung der Anweisung `wait` ausgeführt worden ist.

`wait` ($x_1|x_2|...|x_n$). Bedeutung: Dies schränkt die `wait`-Operation darauf ein, daß eines der erwähnten Interrupt-Signale bedient worden ist.

`wait` ($x_1 \& x_2 \& ... \& x_n$). Bedeutung: Dies schränkt die `wait`-Operation darauf ein, daß alle erwähnten Interrupt-Signale bedient worden sind.

Beispiel :
Im Abschnitt 2.1.2.2 wurde CSP mit seinem Kommunikationsstil "Rendevouz" eingeführt. Das Interruptkonzept arbeitet mit "Broadcasting" zur Kommunikation. Dennoch kann man das "Rendevouz"-Konzept mit Interrupts einfach modellieren:

```
procedure rendezvous_by_interrupts ;

  var channel    : bit(80) ;
```

```
   send, ackn : interrupt(0) ;


procedure sender ;

   var message : bit(80) ;

   interrupts
     on interrupt (ackn) do seqbegin end ;

   while power_on do
     seqbegin
         .
         .
         .
       message := 'hallo test' ;
       channel := message ;
       sint (send) ;
       wait (ackn) ;
         .
         .
         .
     end ;


procedure receiver ;

   var message : bit(80) ;

   interrupts
     on interrupt (send) do seqbegin
                                message := channel ;
                                sint (ackn)
                            end ;

   while power_on do
     seqbegin
         .
         .
         .
       wait (send) ;
         .
         .
```

114

```
    .
    end ;


seqbegin
    conbegin enable (send) ; enable (ackn)  end ;
    conbegin sender ; receiver end
end ;
```

Es sollte bemerkt werden, daß diese Beschreibung eine Situation spezifiziert, die vom
"Rendevouz"-Konzept geringfügig verschieden ist. In der vorliegenden Beschreibung
wird die Prozedur **receiver** gezwungen, eine Nachricht zu empfangen, unabhängig
davon, in welchem Zustand sie sich gerade befindet. Beim reinen "Rendevouz"-
Ansatz würde sie die Nachricht nicht akzeptieren, bis sie aufgrund ihrer Kontrollstruktur den richtigen Zustand erreicht hätte. Durch die **wait**-Anweisung wird nur
sichergestellt, daß der **receiver**-Prozess nicht über den Zustand, wo der Empfang
der Nachricht stattfinden soll, hinausläuft, ohne daß die Nachricht empfangen wurde.
Beim "Rendevouz"-Ansatz dürfte die Prozedur **receiver** nur unmittelbar nach der
wait-Anweisung sensitiv für das Interrupt-Signal **send** sein. Um dies zu erreichen,
muß die Anweisung **wait(send)** ersetzt werden durch:

```
enable(send) ; wait(send) ; disable(send)
```

Die Prozedur **sender** beschreibt das "Rendevouz"-Konzept korrekt, da sie nach
ihrem Senden nicht fortfahren kann, bis die Prozedur **receiver** die Nachricht bestätigt hat.

2.3.3.8 Protokollspezifikation

Neben der Spezifikation der Funktionalität eines Moduls muß auch spezifiziert werden, wie es mit seiner Umgebung kommuniziert, d.h. ein Protokoll muß angegeben werden. Protokolle werden in DACAPO entweder durch Interrupts oder mit
Hilfe des **at/when**-Konstrukts der Sprache angegeben. Der **at/when**-Stil ist der
"Rendevouz"-Kommunikation ähnlicher, da der Empfänger nicht in einem beliebigen Zustand zur Annahme der Nachricht gezwungen werden kann. Stattdessen
muß er aufgrund seiner Kontrollstruktur einen Nachrichtenempfangs-Zustand erreichen. Falls dies im Einklang mit dem intendierten Protokoll steht, ist dies natürlich
günstig. So kann das im Abschnitt 2.3.3.7 als Beispiel benutzte "Handshaking"-
Protokoll sehr einfach im **at/when**-Stil umgeschrieben werden:

```
procedure rendezvous_by_at_when ;

    var channel   : bit(80) ;
        send, ackn : bit := "0" ;
```

```
procedure sender ;

   var message : bit(80) ;


   while power_on do
      seqbegin
         .
         .
         .
         message := 'hallo test' ;
         channel := message ;
         send := "1" ;
         at up (ackn) do ackn := "0" ;
         .
         .
         .

      end ;


procedure receiver ;

   var message : bit(80) ;


   while power_on do
      seqbegin
         .
         .
         .
      when send do seqbegin
                     message := channel ;
                     ackn    := "1" ;
                     send    := "0"
                 end ;
         .
         .
         .

      end ;
```

```
conbegin sender ; receiver end
```

Dies beschreibt die "Rendevouz"-Technik exakt. Beide Prozesse kommunizieren
nur in dafür vorgesehenen Zuständen, und beide Prozesse können nicht über diese
Zustände hinausgelangen, ohne daß die entsprechende Aktion des jeweils anderen
Prozesses stattgefunden hat. Man beachte, daß es essentiell ist, daß die Prozedur
receiver das Signal **send** mit einer **when**-Anweisung testet. Angenommen, dies
würde durch eine **at**-Anweisung geschehen. Dann kann es geschehen, daß die Prozedur **sender** ihre Nachricht gesendet und daher auch das Signal **send** gesetzt hat,
bevor die Prozedur **receicer** die **at**-Anweisung erreicht hat. Dann aber wartet sie
auf die nächste positive Flanke des Signals **send**, um fortfahren zu können. Diese
Flanke kann aber nie auftreten, da die Prozedur **sender** erst eine steigende Flanke
des Signals **ackn** empfangen muß um fortfahren zu können und dadurch eventuell
das Signal **send** wieder setzen zu können. Somit bestünde die Gefahr eines
"Deadlock".
"Handshaking" ist eine weit verbreitete Technik beim Hardwareentwurf. Das folgende Beispiel zeigt simplifiziert das Protokoll, das zwischen einem IBM/370-Kanal
und einem daran angeschlossenen E/A-Gerät abläuft. Die Grundidee dieses Proto-
kolls ist eine einfache Folge von "Handshaking"- Operationen.

```
procedure S_370_IO

    var bus_in , bus_out : bit(12) ;
        iop_out      : record
                          address, select, command, service,
                      end ;
        iop_in : record
                          operational, address, status, service,
                      end ;

    procedure iop ;
        .
        .    {local variables}
        .
        while power_on do
           seqbegin
              bus_out := device_adr ;
              iop_out . address := "1" ;
              iop_out . select  := "1" ;
              at up ( iop_in . operational ) do
                  iop_out . address := "0" ;
              at up ( iop_in . address ) do
                  if bus_in = device_adr
                     then seqbegin
```

```
                  bus_out := command ;
                  iop_out . command := "1" ;
                  at down ( iop_in . address ) do
                    iop_out . command := "0" ;
                  at up ( iop_in . status ) do
                    if bus_in = required_status
                      then seqbegin
                            iop_out . service := "1" ;
                            at down ( iop_in . status ) do
                              iop_out . service := "0" ;
                            at up ( iop_in . service ) do
                                        data := bus_in ;
                            iop_out . service := "1" ;
                            at down ( iop_in . service ) do
                              iop_out . service := "0"
                          end
                      else  {some error handling}
                end
            else  {some error handling}
  end ;


procedure device ;
  .
  .   {local variables}
  .
  while power_on do
      seqbegin
          when iop_out . select do
            if bus_out = own_adr
                then seqbegin
                        iop_in . operational := "1" ;
                        at down ( iop_out . address ) do
                          bus_in = own_adr ;
                        iop_in . address := "1" ;
                        at up ( iop_out . command ) do
                          command_register := bus_in ;
                        iop_in . address := "0" ;
                        at down ( iop_out . command ) do
                          bus_in = own_status ;
                        iop_in . status := "1" ;
                        at up ( iop_out . service ) do
                          iop_in . status := "0" ;
                        at down ( iop_out . service ) do
```

118

```
                          bus_in = data ;
                          iop_in . service := "1" ;
                          at up ( iop_ out . service ) do
                              iop_in . service := "0" ;
                      end ;
                  else ; {other device addressed, ignore}
          end ;


conbegin iop ; device end .
```

Die Beschreibungen von Funktionalität und Protokollen sind gegenseitig orthogonale
Sichten eines Objekts. Im Falle der Protokolle ist das Innere des Objekts nicht
von Interesse. Es wird lediglich beschrieben, wie es seine Schnittstelle bedient.
Beschreibt man ein Objekt als Interpretierten Abstrakten Datentyp, so abstrahiert
man von dem Protokoll, das die Operationen auslöst. Nur die Operationen selbst
und ihre Auswirkung auf den globalen Zustand werden beschrieben.

2.3.4 Beschreibungen in DACAPO III auf der Registertransferebene

Auf der algorithmischen Ebene werden Systeme imperativ beschrieben. Selbst
durch die Einführung des **at/when**-Konstrukts wird nur eine untergeordnete Ebene
zusätzlicher Synchronisation innerhalb eines imperativen Bereichs etabliert. Doch
kann die imperative Steuerung bedeutungslos werden, wie im folgenden Beispiel:

```
conbegin
    while true do
        at up (event_1) do action_1 ;
    while true do
        at up (event_2) do action_2 ;
    .

    .

    .

    while true do
        at up (event_n) do action_n ;
end ;
```

In diesem Fall sind alle **at**-Anweisungen ständig nebenläufig aktiv. Somit haben wir
innerhalb eines imperativen Bereichs eine reaktive Beschreibung erhalten. Zur Vereinfachung der Schreibweise wird in DACAPO eine derartige reaktive Beschreibung
in einen speziellen Teil konzentriert, der mit dem Schlüsselwort **impdef** eingeleitet wird. Innerhalb dieses Teils werden das globale **conbegin ... end** und die
while true do-Präfixe der **at/when**-Anweisungen als gegeben angenommen. Somit
kann das obige Muster umgeschrieben werden zu:

```
impdef
    at up (event_1) do action_1 ;
    at up (event_2) do action_2 ;
    .
    .
    .
    at up (event_n) do action_n ;
```

Natürlich hat die Reihenfolge der Anweisungen innerhalb eines `impdef`-Teils keinen Einfluß auf die Semantik einer derartigen Beschreibung. Die benutzten Ereignisse sind beliebige Ausdrücke vom Typ `bit`(1), und die aufgeführten Aktionen sind beliebige DACAPO-Anweisungen. Damit haben wir eine Registertransfersprache erhalten, die etwas allgemeiner als üblich ist, da in den meisten RT-Sprachen die Aktionen auf Zuweisungen eingeschränkt sind.

Angenommen, die Aktionen seien auf Zuweisungen mit speichernden Datenobjekten als Zuweisungsziele eingeschränkt. Dann wird durch eine Anweisung der Form:

```
at up (event_1) do target := expression ;
```

ein flankengesteuerter Transfer eines Wertes in ein Register beschrieben. Dieses Zielregister reagiert nur auf steigende Flanken. Register, die durch fallende Flanken angesteuert werden, werden beschrieben durch:

```
at down (event_1) do target := expression ;
```

Falls eine Master-Slave-Operation zu beschreiben ist, müssen zwei "Guards" kombiniert werden:

```
at up (event_1) do
at down (event_1) do target := expression ;
```

oder

```
at down (event_1) do
at up (event_1) do target := expression ;
```

Falls das Puffer-Register von explizitem Interesse ist, kann dies ersetzt werden durch:

```
at up (event) do master_target := expression ;
at down (event) do slave_target := master target ;
```

oder

120

```
at down (event) do master_target := expression ;
at up (event) do slave_target := master_target ;
```

Die Werte im Zeitverlauf der nicht speichernden Datenobjekte werden ebenfalls im
impdef-Teil definiert. Für jedes deklarierte derartige Objekt muß es genau eine
Gleichung geben der Art:

```
target := expression ;
```

Obwohl dies wie eine Zuweisung aussieht, liegt in diesem Fall tatsächlich eine Gleichung vor, denn das Zielobjekt hat ständig den zugewiesenen Wert, d.h. die Zuweisung wird kontinuierlich ausgeführt (konzeptionell; im Fall einer Simulation benutzt
man effizientere Alternativen gleicher semantischer Wirkung). Eine derartige Gleichung kann eine **when**-Bedingung als Präfix haben, womit man eine Anweisung erhält
der Form:

```
when condition do target := expression ;
```

Hier ist **condition** ein beliebiger Ausdruck vom Typ **bit**(1). Die Semantik dieser
Anweisung ist, daß das Zuweisungsziel dem Wert des Ausdrucks solange folgt, wie
condition den Wert "1" hat. Wenn **condition** den Wert "0" erhält, behält **target**
seinen zuletzt zugewiesenen Wert, bis **condition** wieder den Wert "1" erhält. Somit
wird mit dieser Anweisung ein pegelgesteuertes "Latch" mit transparentem Modus
während des Pegels "1" beschrieben. Ein "Latch", das beim Pegel "0" transparent
ist, kann durch einfache Negation von **condition** beschrieben werden.
Wie in Abschnitt 2.3.2 erwähnt, kann jede Zuweisungs-Anweisung verzögert werden,
auch wenn die Zuweisung tatsächlich in diesem Fall eine Gleichung geworden ist.
Dies wird beschrieben, indem ein Postfix der Art **delay**(Verzögerungsausdruck
) hinzugefügt wird. Dies wird im Abschnitt 2.3.5 in Detail diskutiert werden. Im
Augenblick soll angenommen werden, daß der Verzögerungsausdruck ein Ausdruck
vom Typ **timevar** (d.h. **bit(64)** mit jedes Bit eingeschränkt auf den Wertebereich
{"0", "1"}) ist. Somit sieht ein Registertransfer mit Verzögerung wie folgt aus:

```
at up (event) do target := expression delay ( some_delay ) ;
```

Die Semantik ist, daß der Ausdruck unmittelbar, nachdem **event** wahr geworden
ist, auf der Basis der beteiligten Datenobjekte zu diesem Zeitpunkt ausgerechnet
wird. Auf derselben Basis wird ein Verzögerungswert berechnet. Die Zuweisung
des Wertes von **expression** wird jedoch um soviele Zeiteinheiten verzögert, wie der
Verzögerungswert angibt. Bis zu diesem Zeitpunkt behalten die Zielobjekte ihre
alten Werte.
DACAPO kennt keinen vordefinierten impliziten Takt. Somit können sowohl synchrone wie asynchrone Systeme beschrieben werden. Wird ein Takt benötigt, kann

er leicht dadurch erzeugt werden, daß man ein nicht speicherndes Objekt vom Typ <u>bit</u>(1) deklariert und es im <u>impdef</u>-Teil als sein eigenes Komplement mit einer geeigneten Verzögerung definiert.

Beispiel:
```
var clock1, clock2 :  implicit bit ;
       .
       .
       .
impdef
  clock1 := not clock1 delay (100PS) ;
  clock2 := not clock2 delay ( if clock2 = "1" then 50PS else 150PS) ;
```

Das Objekt `clock1` beschreibt ein symmetrisches Taktsignal mit einem 200psec-Zyklus, während `clock2` eines beschreibt, das zwar ebenfalls einen Zyklus von 200psec hat, dabei aber 150 psec den Wert "0" hält und nur 50 psec den Wert "1". Eine Kurzschreibweise dafür wird in Abschnitt 2.3.5 eingeführt werden.

Beispiel:
Es sei ein Operationswerk der Struktur wie in Abb. 33 angedeutet gegeben.

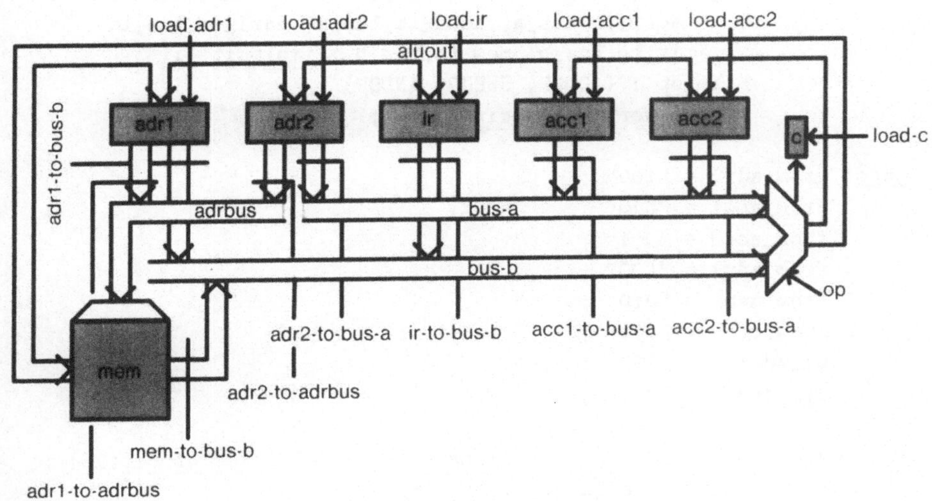

Abb. 33: Ein Operationswerk

122

Das Operationswerk besteht aus einem adressierbaren Speicher, einer ALU, die die
Operationen ADD, SUB und AND ausführen kann, zwei Adressregistern **adr1** und
adr2, einem Instruktionsregister **ir**, zwei Datenregistern **acc1** und **acc2** und einem
Statusflipflop c. Über den Bus **aluout** kann der aktuelle Wert des ALU-Ausgangs
in alle Register und den Speicher geladen werden. Der obere Eingang der ALU kann
aus **adr2**, **acc1** und **acc2** über den Bus **bus_a**, der untere aus **adr1**, **ir** und dem
Speicher über **bus_b** geladen werden. Die Adresse kann entweder aus dem Register
adr1 oder aus **adr2** über den Bus **adrbus** geladen werden. Es wird ein Steuerwerk
angenommen, das die folgenden Steuerleitungen bereitstellt:

- Für jedes Register, das Flipflop und den Speicher je ein Ladesignal:
  load_adr1, ... , load_acc1, load_c, load_mem

- für die ALU eine Steuervariable op mit dem Wertebereich {ADD, SUB, AND}

- für jedes Register und jeden Bus, den es laden kann, eine Steuervariable:
  **adr1_to_adrbus, adr2_to_adrbus, adr2_to_bus_a, acc1_to_bus_a,
  acc2_to_bus_a, adr1_to_bus_b, ir_to_bus_b, mem_to_bus_b.**

Dieses System kann in der folgenden Weise beschrieben werden:

```
procedure datapath (in load_adr1,
            load_adr2, load_ir, load_acc1, load_acc2,
                      load_mem, load_c : implicit bit ;
          in adr1_to_adrbus, adr2_to_adrbus, adr2_to_bus_a,
             acc1_to_bus_a, acc2_to_bus_a, adr1_to_bus_b,
             ir_to_bus_b, mem_to_bus_b : implicit bit ;
          in op : (ADDOP, SUBOP, ANDOP) ;
          in power : implicit bit ) ;

const from_adr2 = "100" ;
      from_acc1 = "010" ;
      from_acc2 = "001" ;
      from_adr1 = "100" ;
      from_mem  = "010" ;
      from_ir   = "001" ;
      by_adr1   = "10"  ;
      by_adr2   = "01"  ;

var mem                      : array [0 : "(4)FFFF"] of bit(16) ;
    adr1, adr2, ir, acc1,acc2 : bit(16) ;
    c                        : bit ;
    adrbus                   : implicit bit(16) ;
    bus_a, bus_b, aluout     : implicit bit(16) ;
```

123

```
impdef
      adrbus := case adr1_to_adrbus || adr2_to_adrbus of
                  by_adr1 : adr1 ;
                  by_adr2 : adr2 ;
                  else    : "(4)0000"
                end ;

  bus_a := case adr2_to_bus_a || acc1_to_bus_a || acc2_to_bus_a of
             from_adr2 : adr2 ;
             from_acc1 : acc1 ;
             from_acc2 : acc2 ;
             else      : "(4)0000"
           end ;

  bus_b := case adr1_to_bus_b || mem_to_bus_b || acc2_to_bus_b of
             from_adr1 : adr1 ;
             from_mem  : mem  ;
             from_ir   : ir   ;
             else      : "(4)0000"
           end ;

  aluout := case op of
              ADDOP : (("0" || bus_a) + ("0" || bus_b)) . (15 : 0) ;
              SUBOP : (("0" || bus_a) - ("0" || bus_b)) . (15 : 0) ;
              ANDOP : bus_a & bus_b
            end ;

  at up ( load_mem  ) do memory [ adrbus ] := aluout ;

  at up ( load_adr1 ) do adr1 :=aluout ;

  at up ( load_adr2 ) do adr2 :=aluout ;

  at up ( load_ir   ) do ir :=aluout   ;

  at up ( load_acc1 ) do acc1 :=aluout ;

  at up ( load_acc2 ) do acc2 :=aluout ;

  at up ( load_c ) do c := case op of
              ADDOP : (("0" || bus_a) + ("0" || bus_b)) . (16) ;
              SUBOP : (("0" || bus_a) - ("0" || bus_b)) . (16) ;
```

```
            ANDOP : (&)(bus_a & bus_b)
      end ;
```

```
seqbegin
   at down (power) do
end
```

Einige Kommentare:

In diesem Beispiel ist keine Information über das Zeitverhalten enthalten. Es wäre sehr einfach, dies mittels geeigneter Verzögerungsspezifikationen hinzuzufügen. Ein expliziter Takt wurde ebenfalls weggelassen. Es wurde angenommen, daß die Register direkt mit den steigenden Flanken der Steuersignale angestoßen werden. Dies ist ein schlechter Entwurfsstil und sollte in der Praxis vermieden werden. Natürlich benötigt das angenommene Steuerwerk Information über das Instruktionsregister ir und das Status-Flipflop c. Diese beiden Objekte könnten einfach in die Parameterliste als out-Parameter aufgenommen werden. Bei den Bussen wurde angenommen, daß hochohmige Zustände als logischer Wert "0" interpretiert werden. Bei der Beschreibung der ALU wurden relativ komplizierte Ausdrücke benutzt, um die Behandlung von Überlaufsituationen korrekt wiederzugeben. Die Konkatenation einer "0" links an die Argumente führt zu Ausdrücken vom Typ bit(17). In diesen Ausdrücken kann kein Überlauf stattfinden. Die rechten 16 Bit werden nun zum Alu-Ausgang geleitet, während das linkeste das Status-Flipflop c lädt. Es wurde die Annahme gemacht, daß im Falle einer AND-Operation dieses Flipflop dazu benutzt wird, anzuzeigen, daß beide Argumente an allen Bitpositionen den Wert "1" haben. Wie in Abschnitt 2.3.3 bereits erwähnt, ist eine Prozedur genau solange aktiv, wie es ihr algorithmischer Teil ist. Im vorliegenden Fall, als typische RT-Beschreibung, ist man an einem Objekt interessiert, das aktiv bleibt, solange die Stromversorgung angeschaltet ist. Es wurde angenommen, daß dies durch den Eingabeparameter power angezeigt wird. Wenn diese Variable den Wert "0" erhält, wird der Algorithmus und damit die Prozedur beendet. Es handelt sich hier um den typischen Postfix von DACAPO RT-Modulen. Im Falle einer Simulation kostet dies keine Simulationszeit. Da diese Prozedur ständig aktiv ist, reagiert sie auf ihre Umgebung, indem sie ihre Eingabeparameter beobachtet. Deshalb wurden sie als implicit-Variable deklariert. Derartige Parameter werden kontinuierlich beobachtet. Hierarchische RT-Beschreibungen in DACAPO folgen typischerweise dem folgenden Schema:

Definition von Prozedur Typen mit implicit Parametern
            {Typen der benutzten RT-Module}

Deklaration der globalen Verdrahtung
            {implicit}-Variable}

Instantiierung von Objekten von RT-Modulen

<u>conbegin</u> ... <u>end</u>, darin jedes instantiierte RT-Modul mit den passenden
globalen Drähten als aktuelle Parameter
{Verbindung und initiale Aktivierung}

2.3.5 Beschreibungen in DACAPO III auf der Gatter/Schalterebene

Auf der Gatterebene muß eine Menge von Booleschen Gleichungen angegeben werden. Wie bereits in Abschnitt 2.3.4 angedeutet, geschieht dies dadurch, daß man
<u>implicit</u>-Variable benutzt und ihnen Ausdrücke im <u>impdef</u>-Teil zuweist. Da die
beteiligten Objekte nicht auf den Typ <u>bit</u>(1) beschränkt sind, können Funktionenbündel in prägnanter Kurzform spezifiziert werden. Zumindest auf dieser Ebene
wird die Beschreibung des Zeitverhaltens wichtig. Das voreingestellte "Timing"-
Konzept von DACAPO ist Einheitsverzögerung (unit delay). Falls keine explizite
Information über das Zeitverhalten in einer Beschreibung gegeben wird, wird angenommen, daß jede Zuweisung genau eine Zeiteinheit benötigt. Der Wert dieser
Zeiteinheit kann durch eine globale Option gesetzt werden, wobei es keinerlei Restriktionen zu beachten gilt. Daher ist auch der Wert 0 einer der erlaubten Werte.
Zum Zweck einer präziseren Beschreibung des Zeitverhaltens kann der Benutzer je-
der Zuweisung und jeder Leeranweisung eine spezifische Verzögerung zuordnen. Da
auch in diesem Fall die voreingestellte Verzögerung für alle Zuweisungen angenommen wird, für die keine Verzögerung explizit genannt wird, ist es ratsam, in diesem
Fall den Wert der voreingestellten Einheitsverzögerung auf 0 zu setzen. Explizite
Information über das Zeitverhalten wird durch einen Postfix zu Zuweisungs-und
Leer-Anweisungen gegeben. Dieser Postfix hat die allgemeine Form:

<u>delay</u> (Verzögerungsspezifikation) .

Die allgemeine Semantik ist wie folgt:

Falls eine Zuweisung initiiert wird, wird ein Schnappschuß der aktuellen Werte der
Argumente sowohl der Zuweisung wie auch der Verzögerungsspezifikation genommen. Auf der Basis dieser Werte werden der Wert E des zuzuweisenden Ausdrucks
und der Wert D der Verzögerungsspezifikation berechnet. Die Zuweisung von E an
die Zielvariablen der Zuweisungsanweisung jedoch wird solange hinausgeschoben,
bis D Zeiteinheiten seit Initiierung der Anweisung verstrichen sind. Während dieser
Zeitperiode behalten die Zielvariablen ihren alten Wert (falls sie nicht durch andere
Zuweisungen verändert werden). Alle Wertänderungen, die während dieser Zeitperiode an den Argumenten des zuzuweisenden Ausdrucks oder der Verzögerungsspezifikation stattfinden mögen, haben keinen Einfluß auf E und D. Im einfachsten Fall
ist eine Verzögerungsspezifikation einfach ein Ausdruck, z.B. eine Konstante:

<u>delay</u> (35)
<u>delay</u> (gate_delay)

```
delay ( latency_time + seek_time )
```

Die Verzögerungsspezifikation kann eine Fallunterscheidung auf den Werten des zuzuweisenden Ausdrucks beinhalten. Dies wird typischerweise benutzt, wenn Gatter präziser modelliert werden sollen. In diesem Fall unterscheiden sich die "rise"- und "fall"-Zeiten meist erheblich.

```
a := b & c delay ( if b & c then rise_delay else fall_delay ) ;
```

Dies ist zwar eine gültige Verzögerungsspezifikation, jedoch nicht nur mühsam niederzuschreiben, sondern auch ineffizient in der Simulation, da der Ausdruck b & c zweimal zu berechnen ist. Daher bietet DACAPO für diese häufig auftretende Situation eine Kurzschreibweise an, die zudem in der Ausführung effizienter ist:

```
delay ( up Verzögerungsspezifikation , down Verzögerungsspezifikation )
```

Diese Art der Verzögerungsspezifikation kann mit allen Typen an Zuweisungen benutzt werden. Falls das Zuweisungsziel nicht vom Typ bit(1) ist, erhalten die verschiedenen Bits des Ziels ihre neuen Werte unabhängig mit der spezifizierten Verzögerung.

Beispiel: (a sei vom Typ bit(2), und die Anweisung werde zum Zeitpunkt t_0 initiiert. Es sei angenommen, daß a vorher den Wert "10" hat.)

```
a := "01" delay ( up 10, down 20) ;
```

Dies führt zu der folgenden Sequenz von Werten von a:

$$t_{o+10} \; : \quad a = \text{"11"}$$
$$t_{0+20} \; : \quad a = \text{"01"}$$

In vielen Fällen ist die exakte Verzögerungszeit nicht bekannt, sondern nur eine bestimmte Bandbreite möglicher Werte. Um diese Situation zu beschreiben, kann in DACAPO jede Verzögerungsspezifikation auch in der folgenden Form gegeben werden:

```
min_delay_specification to max_delay_specification
```

wobei `min_delay_specification` und `max_delay_specification` beliebige Ausdrücke sind.

Beispiel:
```
delay ( up 30 to 32, down 22 to 38)
```

Dies wird so interpretiert, daß zunächst ein unsicherer Wert zugewiesen wird und erst nach Ablauf des Unsicherheitsintervalls der endgültige definierte Wert. Wenn im obigen Beispiel die Zuweisung des Wertes "0" zum Zeitpunkt t_0 initiiert würde, so würde zum Zeitpunkt t_{0+22} der Wert "x" und endlich zum Zeitpunkt t_{0+38} der Wert "0" zugewiesen.

Im Extremfall können Beschreibungen auf der Gatterebene in Netzlisten-Form gegeben sein. In diesem Fall dürfen die zuzuweisenden Ausdrücke nur einen Operator enthalten. Diese Form der Beschreibung dokumentiert die Implementationsstruktur durch Einzelgatter sehr präzise. Im anderen Extrem kann ein gesamtes kombinatorisches Schaltnetz mit n Primärausgängen und m Primäreingängen einfach durch n Ausdrücke mit jeweils bis zu m Argumenten beschrieben werden. Ein weitverbreiteter Kompromiß besteht darin, gemeinsame Teilausdrücke zu identifizieren und sie Zwischenvariablen (internen Verzweigungen), die dann als Argumente für andere Ausdrücke dienen, zuzuweisen.

Beispiel:
Es sei ein kombinatorisches Schaltnetz mit zwei Primärausgängen f und g und vier Primäreingängen a, b, c und d angenommen. Die Ausgänge seien definiert als

```
f := not a & not b & not c or not b & not c & d
g := not ( not a & not b & not c & d ).
```

Es sei angenommen, daß aus irgendeinem Grund ein Entwerfer entschieden hat, diese beiden Funktionen so zu implementieren, wie in Abb. 34 angegeben.

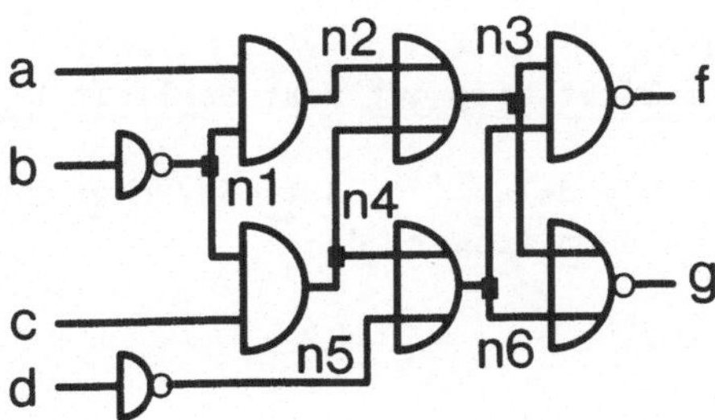

Abb. 34: Gatterschaltung für zwei Boolesche Gleichungen

Eine Beschreibung, die diese Implementation dokumentiert, allerdings die Verzögerungen nicht präzise verteilt, kann wie folgt aussehen:

```
n4 := b | c delay ( 5 to 10 ) ;
n3 := (( a & not b ) | n4 ) delay ( 15 to 30 ) ;
n6 := not d | n4 delay ( 10 to 20 ) ;
```

```
f := n3 nand n6 delay ( 5 to 10 ) ;
g := n3 or n6 delay ( 5 to 10 ) ;
```

Schließlich kann ein präzises Modell der Implementierung unter Benutzung von Gattermodellen aus einer Bibliothek durch die folgende Beschreibung gegeben sein:

```
definition module library ;
 type sn_not  =
   procedure sn_not ( in arg: implicit bit; out res: implicit bit );
 type sn_or   =
   procedure sn_or
      ( in arg1, arg2: implicit bit; out res: implicit bit );
 type sn_and  =
   procedure sn_and
      ( in arg1, arg2: implicit bit; out res: implicit bit);
 type sn_nand =
   procedure sn_nand
      (in arg1, arg2: implicit bit; out res: implicit bit);
         .
         .
         .
end library ;


implementation module library ;

  type sn_not =
    procedure sn_not
      ( in arg: implicit bit; out res: implicit bit );
      impdef
        res := not arg delay ( up 3 to 5 , down 2 to 4 ) ;
        seqbegin at down (power) do
  end ;

  type sn_or =
    procedure sn_or
       (in arg1, arg2: implicit bit; out res: implicit bit);
       impdef
         res := arg1 I arg2 delay ( up 4 to 6 , down 3 to 5 ) ;
         seqbegin at down (power) do
  end ;

 type sn_and =
   procedure sn_and
```

```
      (in arg1, arg2: implicit bit; out res: implicit bit );
      impdef
         res := arg1 & arg2 delay ( up 4 to 7 , down 3 to 6 ) ;
         seqbegin at down (power) do
   end ;

type sn_nand =
   procedure sn_nand (in arg1, arg2: implicit bit; out res:
            implicit bit);
      impdef
         res := not ( arg1 & arg2 ) delay (up 3 to 6 , down 2 to 5) ;
         seqbegin at down (power) do
   end ;
         .
         .
         .
end library ;

module main ;

   from library import sn_not, sn_or, sn_and, sn_nand ;

   var and1                                 : sn_and ;
       or1, or2, or3, or4                    : sn_or ;
       not1, not2                            : sn_not ;
       nand1                                 : sn_nand ;
       n1, n2, n3, n4, n5, n6, a, b, c, d, f, g : implicit bit ;

   conbegin
      or1 ( b, c, n4 ) ;
      or2 ( n4,n5,n6 ) ;
      or3 ( n2,n4, n3 ) ;
      or4 ( n3, n6, g ) ;
      and1 ( a, n1, n2 ) ;
      not1 ( b, n1 ) ;
      not2 ( d, n5 ) ;
      nand1 ( n3, n6, f ) ;
   end ;

end main ;
```

Die Vor- und Nachteile der verschiedenen Ansätze sind offensichtlich. Die erste
Beschreibung ist mehr eine Spezifikation. Sie beschreibt knapp und prägnant die
beiden intendierten Funktionen, ist bezüglich des "Timing" jedoch sehr grob. Die

130

dritte Beschreibung gibt sehr präzise die Implementierung auf der Basis vordefinierter Bibliothekselemente wieder. Jedoch ist die intendierte Funktion nicht mehr explizit sichtbar, sondern muß extrahiert werden. Üblicherweise werden derartige Netzlisten- Beschreibungen nicht in textueller Form eingegeben, sondern aus dem Ergebnis eines graphischen Editings ("Schematic Capture") oder besser eines Synthesealgorithmus generiert. Die zweite Beschreibung ist eine Art Kompromiß. Sie überdeckt das Schaltnetz mit Bäumen. Somit erhält man eine im Vergleich mit der Netzliste lesbarere Beschreibung, und die Implementationsstruktur ist dennoch weiterhin sichtbar. Nur etwas "Timing"- Information geht verloren.

Die Schalterebene wird in DACAPO nicht durch spezielle Sprachkonstrukte unterstützt. Die 7-wertige Logik und eine Reihe vordefinierter Prozeduren zusammen mit der allgemeinen Mächtigkeit der Sprache erlauben dennoch ziemlich präzise Beschreibungen auf der Schalterebene.

Beispiel: Ein Benutzer möchte Schaltungen auf der Schalterebene dadurch modellieren, daß er das folgende Modul anbietet:

```
definition module switches ;
   type switchvar = implicit record value: bit;
                                    strength: ("0", "1") end  ;
   type nswitch    = procedure nswitch
                               (in    gate              : switchvar ;
                                inout drain, source    : switchvar);
   type pswitch    = procedure pswitch
                               (in    gate              : switchvar ;
                                inout drain, source    : switchvar);
   type puswitch   = procedure puswitch
                               (in    gate              : switchvar ;
                                out   res               : switchvar);
   type ynet       = procedure ynet
                               (inout arg1, arg2, arg3 : switchvar);
end switches ;


implementation module switches ;
   type switchvar =implicit record value :bit ; strength : bit end ;

   type nswitch   = procedure nswitch
                               (in    gate              : switchvar ;
                                inout drain, source    : switchvar);
       impdef
          drain || source := if gate.value
                               then source || drain
                               else case valtest(drain.value,"0") ||
```

```
                        valtest(drain.value,"1") ||
                        valtest(drain.value,"L") ||
                        valtest(drain.value,"H") of
                          "1000" : "L" ;
                          "0100" : "H" ;
                          "0010" : "L" ;
                          "0001" : "H" ;
                           else  : "Z"
                        end || drain.strength ||
                   case valtest(source.value,"0") ||
                        valtest(source.value,"1") ||
                        valtest(source.value,"L") ||
                        valtest(source.value,"H") of
                          "1000" : "L" ;
                          "0100" : "H" ;
                          "0010" : "L" ;
                          "0001" : "H" ;
                           else  : "Z"
                        end || drain.strength ;
seqbegin at down (power) do end ;

type pswitch = procedure pswitch ( in    gate   : switchvar ;
                            inout drain, source : switchvar);
    impdef
       drain || source := if not gate.value
                     then source || drain
                     else case valtest(drain.value,"0") ||
                             valtest(drain.value,"1") ||
                             valtest(drain.value,"L") ||
                             valtest(drain.value,"H") of
                               "1000" : "L" ;
                               "0100" : "H" ;
                               "0010" : "L" ;
                               "0001" : "H" ;
                                else  : "Z"
                             end || drain.strength ||
                          case valtest(source.value,"0") ||
                             valtest(source.value,"1") ||
                             valtest(source.value,"L") ||
                             valtest(source.value,"H") of
                               "1000" : "L" ;
                               "0100" : "H" ;
                               "0010" : "L" ;
```

```
                                            "0001" : "H" ;
                                            else   : "Z"
                                            end || drain.strength ;
        seqbegin at down (power) do end ;


    type puswitch = procedure puswitch (in gate : switchvar ;
                                        out res : switchvar);
        impdef
          res := if gate.value  then  "10"
                                 else  "H0" ;
    seqbegin at down (power) do end ;


 type ynet = procedure ynet ( inout arg1, arg2, arg3 : switchvar ) ;
     impdef
          arg1.value , arg2.value , arg3.value
            := collect ( arg1.value , arg2.value , arg3.value ) ;
          arg1.strength , arg2.strength , arg3.strength
            := (or) ( arg1.strength || arg2.strength || arg3.strength );
    seqbegin at down (power) do end ;


end switches.

module main  ;

  from switches import switchvar, nswitch, pswitch, puswitch, ynet ;
  var nprech, switch1, switch2, switch3, switch4 : nswitch ;
      pprech : pswitch ;
      resnet : ynet ;
      prech, e1, e2, e3, e4, prechout,
      n1, n2, n3, n4, n4out : switchvar ;
  conbegin
      pprech(prech, "11", prechout) ;
      switch4(e4, e4out, n4) ;
      switch3(e3, n4,n3) ;
      switch2(e2, n3,n2) ;
      switch1(e1, n2,n1) ;
      nprech(prech,"01", n1) ;
      resnet(prechout, e4out, andout)
  end

end main  .
```

Einige Kommentare:

Das "Switches"-Paket, wie oben beschrieben, ist nur ein rohes Modell für die Schalterebene und funktioniert nur bei zyklenfreien Schaltungen. Weiterhin behandelt es Nichtdeterminismus nicht korrekt. Das Beispiel soll lediglich die Idee, maßgeschneiderte Pakete anzufertigen, illustrieren. Durch einen simplen Trick sind in dem Beispiel die beiden Signalstärken, die DACAPO anbietet, zu vieren verdoppelt worden. Nun gibt es zwei "driving"-Stärken und zwei der Art "charging". Doch wird der Widerstand von Transistoren nur im Fall des "pullup" (`puswitch`) modelliert. Die eingebaute Funktion `valtest(Argument, Konstante)` liefert den Wert "1", falls das Argument der Konstante in jeder Beziehung gleicht, den Wert "0" sonst. Die eingebaute Prozedur `collect` weist den Wert mit der größten Stärke von allen Argumenten zu. Gibt es auf dem höchsten vorkommenden Stärkeniveau unterschiedliche logische Werte, so wird ein unsicherer Wert (also "X" oder "Y") zugewiesen.

2.3.6 "Behavioral"-Beschreibungen in DACAPO

Die Bezeichnung "Behavioral Language" ist mißverständlich. Man benutzt sie für Sprachen, die ausschließlich das E/A-Verhalten eines Objekts beschreiben. In den meisten Fällen werden hierfür algorithmische Sprachen benutzt, obwohl eine Funktion zu beschreiben ist. Dabei wird angenommen, daß diese Funktion immer dann zu berechnen ist, wenn ein Signalwechsel an irgendeinem Primäreingang des Objekts stattfindet. Die Argumente dieser Funktion sind der aktuelle Zustand des Objekts und die aktuellen Werte an seinen Primäreingängen. Die Funktion berechnet den neuen Zustand des Objekts und die Werte an seinen Primärausgängen. Alle Interna des Objekts sind ohne Interesse. Dies ist genau die Art und Weise, wie Gattermodelle in einem ereignisgetriebenen Simulator auf der Gatterebene betrachtet werden. Tatsächlich entstammen die sogenannten "Behavioral Languages" der Absicht, komplexere "Gatter" für derartige Simulatoren bereitzustellen. Da ein vollständig datengetriebener Ansatz verfolgt wird, können derartige Modelle nicht benutzt werden, nebenläufige Kontrollstrukturen (Algorithmen) zu spezifizieren oder zu dokumentieren. Auf der anderen Seite führt dieser Ansatz zu relativ schnellen Simulationszeiten, da die Objektmodelle in direkt ausführbaren Code übersetzt werden können. Obwohl DACAPO nicht für diesen Zweck gedacht ist, kann es auch als "Behavioral Language" eingesetzt werden. Zu diesem Zweck gibt es eine Spezialform der Verbundanweisung:

```
begin ...   end
```

Diese Anweisung modelliert eine zeitlose und nicht unterbrechbare Aktivität. Daher ist die Klasse der in dieser Verbundanweisung erlaubten Anweisungen beschränkt. Es ist keine Verzögerung und kein `at/when`-Präfix erlaubt, und dies gilt auch innerhalb enthaltener Anweisungen. Konsequenterweise können auch nur solche Prozeduren und Funktionen aufgerufen werden, die eine derartige Verbundanweisung als algorithmischen Teil haben.

Beispiel:
Dieses Beispiel beschreibt das Verhalten eines Multiplizierers. Der einzige Effekt
von Interesse ist, daß das Ergebnis das Produkt der beiden Argumente ist. Daß
dieses Produkt mit Hilfe eines sequentiellen Algorithmus berechnet wird, ist ohne
Bedeutung für die Umgebung.

```
begin
    res := 0 ;
    for i := 0 to 15 do
      begin
        if arg1.(0) = "1" then res := res |+| arg2
            else ;
        res || arg1 := shr ( res || arg1 , 1 )
      end
end
```

Dies beschreibt die reine Funktion "Multiplikation". Nun müssen noch der Zeit-
verbrauch der gesamten Multiplikation modelliert werden und die Tatsache, daß
diese bei jeder Wertänderung eines der Argumente durchgeführt werden muß. Dies
geschieht dadurch, daß man diese Verbundanweisung als Aktion eines "Guarded
Command" innerhalb eines **impdef**-Teils benutzt:

```
at change ( arg1 | arg2 ) do
  seqbegin
    begin
      res := 0 ;
      for i := 0 to 15 do
        begin
          if arg1.(0) = "1" then res := res |+| arg2
                            else ;
          res || arg1 := shr ( res || arg1 , 1 )
        end
    end ;
    delay (30 + 30 * onecount(arg1) )
end
```

Bemerkungen:
Das **begin** ... **end** ist zeitlos. Daher wird das Zeitverhalten im umgebenden **seq
begin** ... **end** beschrieben, oder genauer gesagt durch die verzögerte Leeranweisung, die nach der Terminierung des **begin** ... **end** ausgeführt wird. Es wird
angenommen, daß die Funktion **onecount** eine Benutzerfunktion ist, die die Anzahl der Einsen eines Arguments berechnet. Man beachte, daß diese Funktion keine

Hardwarekomponente beschreibt, sondern nur dazu dient, als Hilfsfunktion eine bestimmte Eigenschaft einer Hardwarekomponente anzugeben. Dies ist generell ein weiterer Verwendungszweck der **begin** ... **end**-Anweisung. Somit kann ein Synthesealgorithmus so gesteuert werden, daß er derartige Anweisungen ignoriert. Die Funktion onecount kann wie folgt aussehen:

```
function onecount (in argument : bit(16)) : timevar
   var i : integer ;
   begin
      onecount := 0 ;
      for i := 0 to 15 do
         if argument.(i) = "1" then onecount := onecount + 1 else
   end ;
```

2.4 Literaturhinweise

Objektorientierte Programmierung wurde zuerst beim Entwurf der Programmiersprache SIMULA [05] eingeführt. Diese Idee wurde von anderen Sprachen aufgegriffen, z.B. [16] und [46]. M. Stefik und D.G. Bobrow liefern in [41] einen exzellenten Überblick über dieses Paradigma. Der theoretische Hintergrund ist die Theorie der Abstrakten Daten-Typen. Die Literaturstellen [13] und [18] führen in diese Theorie ein, während in [12] und [08] syntaktische Systeme auf der Basis von ADTs und deren Anwendung dargestellt werden. Petri-Netze wurden von C. A. Petri entwickelt [33]. Der Artikel von J. L. Peterson [34] und mehr detailliert das Buch von W. Reisig [39] sind sehr gute Einführungen in dieses Gebiet. In [38] und [42] werden Anwendungen in der Programmierung und zum Hardwareentwurf diskutiert. CSP stammt von C. A. R. Hoare, zunächst in [22] und später, allerdings recht stark modifiziert, in seinem Buch [23] publiziert. R. Milner hat einen ähnlichen, aber mehr algebraischen Ansatz entwickelt [30]. Die Sprache PMS wird in [04] beschrieben, HIT in [02] und [03]. SDL, eine Sprache, die zur Protokoll-Spezifikation gedacht ist, wird in [44] dokumentiert. Ein interessanter Ansatz zur graphischen Darstellung von Spezifikationen auf der Systemebene wurde von D. Harel entwickelt [19]. Die Literaturstelle [01] ist eine vollständige Beschreibung von ISPS. Sehr früh schon hat H. Berndt Mikroprogrammierung auf der Basis einer Universalsprache beschrieben [06]. Guarded Commands, ein Software-Prinzip, das der reaktiven Sicht, wie sie auf der Registertransferebene bevorzugt wird, entspricht, wurde von E. W. Dijkstra entwickelt [10]. Es sind sehr viele RT-Sprachen entstanden, sodaß [09], [11], [20] und [21] nur als Beispiele dienen können. In [15] wird ein graphisches Äquivalent einer RT-Sprache beschrieben. HILO, wie in [14] beschrieben, kann als Beispiel für eine fortschrittliche Sprache auf der Gatterebene dienen. In [24] diskutieren T. Lengauer und K. Mehlhorn einen interessanten Ansatz auf der Schalterebene. Die Sprache HILL enthält Konstrukte zur Erzeugung von Beschreibungen, d.h. Metasprach-Konstrukte. Ähnliche Ansätze auf höheren Abstraktionsebenen sind in MoDL [40]

und ZEUS [26] zu finden. Es gibt eine ganze Reihe sogenannter "Behavioral Languages", beispielsweise [14], [17], [45] und [49]. ELLA [31] scheint in diesem Bereich der sauberste Ansatz zu sein. Der sehr interessante CONLAN-Ansatz wird detailliert im CONLAN-Report [35] dokumentiert. Die Literaturstelle [25] mag als Beispiel für eine mächtige Sprache in diesem Rahmen dienen.
Die Evolution von DACAPO von DIGITEST II bis DACAPO III kann in [36], [37] und [48] beobachtet werden, wobei [48] ein vollständiges Sprachhandbuch von DACAPO III ist. Eine Einführung in VHDL gibt [27], während [47] ein vollständiges Sprachhandbuch darstellt. VHDL wurde in Richtung auf Verträglichkeit mit ADA [50] entwickelt, im Gegensatz zu DACAPO III, welches in Richtung auf MODULA II [43] orientiert ist.

[01] **M.R. Barbacci :**
Instruction Set Processor Specification (ISPS): The Notation and its Application
Techn. Report Dept. of Computer Science, Carnegie Mellon University, 1979

[02] **H. Beilner, A. Scholten :**
Strukturierte Modellbeschreibung und strukturierte Modellanalyse :
Konzepte des Modellierungswerkzeugs HIT
in : Informatik Fachberichte, Vol. 110, Springer, 1985

[03] **H. Beilner :**
Workload Characterization and Performance Modeling Tools
in : G. Serazzi (ed.) : Workload Characterization of Computer Systems & Computer Networks,
North Holland, 1986

[04] **C.G. Bell, M. Knudsen, D. Siewiorek :**
PMS : A Notation to Describe Computer Structures
Digest of 6th Annual IEEE Computer Scociety International Conference, 1972

[05] **O. Belness :**
The Use of SIMULA for Real-Time Implementation
Norwegian Computing Center, Oslo, 1978

[06] **H. Berndt :**
Functional Microprogramming as a Logic Design Aid
IEEE ToC, Vol. C-19, No. 10, Oct. 1970

[07] **D. Borrione :**
Language de description des systemes logiques - Proposition pour une methode formelle de definition
These d'Etat, INPG Grenoble, July 1981

[08] **V. Carchiolo et al. :**
A LOTOS Specification of the PROWAY Highway Service
IEEE ToC Vol. C-35, No. 11, Nov. 1986

[09] **Y. Chu :**
Introducing CDL
IEEE Computer, Dec. 1979

[10] **E.W. Dijkstra :**
Guarded Commands, Nondeterminacy, and Formal Derivation of Programs
Comm. ACM, 18,8, Aug. 1975

[11] **J.R. Duley, D.L. Dietmeyer**
A Digital System Design Language (DDL)
IEEE ToC, C-24, No. 2, 1975

[12] **H. Ehrig, W. Fey, H. Hansen :**
ACT ONE : An Algebraic Specification Language With Two Levels of Semantics
TU Berlin, Ber. 83-03, Feb. 1983

[13] **H. Ehrig, B. Mahr :**
Fundamentals of Algebraic Specification
in : ETACS Monographs on Theoretical Computer Science, Vol. 6, Springer, 1985

[14] **P.L. Flake, G. Musgrave, M. Skarland :**
The HILO Logic Simulation Language
in : Proceedings 1975 International Symposium on Computer Hardware Description
Languages and their Applications,
IEEE Catalog No 75CH1010-8C, 1975

[15] **G. Girardi, R. Hartenstein, U. Welters :**
ABLED - A RT Level Schematic Editor and Simulator Interface
in : Proceedings of EUROMICRO, 1985

[16] **A. Goldberg, D. Robson :**
Smalltalk-80 - The Language and its Implementation
Addison Wesley, 1983

[17] **M. Gonauser, F. Egger, D. Frantz :**
SMILE - A Multilevel Simulation System
in : Proceedings of ICCD'84, 1984

138

[18] **J. Guttag, J.J. Horning :**
The Algebraic Specification of Abstract Data Types
Acta Informatica, 10, 1978

[19] **D. Harel :**
Statecharts : A Visual Formalism for Complex Systems
Science of Computer Programming, 8, 1987

[20] **R. Hartenstein :**
Fundamentals of Structured Hardware Design
North Holland, 1977

[21] **F.J. Hill et al. :**
Structural Specification with a Procedural Hardware Description Language
IEEE ToC, Vol. C-30, No 2, Feb. 1981

[22] **C.A.R. Hoare :**
Communicating Sequential Processes
Comm. ACM, Vol. 21, No. 8, 1978

[23] **C.A.R. Hoare :**
Communicating Sequential Processes
Prentice-Hall 1985

[24] **T. Lengauer, K. Mehlhorn :**
The HILL System : A Design Environment for the Hierarchical Specification, Compaction, and Simulation of Integrated Circuit Layouts
in : Proceedings Conference on Advanced Research in VLSI, MIT, 1984

[25] **A. Lewke :**
CAPLAN : Ein Mitglied der CONLAN Sprachfamilie auf der Ebene von CAP/DSDL
Diplomarbeit, Univ. Dortmund, FB Informatik, 1986

[26] **K.J. Lieberherr, S.E. Knudsen :**
ZEUS : A Hardware Description Language on VLSI
in : Proceedings 20th DAC, 1983

[27] **R. Lipset, E. Marschner, M. Shaldad**
VHDL - The Language
IEEE Design & Test of Computers, April 1986

[28] **M.D. May :**
OCCAM

ACM SIGPLAN Notices, Vol 18-4, April 1983

[29] M.D. May, R. Shepard :
Occam and the Transputer
in : G. Reijns (ed.): Concurrent Languages in Distributed Systems, North Holland,
1985

[30] R. Milner :
A Calculus of Communicating Systems
Lecture Notes in Comuter Science, Vol. 92, Springer, 1980

[31] J.D. Morrison, N.E. Peeling, T.L. Thorp :
The Design Rationale of ELLA, a Hardware Design and Description Language
in : Proceedings of 7th International Conference on Computer Hardware Description Languages and their Applications,
North Holland, 1985

[32] J. Noe, G. Nutt :
Macro E-Nets for Representation of Parallel Systems
IEEE ToC, C-22, No. 8, 1978

[33] C.A. Petri :
Kommunikation mit Automaten
Schriften des Rheinisch Westfaelischen Instituts fuer Instrumentelle Mathematik,
Bonn, 1962

[34] J.L. Peterson
Petri Nets
ACM Computing Surveys, 1977

[35] R. Piloty, M. Barbacci, D. Borrione, D. Dietmeyer, F. Hill, P. Skelly:
CONLAN Report
Lecture Notes in Computer Science, No. 151, Springer

[36] F.J. Rammig :
DIGITEST II : An Integrated Structural and Behavioral Language
in : Proceedings 1975 International Symposium on Computer Hardware Description
Languages and their Applications,
IEEE Catalog No 75CH1010-8C, 1975

[37] F.J. Rammig :
Preliminary CAP/DSDL Language Reference Manual
Forschungsberichte der Abt. Informatik der Univ. Dortmund, No. 129, 1980

[38] **F.J. Rammig :**
Structured Parallel Programming with a Highly Concurrent Programming Language in : Atti di Congresso Annuale AICA'80, 1980

[39] **W. Reisig :**
Petri Nets : An Introduction
Springer, 1985

[40] **J. Smit et al. :**
Definition of the Syntax and Semantics of the Modeling and Design Language MoDL in : Dewilde (ed.) : The Integrated Circuit Design Book
Delft University Press, Delft, 1986

[41] **M. Stefik, D.G. Bobrow :**
Object-Oriented Programming : Themes and Variations
The AI Magazine, 1985

[42] **S. Wendt :**
Using Petri Nets in the Design Process for Interacting Asynchronous Sequential Circuits
In : Proceedings IFAC Symposium on Discrete Systems, 1977

[43] **N. Wirth :**
Programming in MODULA 2
Springer, 1982

[44] − :
Proposed, Revised, and Expanded Recommendations for CCITT
Specification and Description Language (SDL)
CCITT COM XI-395E, or AP VII-No. 20-E, June 1980

[45] − :
HELIX 1.3 HDL Reference Manual
Silvar Lisco Doc. No. M-026-1, 1983

[46] − :
Mainsail Language Manual
Xidac Corp., Menlo Park, CA, 1985

[47] − :
IEEE Standard VHDL
Language Reference Manual,

IEEE, iStd 1076 - 1987

[48] – :
DACAPO III System User Manual
DOSIS GmbH, Dortmund, 1987

[49] – :
DABL Reference Manual
Daisy Systems Corporation, Mountain View, CA, 1985

[50] – :
ADA Programming Language
ANSI/MIL-STD-1815A, 1983

3 Implementationsaktivitäten

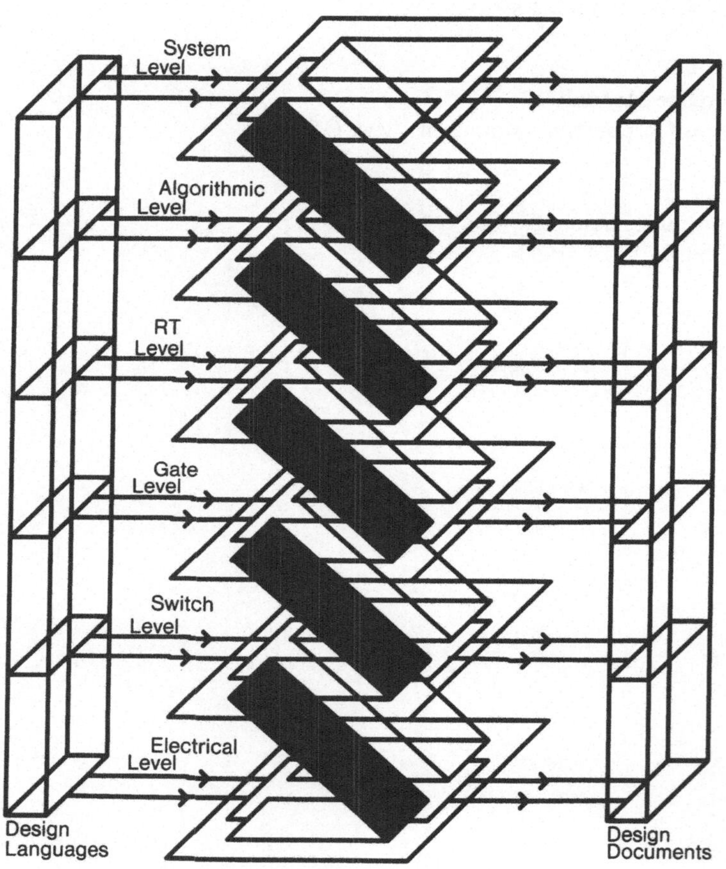

Abb. 35: Implementationsaktivitäten im Entwurfsprozeß

3.1 Systemebene zur Algorithmischen Ebene

Eine nichttriviale Hardwarekomponente, d.h. ein "Prozessor" im weiteren Sinn,
wird auf der Systemebene als ADT modelliert. Der Instruktionssatz einer derartigen Komponente entspricht einer Programmiersprache, die durch die Instruktionen zusammen mit Verwendungsregeln gegeben ist. Das bedeutet, daß eine solche
Komponente nicht einfach eine Menge unabhängiger Instruktionen, sondern eine
vollständige Programmiersprache definiert. Auf der algorithmischen Ebene muß

diese Programmiersprache implementiert werden , indem man einen Interpretationsalgorithmus dafür schreibt. Dieser Algorithmus muß in einer bestimmten Sprache geschrieben werden. Diese Sprache aber korrespondiert wieder mit anderen Hardwarekomponenten, von denen angenommen wird, daß sie diese Sprache verstehen. Damit wird dieser Prozess solange rekursiv fortgesetzt, bis "atomare" Hardwarekomponenten erreicht sind. Aus dieser Sicht bedeutet Hardwareentwurf nichts anderes als das Schreiben von Interpretern unter Berücksichtigung von Restriktionen.
Zwischen Interpretern auf einer Ebene muß zur Kommunikation ein bestimmtes Protokoll definiert werden. Derartige Protokolle müssen beim Übergang von der Systemebene zur algorithmischen den ADT's der Systemebene hinzugefügt werden.

3.2 Algorithmische Ebene zur Registertransferebene

Auf der algorithmischen Ebene muß die Programmiersprache einer Komponente durch Schreiben eines interpretierenden Algorithmus implementiert werden. Dieser Algorithmus muß in einer bestimmten Sprache geschrieben werden. Diese wiederum korrespondiert zu anderen Komponenten, die diese Sprache verstehen. Der Prozeß wird rekursiv fortgesetzt, bis "atomare" Hardwarekomponenten erreicht sind. Diese elementaren Komponenten führen auf Anforderung bestimmte Operationen durch. Die Menge all dieser Komponenten wird Operationswerk (data path) des Systems genannt, während die (hierarchische) Kontrollstruktur des (hierarchischen) Algorithmus auf ein Steuerwerk (controller) abgebildet wird.
Die Dekomposition in ein Operationswerk und ein Steuerwerk ist eine Hauptaktivität der Transformation von der algorithmischen Ebene auf die Registertransferebene. Dabei sind für diese Transformation verschiedene Entwurfsstile möglich:

(1) Monolithische Dekomposition

Bei diesem Ansatz wird der gesamte zu implementierende Algorithmus auf eine nicht hierarchische Form eingeebnet. Die elementaren Datenoperationen werden dann extrahiert und auf ein Operationswerk abgebildet. Für die (potentiell nebenläufige) Kontrollstruktur wird ein äquivalenter endlicher Automat konstruiert und mit dem Operationswerk über Steuer- und Statusleitungen verbunden. Abb. 36 charakterisiert diesen Ansatz.
Dieser Entwurfsstil scheint für kleine Algorithmen mit wenig Nebenläufigkeit geeignet zu sein.

(2) Parallele Dekomposition

Bei diesem Ansatz (siehe Abb. 37) werden zunächst die Teile des abzubildenden Algorithmus, die nebenläufig ablaufen können, identifiziert. Diese Teile werden auf semiautonome Komponenten abgebildet, was zu einer neuen Dekomposition auf der Systemebene führt oder zu einem gemeinsamen Operationswerk, auf dem für

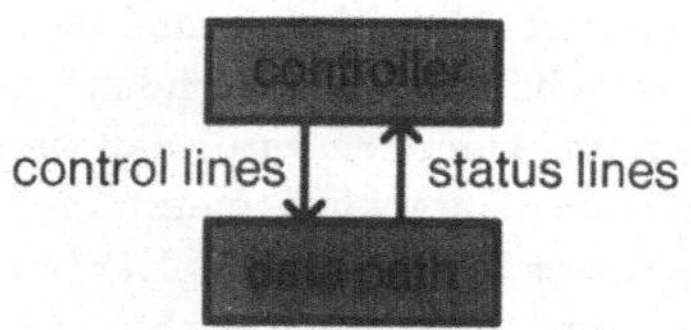

Abb. 36: Monolithische Dekomposition

jeden nebenläufigen Teil des Algorithmus je ein Steuerwerk agiert. Um echte Nebenläufigkeit zu erlauben, sollte das gemeinsame Operationswerk in mehrere Sektionen über Bustrennschalter separiert werden können.

Abb. 37: Parallele Dekomposition

(3) Hierarchische Steuerwerks-Dekomposition

In diesem Fall wird die Hierarchie des abzubildenden Algorithmus auf eine Hierarchie von Steuerwerken abgebildet. Steuerwerke auf einer höheren Hierarchiestufe haben keinen Zugriff auf das Operationswerk, sondern nur auf Steuerwerke auf der nächst niedrigeren Hierarchieebene. Nur die untersten Steuerwerke wirken unmittelbar auf das Operationswerk. Abb. 38 skizziert diesen Ansatz. Typischerweise sind diese untersten Steuerwerke mit linearem Code ohne bedingte Sprünge vergleichbar. Diese Methode arbeitet mit einem gemeinsamen Operationswerk.

(4) Hierarchische Dekomposition

Die vollständig hierarchische Dekomposition folgt der Idee der hierarchischen Kontrollstruktur in einem reinen Ansatz. Sie identifiziert die oberste Ebene in einem Algorithmus und konstruiert ein Steuerwerk für ihre Kontrollstruktur. Die Ebene darunter wird als Operationswerk interpretiert. Dies führt typischerweise zu nichttrivialen Operationswerkkomponenten mit einer zugeordneten Sprache, die interpretiert werden muß. Somit wird eine Dekomposition auf der Systemebene durchgeführt, bei der neue "Prozessoren" definiert werden. Abb. 39 skizziert diesen Ansatz.

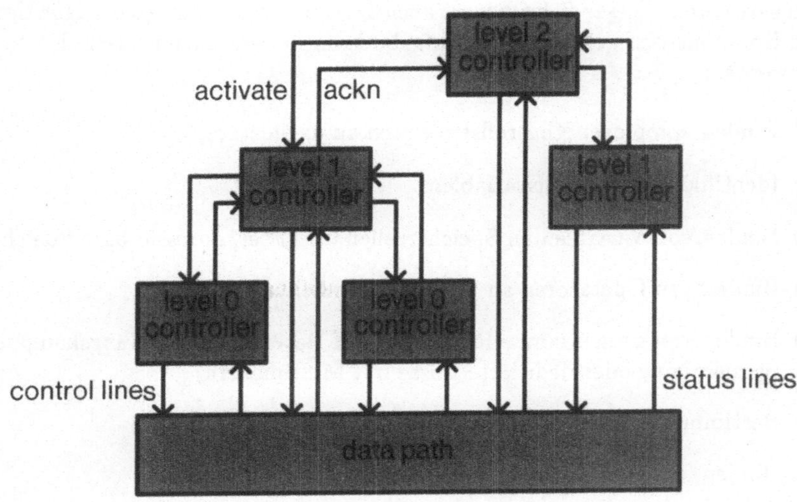

Abb. 38: Hierarchische Steuerwerks-Dekomposition

Die verschiedenen Methoden schließen sich nicht notwendigerweise aus. In praktischen Anwendungen werden Kombinationen dieser Ansätze benutzt. So passen beispielsweise die parallele Dekomposition und die hierarchische Steuerwerks-Dekomposition sehr gut zusammen.

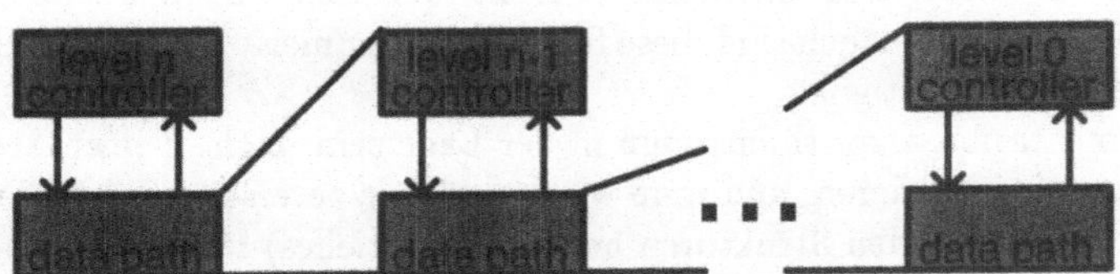

Abb. 39: Hierarchische Dekomposition

3.2.1 Monolithische Dekomposition

Um diesen Entwurfsschritt ausführen zu können, muß ein zu implementierender Algorithmus vorliegen. Dieser agiert nach einer bestimmten Kontrollstruktur auf gewissen Elementaroperationen, die auf Daten ausgeführt werden, die in noch nicht gebundenen Speicherorten (virtuellen Registern) gespeichert sind. Es ist die Aufgabe dieses Implementierungsschrittes, für diesen Algorithmus eine (virtuelle) Maschine zu konstruieren. Dieser Schritt wird auch Binden eines abstrakten Algorithmus an reale Komponenten genannt. Die Aufgabe kann in verschiedene Teilschritte unterteilt werden:

(i) Binden komplexer Kontrollstrukturen an elementare,

(ii) Identifikation von Hilfsvariablen,

(iii) Binden von Variablen an Speicherzellen (Register, adressierbare Speicher),

(iv) Binden von Operatoren an Operationseinheiten,

(v) Binden von gemeinsamen Referenzen auf Daten an Verbindungskomponenten (gemeinsame oder dedizierte Busse mit Multiplexern)

(vi) Bestimmung der endgültigen Kontrollstruktur

(vii) Binden logischer Zeitabläufe an Zeitphasen

(i) Binden komplexer Kontrollstrukturen an elementare

Der zu implementierende Algorithmus kann bestimmte Kontrollstrukturen enthalten, die von der Zielmaschine nicht als elementar angesehen werden. Derartige Strukturen können entweder in der explizit genannten Kontrollstruktur enthalten oder in Adressierungsmethoden verborgen sein. Solche Kontrollstrukturen müssen durch eine geeignete Komposition elementarerer ersetzt werden. Aus puristischer Sicht kann diese Situation im vorliegenden Ansatz gar nicht auftreten, da dieses Vorgehen nichts anderes als hierarchische Dekomposition des Algorithmus bedeutet. Aus praktischer Sicht jedoch sind diese Substitutionen meist derart einfach, daß kein elaborierter Ansatz nötig ist.
Der Implementationsalgorithmus muß in der Lage sein, nicht elementare Kontrollstrukturen zu identifizieren, und muß wissen, wie sie zu ersetzen sind. Die Identifikation der zu ersetzenden Strukturen bedeutet (partielles) Parsen des Algorithmus, während das Substitutionswissen durch parametrisierte Ersetzungsregeln gegeben werden kann. Die Substitution selbst schließlich kann durch Umschreiben des ursprünglichen zu implementierenden Algorithmus laut diesen Ersetzungsregeln geschehen. Somit sind bei diesem ersten Teilschritt Bild- und Urbildbereich gleich. Dies macht es leicht, ihn, wann immer nötig, vor die restlichen Implementationsaktivitäten einzufügen.

Beispiel:
Es sei angenommen, daß der zu implementierende Algorithmus Schleifen und If-Anweisungen enthalten kann, die Zielstruktur aber nur strikte Sequenzen und Sprünge erlaubt. Weiterhin sei eine globale Operationsweise der folgenden Form angenommen:

```
while true do
    seqbegin
        ap := ap +1 ;
        case ap of
            1 :   action_1 ;
            2 :   action_2 ;

                  .
                  .
                  .

            n :   action_n
        end
    end
```

D.h. es wird angenommen, daß der übliche Interpretationszyklus mit einem "Programmzähler", genannt **ap**, benutzt wird. Man beachte, daß diese Schleife außerhalb des Wirkungsbereichs der Ersetzungsregeln liegt, da sie lediglich den globalen Operationsmodus beschreibt.

Geignete Ersetzungsregeln könnten sein:

```
replace ( if condition then action_1 else action_2)
by      ( if condition then ap := true_part else false_part ;
          true_part : seqbegin action_1 ; ap := exit end ;
          false_part : seqbegin action_2 ; ap := exit end ;
          exit : )


replace (while condition do action)
by      ( start     : if condition then ap := loopstart
                      else ap := leave ;
          loopstart : seqbegin action ; ap := start end ;
          leave     : )


replace ( repeat action until condition )
by      ( start: seqbegin
                    action ;
                    if condition then ap := leave else ap := start ;
                 end
          leave: )
```

148

Die erste Regel nimmt jedes If-Konstrukt in dem zu implementierenden Algorithmus und ersetzt es durch die angegebene Struktur. Sie benutzt **condition**,
action_1 und **action_2** als Parameter, die in die Zielstruktur ohne Modifikation
übernommen werden. **true_part**, **false_part** und **exit** sind lokale Parameter der
Regel. Sie werden durch geeignete Werte bezogen auf den Kontext, in dem die Regel
angewandt wird, ersetzt. Das **seqbegin** ... **end** innerhalb der Regel gibt lediglich an, daß die Anweisung **ap := exit** mit einer "Adresse" versehen werden soll,
die um Eins größer ist als die letzte "Adresse" von **action_1** bzw. **action_2**. Die
zweite Regel ersetzt jedes **while**-Konstrukt des zu implementierenden Algorithmus
durch die angegebene Struktur. Sie hat **condition** und **action** als Parameter, die
in die Zielstruktur unverändert übernommen werden. Durch Zuweisung der lokalen
Parameter **leave** oder **start** an den Aktivitätszeiger **ap** werden unbedingte Sprünge
erhalten, die zum Schleifendurchlauf führen. Wieder dient das **seqbegin** ... **end**
in der Regel nur dazu, daß die Anweisung **ap := start** mit einer "Adresse" versehen werden soll, die um Eins größer als die letzte "Adresse" von **action** ist. Die
dritte Regel wirkt in ähnlicher Weise auf **repeat**-Konstrukten.

Wendet man diese Regeln auf folgenden Teil eines Algorithmus an:

```
seqbegin
    a := b + c ;
    while a < d do
        seqbegin
            repeat
                b := b + 1
            until b > c ;
            a := a + b
        end ;
    d := a
end ;
```

so erhält man:

```
SEQBEGIN
    AP := 0 ;
    WHILE TRUE DO
        SEQBEGIN
            AP := AP + 1 ;
            CASE AP OF
                1: a   := b + c ;
                2: if  a < d then ap := 2 else ap := 6
                3: b   := b + 1 ;
                4: if b > c  then ap := 4 else ap := 2 ;
                5: a   := a + b ;
```

```
        6: ap := 1 ;
        7: d  := a
    END
  END

END
```

Man beachte, daß nur der in Kleinbuchstaben geschriebene Teil das Ergebnis der
Ersetzungsregeln ist, und nur dieser Teil explizit von den weiteren Schritten des Implementationsalgorithmus weiter bearbeitet werden muß. Der in Großbuchstaben
geschriebene Teil gibt den allgemeinen Betriebsmodus wieder, der für diesen Imple-
mentationsstil als global angesehen wird. Er wurde hier mit aufgeführt, um den
Ablauf sichtbar zu machen.

(ii) Identifikation von Hilfsvariablen

Während des Prozesses, komplexe Kontrollstrukturen durch elementarere zu sub-
stituieren, werden meist zusätzliche Variable , d.h. solche, die im ursprünglichen
Algorithmus nicht enthalten waren, eingeführt. Diese Variablen müssen wie die im
zu implementierenden Algorithmus explizit genannten Variablen behandelt werden.
Im obigen Beispiel wurde die Variable **ap** als derartige Hilfsvariable eingeführt.

(iii) Binden von Variablen an Speicherzellen

Alle Variablen, seien sie nun orginale oder zusätzliche, müssen an Objekte mit
Speicherfähigkeit gebunden werden. Die einfachste Methode ist, eine eins-zu-eins-
Zuordnung zwischen Variablen und Registern einzuführen. In diesem Fall muß ein
dediziertes Register für jede Variable vorgesehen werden. Weiter entwickelte Bindungsalgorithmen führen ein dynamisches Binden durch. In diesem Fall können Variablen, die in einer Lebenszeit-Analyse nicht überlappende Lebenszeiten aufweisen,
gemeinsame Register teilen. Dies führt insbesondere im Fall von komplizierteren
Algorithmen zu kompakteren Operationswerken. (Man beachte, daß die hier benutzten Register interne Register des Interpretationsalgorithmus sind, die nicht mit
den von einem externen Benutzer des "Prozessors" sichtbaren Registern verwechselt
werden dürfen.)
Weiterhin muß in diesem Schritt der Typ der zu benutzenden Speicherelemente
gewählt werden. Es können entweder individuelle Register für die abzubildenden
Variablen benutzt werden, oder man bevorzugt einen adressierbaren Speicher, z.B.
ein Register-File. Register-Files erleichtern die Bindungsprozedur ein wenig, besonders im Fall gemeinsamer Speicherzellen. Auf der anderen Seite hat dieses Verfahren
den Nachteil einer geringeren Bandbreite zum Speicher, falls man weniger Speicher-
ports als Speicherzellen hat.

150

Beispiel:
Nimmt man das obige Beispiel, so kann man die folgenden Lebenszeiten der verschiedenen Variablen ableiten:

```
a :   1 - 7,
b :   1 - 6,
c :   1 - 6,
d :   2 - 7
```

Dies zeigt, daß geteilte Speicher nicht möglich sind. Somit sind entweder 5 dedizierte Register, Ra, Rb, Rc, Rd und Rap nötig, oder man speichert die Variablen a, b, c, d, ap in einem Register-File RF unter den Adressen 0, 1, 2, 3, 4. Falls es zwei Lese-Ports und einen zusätzlichen Schreib-Port gibt, entstehen bei der zweiten Lösung keine zusätzlichen Probleme. In diesem Fall wird der (nicht groß geschriebene Teil des) Algorithmus zu:

```
1: RF[0]  := RF[1] + RF[2] ;
2: if  RF[0] < RF[3] then ap := 2 else ap := 6
3: RF[1]  := RF[1] + 1 ;
4: if RF[1] > RF[2]   then ap := 4 else ap := 2 ;
5: RF[0]  := RF[0] + RF[1] ;
6: ap     := 1 ;
7: RF[3]  := RF[0]
```

Nimmt man nun an, daß nur ein bidirektionaler Port existiert, so muß man den Algorithmus unter Benutzung zusätzlicher Variablen, die an Speicherzellen außerhalb von RF gebunden werden müssen, wie folgt umschreiben:

```
 1: aux1   := RF[1]  ;
 2: aux2   := aux1 + RF[2]  ;
 3: RF[0]  := aux1 + aux2 ;
 4: aux3   := RF[0] ;
 5: if  aux3 < RF[3] then ap := 5 else ap := 12 ;
 6: aux4   := RF[1] ;
 7: RF[1]  := aux4 + 1 ;
 8: if aux4 > RF[2]   then ap := 8 else ap := 5 ;
 9: aux5   := RF[0] ;
10: aux6   := RF[1] ;
11: RF[0]  := aux5 + aux6 ;
12: ap     := 3 ;
13: aux7   := RF[0]  ;
14: RF[3]  := aux7 ;
```

Hier erscheint die Anzahl von Hilfsvariablen im Vergleich zur Anzahl der zu verwaltenden Speicherzellen sehr hoch zu sein. Tatsächlich kann die Anzahl der Hilfsvariablen nach einer einfachen Lebenszeit-Analyse auf zwei reduziert werden. Dies ist gerade die maximale Anzahl an Adressen in einer Anweisung abzüglich der Anzahl verfügbarer Ports. Somit erhält man schließlich unter diesen Annahmen die folgende Version:

```
 1: aux1  := RF[1]  ;
 2: aux2  := aux1 + RF[2]  ;
 3: RF[0]  := aux1 + aux2 ;
 4: aux1  := RF[0]  ;
 5: if  aux1 < RF[3] then ap := 5 else ap := 12 ;
 6: aux1  := RF[1]  ;
 7: RF[1]  := aux1 + 1  ;
 8: if aux1 > RF[2]   then ap := 8 else ap := 5 ;
 9: aux1  := RF[0]  ;
10: aux2  := RF[1]  ;
11: RF[0]  := aux1 + aux2 ;
12: ap    := 3  ;
13: aux1  := RF[0]  ;
14: RF[3]  := aux1  ;
```

(iv) Binden von Operatoren an Operationseinheiten

Bei diesem Schritt müssen alle Operatoren, die in dem zu implementierenden Algorithmus benutzt werden, an Operationseinheiten gebunden werden. In einem trivialen Ansatz kann angenommen werden, daß es für jedes Auftreten eines Operators im Algorithmus eine dedizierte Operationseinheit gibt. Dies würde natürlich zu extrem redundanten Implementationen führen.

In einem sinnvolleren Ansatz wird zunächst die Menge der Operationen pro elementarem Schritt des zu implementierenden Algorithmus identifiziert. Sei OPS_i diese Menge für den i-ten elementaren Schritt. Auf der anderen Seite kann es eine Menge vordefinierter Operationseinheiten geben, die jeweils eine Menge von Operationen anbieten. Diese Menge kann in wechselseitig disjunkte Teilmengen gleichzeitig verfügbarer Operationen eingeteilt werden. Im einfachsten Fall bietet eine Operationseinheit zu einem Zeitpunkt nur genau eine Operation an. Sei $OU_k(CAP_{k,1}, CAP_{k,2}, ..., CAP_{k,km})$ der k-te Typ einer Operationseinheit mit den wechselseitig disjunkten angebotenen Operationen $CAP_{k,1}$ bis $CAP_{k,km}$. Sei $I_j(OU_k)$ die j-te Instantiierung eines derartigen Typs, $I_j(CAP_{k,1}), ..., I_j(CAP_{k,km})$ die dazugehörigen instantiierten Operationenmengen. Zwei Mengen instantiierter Operationen $I_j(CAP_{k,p})$ und $I_l(CAP_{m,n})$ heißen im Konflikt stehend, falls I_j und I_l dieselbe Instantiierung desselben Typs von Operationseinheit bezeichnen und $CAP_{k,p}$ und $CAP_{m,n}$ wechselseitig exklusive Mengen von Operationen in diesem Typ sind.

Beispiel:
Eine typische ALU bietet Operationen wie ADD, SUB, AND, OR, NAND an. Diese
Operationen sind wechselseitig exklusiv. Sie würde daher beschrieben durch:
OUALU({ADD}, {SUB}, {AND}, {OR}, {NAND})

$$ALU_1 := I_1(OUALU)und$$
$$ALU_2 := I_2(OUALU)$$

mögen zwei Instantiierungen sein. Dann gilt:
$I_1(ADD)$ steht im Konflikt mit $I_1(AND)$ aber nicht mit $I_2(ADD)$

Folgendes Abbildungsproblem ist somit zu lösen:
Gegeben sind Mengen $OPS_1, OPS_2, ..., OPS_n$ von Operationen innerhalb von elementaren Schritten des zu implementierenden Algorithmus sowie vordefinierte Typen von Operationseinheiten $OU_1, OU_2, ..., OU_m$. Finde eine Überdeckung von OPS_1,
$OPS_2, ..., OPS_n$ durch Instantiierung von hinreichend vielen Operationseinheiten
$I_j(OU_k)$, sodaß keine im Konflikt stehenden Operationen zur Implementation von
Operationen eines OPS_i benutzt werden und die Kosten minimal sind. Um über
Kosten sprechen zu können, muß eine Kostenfunktion eingeführt werden. Als ein-
fachstes Beispiel kann von gleichen Kosten für jede Instantiierung eines jeden Typs
von Operationseinheiten ausgegangen werden.

Beispiel:
Nimmt man das obige Beispiel, so erhält man die folgende Menge notwendiger Operatoren:

```
OPS1   :=    0
OPS2   :=    {+}
OPS3   :=    {+}
OPS4   :=    0
OPS5   :=    {<}
OPS6   :=    0
OPS7   :=    {+}
OPS8   :=    {>}
OPS9   :=    0
OPS10  :=    0
OPS11  :=    {+}
OPS12  :=    0
OPS13  :=    0
OPS14  :=    0
```

Es sei angenommen, daß die folgenden Typen an Operationseinheiten zur Verfügung
stehen:

OUALU := ({+}, {-}, {<}, {>})
OUPLUS := ({+})
OUCOMPARE := ({<}, {>}).

Damit würde die Instantiierung eines Objekts vom Typ OUALU ausreichend sein. Die Instantiierung von je einem Element OUPLUS und OUCOMPARE wäre eine andere Möglichkeit. Welche der beiden Lösungen vorzuziehen ist, ist von der Kostenfunktion abhängig.

In den meisten CAD-Systemen, die diesen Implementationsschritt unterstützen, wird lineares Programmieren benutzt, um eine Operatorbindung mit minimalen Kosten zu bestimmen. Da typischerweise relativ wenige Operatoren in einem Algorithmus benutzt werden, wird die Anzahl der Gleichungen in einem derartigen System nicht zu groß. Allerdings muß der gleiche Operator angewandt auf Operanden unterschiedlichen Typs als unterschiedlich abzubildender Operator aufgefaßt werden. Es kann vorkommen, daß ein Entwurfsingenieur nicht bereit ist, so viele Operationseinheiten zu benutzen, wie aufgrund hochparalleler Operationen benötigt würden. In diesem Fall müssen Elementarschritte in eine Folge von Elementarschritten aufgebrochen werden. Dies kann zu weiteren Speicherelementen zur Speicherung von Zwischenresultaten führen.

(v) Binden an Verbindungsstrukturen

Nach den vorausgegangenen Schritten sind alle Unterobjekte der implementierenden Struktur bekannt. Durch einfache Datenflußanalyse kann nun die notwendige Verbindungsstruktur ermittelt werden. Die Regeln, die zu logischen Verbindungen führen, sind einfach:

1) Für jede Referenz eines Operators zu einer Variable führe eine Verbindung von einem Ausgangs-Port des Speicherelements, das diese Variable speichert, zu dem richtigen Eingangs-Port der den Operator realisierenden Operationseinheit ein.

2) Für jede Zuweisung eines Ausdrucks an eine Variable führe eine Verbindung von dem richtigen Ausgangs-Port der Operationseinheit, welche den Ausdruck repräsentiert, zu einem Eingangs-Port des Speicherelements, das diese Variable enthält, ein.

Beispiel:

Betrachtet man das obige Beispiel in der Version mit dedizierten Registern und einer einzigen universellen ALU, dann kann der Algorithmus wie folgt umgeschrieben werden:

```
1:   Ra  := ALU.PLUS (Rb , Rc );
2:   if ALU.LESS (Ra ,Rd) then Rap := 2 else Rap := 6
3:   Rb  := ALU.PLUS (Rb , 1) ;
```

```
4:   if ALU.LESS (Rc ,Rb) then Rap := 4 else Rap := 2 ;
5:   Ra := ALU.PLUS (Ra , Rb );
6:   Rap := 1 ;
7:   Rd := Ra
```

Bezeichnet man die beiden ALU-Eingangs-Ports mit `alu_left` und `alu_right` und
den ALU-Ausgangs-Port mit `alu_out`, so erhält man die folgende Menge logischer
Verbindungen:

```
alu_out   →   Ra
alu_out   →   control_unit
alu_out   →   Rb
Ra        →   alu_left
Ra        →   Rd
Rb        →   alu_left
Rb        →   alu_right
Rc        →   alu_left
Rc        →   alu_right
Rd        →   alu_right
1         →   alu_right
1         →   Rap
2         →   Rap
4         →   Rap
6         →   Rap
```

Diese Liste ist nach Sendern sortiert worden. Nach Empfängern sortiert erhält man:

```
alu_out   →   Ra
alu_out   →   Rb
Ra        →   Rd
Ra        →   alu_left
Rb        →   alu_left
Rc        →   alu_left
Rd        →   alu_right
Rb        →   alu_right
Rc        →   alu_right
1         →   alu_right
1         →   Rap
2         →   Rap
4         →   Rap
6         →   Rap
alu_out   →   control_unit
```

Logische Verbindungen müssen nun auf physikalische abgebildet werden. Es gibt
dabei zwei hauptsächliche Ansätze:
- dedizierte Verbindungen,

- gemeinsame Busse.

Im Fall der dedizierten Verbindungen wird für jede logische Verbindung genau eine physikalische eingeführt. Falls es für einen Eingangs-Port mehr als einen Sender gibt, wird vor diesen Eingangs-Port ein Multiplexer geschaltet.

Im Fall der gemeinsamen Busse werden mehrere logische Verbindungen an eine gemeinsame physikalische gebunden. Aus Sicht des Algorithmus sind nie mehr Busse nötig, als während eines Elementarschritts des Algorithmus maximal Datentransporte stattfinden. Aus Sicht der Implementation kann gefordert sein, daß diese Anzahl noch weiter vermindert wird.

Die Abbildung von logischen Verbindungen auf physikalische kann wie die Abbildung von Operatoren auf Operationseinheiten behandelt werden, falls eine physikalische Verbindung als Operationseinheit angesehen wird, die die Operation "Datentransport" anbietet.

Beispiel:

Mit dem Ansatz dedizierter Verbindungen wird das obige Beispiel zu:

```
1:   Ra := ALU.PLUS (left_mux , right_mux );
2:   if ALU.LESS (left_mux , right_mux) then ap := ap_mux
     else ap := ap_mux
3:   Rb := ALU.PLUS (left_mux , right_mux) ;
4:   if ALU.LESS (left_mux , right_mux) then ap := ap_mux
     else ap := ap_mux ;
5:   Ra := ALU.PLUS (left_mux , right_mux);
6:   ap := ap_mux ;
7:   Rd := Ra
```

Nun muß noch die Definition der Multiplexersteuerung hinzugefügt werden. Dies führt zu einem zusätzlichen `impdef`-Teil:

```
impdef
     left_mux   := case ap of
     1 : Rb ;
     2 : Ra ;
     3 : Rb ;
     4 : Rc ;
     5 : Ra
  end ;
  right_mux := case ap of
     1 : Rc ;
     2 : Rd ;
     3 : 1  ;
     4 : Rb ;
     5 : Rb
```

156

```
end ;
ap_mux := case (ap || alu_out) of
   2 || 1 : 2 ;
   2 || 0 : 6 ;
   4 || 1 : 4 ;
   4 || 0 : 2 ;
   6 || 1 : 1 ;
   6 || 0 : 1
end ;
```

(vi) Bestimmen der endgültigen Kontrollstruktur

Nachdem die vorausgegangenen Schritte durchgeführt wurden, ist der ursprüngliche
zu implementierende Algorithmus derart transformiert worden, daß ein Operationswerk und ein Steuerwerk einfach entworfen werden können. Die Speicherelemente,
die Operationseinheiten und die Verbindungen dazwischen bilden das Operationswerk, während das verbleibende Skelett der Kontrollstruktur zum Steuerwerk wird.
Im einfachsten Fall besteht dieses Steuerwerk nur aus einem Zustandsregister und
einer kombinatorischen Logik, um den Folgezustand und die Werte der Steuerleitungen zu berechnen. Es gibt eine Steuerleitung für jede Lade-Operation eines jeden
Speicherelements. Zusätzliche Steuerleitungen müssen für die Auswahl der jeweils
richtigen Operation für jede Operationseinheit vorgesehen werden, die mehr als eine
Operation anbietet. Weitere Steuerleitungen werden für die Auswahl-Eingänge der
benutzten Multiplexer benötigt. Falls gemeinsame Busse anstelle von Multiplexern
(d.h. als Multiplexer mit verteilter Steuerung) benutzt werden, müssen "output-
enable"-Leitungen statt der Auswahl-Eingänge der Multiplexer benutzt werden.
Immer, wenn der Folgezustand oder der Wert einer Steuerleitung nicht nur vom aktuellen Zustand des Steuerwerks, sondern auch von bestimmten Werten von Objekten
innerhalb des Operationswerks abhängen, müssen dafür spezielle Statusleitungen
vorgesehen werden.

Beispiel:

Es sei das obige Beispiel betrachtet. Sehr früh im Entwurfsprozeß ist festgelegt
worden, daß der grundsätzliche Operationsmodus des Steuerwerks als Ausführungs-
schleife auf einem Aktivitätszeiger ap als Zustandswert gegeben ist. Somit finden
alle Manipulationen des Registers Rap innerhalb des Steuerwerks statt. Die folgenden Steuerleitungen werden benötigt:

```
load_Ra {lade Register Ra}
load_Rb {lade Register Rb}
load_Rc {lade Register Rc}
load_Rd {lade Register Rd}
right_mux_sel :  (from_Rb, from_Rc, from_Rd, from_1)
left_mux_sel :  (from_Ra, from_Rb, from_Rc)
```

```
op_sel :  (ADD, LESS)
```

Es gibt genau eine Statusleitung:

```
alu_out .  (0)
```

Dies ergibt das folgende endgültige Steuerwerk:

```
seqbegin
   Rap := 0 ;
   while true do
      seqbegin
        Rap := Rap + 1 ;
        case Rap of
            1: parbegin
                   op_sel           := ADD        ;
                   left_mux_sel     := from_Rb  ;
                   right_mux_sel    := from_Rc  ;
                   load_Ra          := "1"      ;
                   load_Rb          := "0"      ;
                   load_Rc          := "0"      ;
                   load_Rd          := "0"
                end ;   {a := b + c }
            2: parbegin
                   op_sel           := LESS     ;
                   left_mux_sel     := from_Ra ;
                   right_mux_sel    := from_Rd ;
                   load_Ra          := "0"      ;
                   load_Rb          := "0"      ;
                   load_Rc          := "0"      ;
                   load_Rd          := "0"      ;
                   Rap              := if alu out . (0) then 2 else 6
                end ;    {if  a < d then ap := 2 else ap := 6}
            3: parbegin
                   op_sel           := ADD        ;
                   left_mux_sel     := from_Rb ;
                   right_mux_sel    := from_1  ;
                   load_Ra          := "0"      ;
                   load_Rb          := "1"      ;
                   load_Rc          := "0"      ;
                   load_Rd          := "0"
                end ;     {b := b + 1 }
            4: parbegin
                   op_sel           := LESS     ;
```

```
                left_mux_sel    := from_Rc ;
                right_mux_sel   := from_Rb ;
                load_Ra         := "0"    ;
                load_Rb         := "0"    ;
                load_Rc         := "0"    ;
                load_Rd         := "0"    ;
                Rap             := if alu_out . (0) then 4 else 2
                end ;        {if b > c  then ap := 4 else ap := 2 }
        5: parbegin
                op_sel          := ADD     ;
                left_mux_sel    := from_Ra ;
                right_mux_sel   := from_Rb ;
                load_Ra         := "1"    ;
                load_Rb         := "0"    ;
                load_Rc         := "0"    ;
                load_Rd         := "0"    ;
                end ;        {a := a + b }
        6: parbegin
                op_sel          := LESS     ; {arbitrary value possible}
                left_mux_sel    := from_Rc ; {arbitrary value possible}
                right_mux_sel   := from_Rb ; {arbitrary value possible}
                load_Ra         := "0"    ;
                load_Rb         := "0"    ;
                load_Rc         := "0"    ;
                load_Rd         := "0"    ;
                Rap             := 1
                end ;     {ap := 1 }
        7: parbegin
                op_sel          := ADD     ; {arbitrary value possible}
                left_mux_sel    := from_Ra ; {arbitrary value possible}
                right_mux_sel   := from_Rb ; {arbitrary value possible}
                load_Ra         := "0"    ;
                load_Rb         := "0"    ;
                load_Rc         := "0"    ;
                load_Rd         := "1"
                end ;       {d := a}
            end

        end


end
```

Einige Kommentare:

Die Architektur dieses Steuerwerks wurde als der übliche v.Neumann-Typ angenommen. Es wurden noch keine Annahmen darüber gemacht, wie die Funktionen des

Steuerwerks zu berechnen sind. Wegen der unvollständigen Spezifikation behandelt diese Implementation nicht die Situation beim Verlassen des Algorithmus, d.h. die Situation, wenn Rap den Wert 8 erhält. Es wird die Annahme gemacht, daß die kombinatorische Logik (d.h. die ALU) ihr Ergebnis vor dem Zeitpunkt des Anstoßes der Lade-Operationen der Register berechnet hat. Diese Annahme muß respektiert werden, wenn der logische Zeitablauf an Phasen gebunden wird.

(vii) Binden des logischen Zeitablaufs an Phasen

Der zu implementierende Interpretationsalgorithmus ist üblicherweise zirkulär. Sein Zeitablauf wird meist nur als Kausalitätsstruktur ohne Spezifikation von realen Zeitpunkten ausgedrückt. Die Implementationsstruktur ist ebenfalls zirkulär. Jeder Zyklus kann individuell in Phasen eingeteilt werden, doch aus praktischen Erwägungen heraus ist diese Partition für alle Zyklen identisch. Im einfachsten Fall ist ein Zyklus gerade als vollständiger Zyklus eines Taktsignals definiert. Dann besteht ein Zyklus aus den folgenden zwei Phasen:
Phase 0 : Das Taktsignal hat den Wert "0"
Phase 1 : Das Taktsignal hat den Wert "1"
Zusätzlich gibt es noch zwei Ereignisse, die durch flankenempfindliche Einheiten abgefragt werden können:
Event_up : Das Taktsignal wechselt von "0" auf "1"
Event_dn : Das Taktsignal wechselt von "1" auf "0".
Diese Zeitablaufstruktur wird Single-Phasen-Struktur genannt.
Falls notwendig, kann ein Zyklus auch in mehr Phasen eingeteilt werden. Mehr Phasen sind dann nötig, wenn kompliziertere Sequenzen atomarer Operationen in einem Zyklus auszuführen sind. Als Beispiel mag eine Implementationstechnik genannt werden, bei der Busse vorgeladen werden, bevor ihre endgültigen Werte berechnet werden. Zeitablaufstrukturen mit mehr als zwei Phasen werden Poly-Phasen-Strukturen genannt. Beim Binden an Phasen muß die Zieltechnologie beachtet werden. In jedem Fall ist die Zielstruktur ein endlicher Automat, der den Folgezustand S_new aus dem aktuellen Zustand S_old und einer Eingabe X berechnet:

```
S_new := d ( X, S_old ) .
```

Der neue Zustand S_new muß im selben Register gespeichert werden, aus dem der aktuelle Zustand S_old gelesen wird:

```
state_register := delta ( X, state_register)
```

Es sei nun angenommen, das Register state_register sei durch Latches zu implementieren, die durch die Phase "1" des Taktes getaktet sind:

```
when phase_1 do state_register := delta ( X, state_register)
```

Es sei:

t_{one} : der Zeitabschnitt von Phase 1
t_{zero} : der Zeitabschnitt von Phase 0
t_{hold} : der Zeitraum stabiler Eingaben, benötigt, um ein Latch zu laden
t_{ld} : die Zeit, die zum Laden eines Latch benötigt wird
(Latch-Verzögerung)
t_{cmin} : die Minimalzeit, die zur Berechnung von **delta** benötigt wird
(Minmal-Verzögerung)
t_{cmax} : die Maximalzeit, die zur Berechnung von **delta** benötigt wird
(Maximal-Verzögerung)

Damit müssen offensichtlich folgende Ungleichungen gelten:

1) $t_{one} > t_{hold}$
2) $t_{one} < t_{ld} + t_{cmin}$
3) $t_{zero} > t_{ld} + t_{cmax}$

Insbesondere bei Hochgeschwindigkeits-Implementationen ist es sehr schwierig, die Phasenstruktur in Einklang mit diesen drei Ungleichungen zu bringen. Darüber hinaus ist dies auch sehr gefährlich, da es stets eine gewisse Variation von Verzögerungswerten in physikalischen Einheiten gibt. Es ist eher ratsam, das Zustandsregister in eine Folge von zwei Latches, die durch entgegengesetzte Phasen getaktet werden, aufzuspalten:

```
when phase_1 do state_register := state_buffer ;
when phase_0 do state_buffer := delta ( X, state_register) ;
```

In diesem Fall müssen nur einfache Ungleichungen gelten, die lediglich aussagen, daß die Phasen lang genug sein müssen, um die Latches zu laden und die Berechnung von **delta** durchzuführen. Die gleichen Argumente gelten auch im Fall von flankengetriebenen Flipflops. Auch hier ist der gepufferte Operationsmodus (genannt "Master/Slave"-Operationsmodus) vorzuziehen:

```
at event_up do state_register := state_buffer ;
at event_dn do state_buffer := delta ( X, state_register) ;
```

und nicht:

```
at event_up do state_register := delta ( X, state_register)
```

Üblicherweise kostet es erheblich weniger Zeit, das Zustandsregister zu laden, als delta zu berechnen und den Zustandspuffer zu laden. Daher impliziert der Master/-Slave-Modus asymmetrische Taktphasen. Als Alternative kann auch der kombinatorische Teil in zwei Teile zerlegt werden, wovon einer zwischen den Zustands-Puffer und das Zustands-Register plaziert wird:

```
delta ( X, state_register) = delta2 ( delta1 ( X, state_register) )
```

In diesem Fall erhält man:

```
when phase_1 do state_register := delta2 (state_buffer);
when phase_0 do state_buffer := delta1 ( X, state_register);
```

Dieser Ansatz kann offensichtlich auf Poly-Phasen-Strukturen erweitert werden. Nun kann das Binden logischer Zeitabläufe an Phasen nach den folgenden einfachen Regeln stattfinden:

1. Jeder Hauptzyklus des zu implementierenden Algorithmus muß zu genau einem Hauptzyklus des Taktschemas korrespondieren.

2. Zwei aufeinanderfolgende Speicheroperationen dürfen nicht von derselben Phase oder dasselbe Ereignis angestoßen werden.

3. In bedingten Sprüngen können Phasen oder Ereignisse übersprungen (d.h. nicht benutzt) werden, solange eine Übereinstimmung mit dem allgemeinen Taktschema gegeben ist.

3.2.1.1 Ein vollständiges Beispiel zur monolithischen Dekomposition

Es sei angenommen, daß der folgende Algorithmus für einen sequentiellen Addierer implementiert werden soll:

```
procedure seqadd (in inbus: implicit bit(8); out outbus: bit(8) );

    function fulladd (in a, b , c: bit ): record sum, c_out: bit end;
        parbegin
            sum     := (@) (a || b || c);
            c_out := a&b | a&c | b&c | a&b&c
    end;

    var  x, y: bit(8) ; i: bit(3) ; c_in: bit;
    seqbegin
        parbegin
            x       := inbus ;
```

```
            c_in := "0"
        end;
        y := inbus;
        for i := 0 seqto 7 do
            seqbegin
                c_in || x.(0) := fulladd (x .(0), y .(0), c_in );
                parbegin
                    x := ror (x) ; { rotate right 1 position }
                    y := ror (y)   { rotate right 1 position }
                end ;
                outbus := x
end .
```

Diese Beschreibung verbirgt das Aufrufprotokoll. Weiterhin wird angenommen, daß
die Umgebung die beiden Argumente zur rechten Zeit anbietet. Daher wird der
Algorithmus nun so umgeschrieben, daß ein ständig aktives Objekt entsteht, das
eine Eingabeleitung **req** beobachtet. Wechselt der Wert dieser Leitung auf "1",
so liest das Addiererobjekt **inbus** und setzt danach den Wert der Ausgangsleitung
ackn auf "1". Die Umgebung reagiert darauf dadurch, daß sie das zweite Argument
auf **inbus** legt und danach **req** auf "0" setzt. Danach liest der Addierer das zweite
Argument, führt die Addition durch und setzt **ackn** auf "0", nachdem das Ergebnis
auf **outbus** verfügbar ist.

```
procedure seqadd (in  inbus  : implicit bit(8) ;
                  in  req    : implicit bit    ;
                  out outbus : implicit bit(8) ;
                  out ackn   : implicit bit    );

    function fulladd (in a, b , c: bit ): record sum, c_out: bit end;
        parbegin
            sum := (@) (a || b || c);
            c_out := a&b | a&c | b&c | a&b&c
    end;

    var  x, y: bit(8); i: bit(4); c_in, FFackn: bit;
    impdef
        outbus := x     ;
        ackn    := FFackn;
    while power_on do
        seqbegin
            when (req) do
                seqbegin
                    parbegin
                        x      := inbus;
```

```
                c_in := "0"
            end;
            FFackn := "1"  ;
            when not (req) do y := inbus;
            for i := 0 seqto 7 do
              seqbegin
                  c_in || x.(0) := fulladd (x.(0), y.(0), c_in );
                  parbegin
                      x := ror (x) ; { rotate right 1 position }
                      y := ror (y)   { rotate right 1 position }
                  end;
              FFackn := "0"
        end
end .
```

(i) Binden von komplexen Kontrollstrukturen an einfache:

Wendet man das allgemeine Konzept eines v.Neumann-artigen Interpretations- Zyklus und die folgende Ersetzungsregel:

```
replace ( for index := first seqto last do statement )
by       ( start : seqbegin
                       index    := first    ;
                       proceed : statement ;
                       index    := index + 1;
                       if index > last then ap := leave
                       else ap := proceed;
                       leave :
                   end )
```

so erhält man folgende Form des Algorithmus:

```
procedure seqadd (in  inbus : implicit bit(8);
                  in  req   : implicit bit   ;
                  out outbus: implicit bit(8);
                  out ackn  : implicit bit  );

 function fulladd (in a, b , c: bit ): record sum, c_out: bit end;
     parbegin
         sum := (@) (a || b || c) ;
         c_out := a&b | a&c | b&c | a&b&c
   end;

 var  x, y: bit(8); i: bit(4); c_in, FFackn: bit; ap: bit(4) := 0 ;
```

```
  impdef
    outbus := x      ;
    ackn    := FFackn ;
  while power_on do
    seqbegin
      ap := if ap = 9 then 1 else ap + 1 ;
      case ap of
        1 : when (req) do
              parbegin
                x    := inbus;
                c_in := "0"
              end;
        2 : FFackn := "1";
        3 : when not (req) do y := inbus;
        4 : i := 0;
        5 : c_in || x.(0) := fulladd ( x.(0), y.(0), c_in );
        6 : parbegin
              x := ror (x); { rotate right 1 position }
              y := ror (y)   { rotate right 1 position }
            end ;
        7 : i := i + 1;
        8 : if i > 7 then ap := 8 else ap := 4
        9 : FFackn := "0"
      end
end .
```

Durch einen einfachen Parallelisierungsalgorithmus, der Aktionen, die nicht in Datenkonflikt stehen (siehe Abschnitt 4.3), zusammen gruppiert, erhält man:

```
procedure seqadd (in  inbus : implicit bit(8);
                  in  req   : implicit bit   ;
                  out outbus: implicit bit(8);
                  out ackn  : implicit bit  );

  function fulladd (in a, b , c: bit ): record sum, c_out: bit end;
    parbegin
        sum   := (©) (a || b || c);
        c_out := a&b | a&c | b&c | a&b&c
    end;

  var x, y: bit(8); i: bit(4); c_in, FFackn: bit; ap: bit(3) := 0;
  impdef
    outbus := x      ;
    ackn    := FFackn;
```

```
while power_on do
   seqbegin
      ap := if ap = 7 then 1 else ap + 1;
      case ap of
         1 : when (req) do
                parbegin
                   x    := inbus ;
                   c_in := "0"    ;
                end;
         2 : FFackn := "1";
         3 : when not (req) do
                parbegin
                   y := inbus;
                   i := 0
                end;
         4 : c_in || x.(0) := fulladd ( x.(0), y.(0), c_in );
         5 : parbegin
                x := ror (x); { rotate right 1 position }
                y := ror (y)  { rotate right 1 position }
                i := i +1
             end ;
         6 : if i > 7 then ap := 6 else ap := 3
         7 : FFackn := "0"
      end
end .
```

(ii) Identifikation von Hilfsvariablen:

Es gibt außer **ap** keine Hilfsvariablen.

(iii) Binden von Variablen an Speicherzellen:

Wir entscheiden uns hier, dedizierte Register für die Variablen **x**, **y**, **i**, **FFackn** und **c_in** zu benutzen. Die Variable **ap** wird als Teil des Steuerwerks angesehen. Formale Parameter sind nichts als Referenzen zu den korrespondierenden aktuellen Parametern. Daher müssen sie nicht zugeordnet werden. Nicht speichernde Variable werden in diesem Schritt lediglich festgehalten, um bei der Konstruktion des Datentransportes benutzt zu werden. Somit erhält man folgende Zuordnung von Variablen zu Registern:

```
x      -> Rx
y      -> Ry
i      -> Ri
c_in   -> FFc_in
```

```
FFackn -> FFackn
```

(iv) Binden von Operationen an Operationseinheiten:

Es sei angenommen, daß die folgenden Operationseinheiten zur Verfügung stehen:

```
FULLADDER ( {fulladd} )
COUNTER ( {store}, {load}, {+1} )
SHIFTREG ( {store}, {shr} )
```

Dann werden benötigt: Eine Instantiierung von FULLADDER : FA,
zwei Instantiierungen von SHIFTREG : SRx, SRy und
eine Instantiierung von COUNTER : CNTi

Wegen ihrer Speicherfähigkeiten können SRx, SRy und CNTi die Register Rx, Ry und Ri ersetzen.

(iv) Binden an Verbindungsstrukturen:

Die folgenden Verbindungen werden benötigt:

```
SRx        -> outbus
inbus      -> SRx
0          -> FFc_in
1          -> FFackn
inbus      -> SRy
0          -> CNTi
FA.c_out   -> FFc_in
FA.sum     -> SRx.(0)
0          -> FFackn
FFackn     -> ackn
```

Nach Empfängern sortiert wird dies zu:

```
inbus.(7 : 1) -> SRx.(7 : 1)

inbus.(0)      -> SRx.(0)
FA.sum         -> SRx.(0)

inbus          -> SRy

0              -> CNTi

0              -> FFc_in
```

```
FA.c_out       -> FFc_in

1              -> FFackn
0              -> FFackn

SRx            -> outbus

FFackn         -> ackn
```

Es werde entschieden, daß dedizierte Verbindungen zu benutzen sind. Somit sind drei Multiplexer nötig, um die Konflikte bei SRx.(0), FFc_in und FFackn zu lösen. Somit erhält man das folgende Operationswerk:

```
procedure data_path (in SRx_load, SRx0_load, rotate, SRy_load, CNTi_ld,
                        CNTi_cnt, FFc_in_ld, FFackn_ld : implicit bit;
                        {load signals}
                     in from_inbus, init, one: implicit bit;
                        {multiplexor controls}
                     in inbus   : implicit bit(8) ;
                     out outbus : implicit bit(8) ;
                     out ackn   : implicit bit    ;
                        {to environment}
                     out finished: implicit bit  );
                        {to controller}
  var SRx, SRy: bit(8) ; CNTi : bit(4) ; FFc_in : bit ;
     FA : record sum, c_out : implicit bit end ;
impdef
    at up (SRx_load) do SRx := inbus;
    at up (SRx0_load) do SRx.(0) := if from_inbus then inbus.(0)
                                                  else FA.sum ;

    at up (rotate)    do SRx    := ror(SRx);
    at up (SRy_load)  do SRy    := inbus   ;
    at up (rotate)    do SRy    := ror(SRy);
    at up (CNTi_ld)   do CNTi   := 0       ;
    at up (CNTi_cnt)  do CNTi   := CNTi + 1;
    at up (FFc_in_ld) do FFc_in := if init then 0 else FA.c_out;
    at up (FFackn_ld) do FFackn := if one  then 1 else 0       ;
  FA.sum   := (@) (SRx.(0) II SRy.(0) II FFc_in) ;
  FA.c_out := SRx.(0)&SRy.(0) I
              SRx.(0)&FFc_in  I
              SRy.(0)&FFc_in  I
              SRx.(0)&SRy.(0)&FFc_in;
  finished := CNTi.(3);
  outbus   := SRx;
```

```
      ackn      := FFackn;

   seqbegin at down (power_on) do
end
```

(vi) Bestimmung der endgültigen Kontrollstruktur:

Es sei angenommen, daß ein einfaches mikroprogrammiertes Steuerwerk zu bauen
ist. Somit erhält man:

```
procedure controller (in  finished, req:                   implicit bit;
                  out SRx_load, SRx0_load, rotate,
                      SRy_load, CNTi_ld,
                      CNTi_cnt, FFc_in_ld, FFackn_ld: implicit bit;
                  out from_inbus, init, one:             implicit bit);
   var ap      := bit(4) := 1;
       mword : record
                   x_load,
                   x0_load,
                   y_load,
                   rotate,
                   i_ld,
                   i_cnt,
                   c_in_ld,
                   ackn_ld,
                   x_src,
                   c_src,
                   ackn_src: bit
               end;
   impdef
       SRx_load    := mword.x_load  ;
       SRx0_load   := mword.x0_load ;
       SRy_load    := mword.y_load  ;
       rotate      := mword.rotate  ;
       CNTi_ld     := mword.i_ld    ;
       CNTi_cnt    := mword.i_cnt   ;
       FFc_in_ld   := mword.c_in_ld ;
       FFackn_ld   := mword.ackn_ld ;
       from_inbus  := mword.x_src   ;
       init        := mword.c_src   ;
       one         := mword.ackn_src;
   while power_on do
     seqbegin
       case ap of
```

```
1 : parbegin  {idling state, wait for req = 1}
        mword.x_load   := 0 ;
        mword.x0_load  := 0 ;
        mword.y_load   := 0 ;
        mword.rotate   := 0 ;
        mword.i_ld     := 0 ;
        mword.i_cnt    := 0 ;
        mword.c_in_ld  := 0 ;
        mword.ackn_ld  := 0 ;
        mword.x_src    := 0 ;
        mword.c_src    := 0 ;
        mword.ackn_src := 0 ;
        ap             := if req then 2 else 1
    end;
2 : parbegin
        mword.x_load   := 1 ;
        mword.x0_load  := 0 ;
        mword.y_load   := 0 ;
        mword.rotate   := 0 ;
        mword.i_ld     := 0 ;
        mword.i_cnt    := 0 ;
        mword.c_in_ld  := 1 ;
        mword.ackn_ld  := 0 ;
        mword.x_src    := 0 ;
        mword.c_src    := 1 ;
        mword.ackn_src := 0 ;
        ap             := 3
    end;
3 : parbegin
        mword.x_load   := 0 ;
        mword.x0_load  := 0 ;
        mword.y_load   := 0 ;
        mword.rotate   := 0 ;
        mword.i_ld     := 0 ;
        mword.i_cnt    := 0 ;
        mword.c_in_ld  := 0 ;
        mword.ackn_ld  := 1 ;
        mword.x_src    := 0 ;
        mword.c_src    := 0 ;
        mword.ackn_src := 1 ;
        ap             := 4
    end;
4 : parbegin  {idling state, wait for req =0}
```

```
        mword.x_load    := 0 ;
        mword.x0_load   := 0 ;
        mword.y_load    := 0 ;
        mword.rotate    := 0 ;
        mword.i_ld      := 0 ;
        mword.i_cnt     := 0 ;
        mword.c_in_ld   := 0 ;
        mword.ackn_ld   := 0 ;
        mword.x_src     := 0 ;
        mword.c_src     := 0 ;
        mword.ackn_src  := 0 ;
        ap              := if req then 4 else 5
   end;
5 : parbegin
        mword.x_load    := 0 ;
        mword.x0_load   := 0 ;
        mword.y_load    := 1 ;
        mword.rotate    := 0 ;
        mword.i_ld      := 1 ;
        mword.i_cnt     := 0 ;
        mword.c_in_ld   := 0 ;
        mword.ackn_ld   := 0 ;
        mword.x_src     := 0 ;
        mword.c_src     := 0 ;
        mword.ackn_src  := 0 ;
        ap              := 6
   end;
6 : parbegin
        mword.x_load    := 0 ;
        mword.x0_load   := 1 ;
        mword.y_load    := 0 ;
        mword.rotate    := 0 ;
        mword.i_ld      := 0 ;
        mword.i_cnt     := 0 ;
        mword.c_in_ld   := 1 ;
        mword.ackn_ld   := 0 ;
        mword.x_src     := 0 ;
        mword.c_src     := 0 ;
        mword.ackn_src  := 0 ;
        ap              := 7
   end;
7 : parbegin
        mword.x_load    := 0 ;
```

```
                mword.x0_load   := 0 ;
                mword.y_load    := 0 ;
                mword.rotate    := 1 ;
                mword.i_ld      := 0 ;
                mword.i_cnt     := 1 ;
                mword.c_in_ld   := 0 ;
                mword.ackn_ld   := 0 ;
                mword.x_src     := 0 ;
                mword.c_src     := 0 ;
                mword.ackn_src  := 0 ;
                ap              := if finished then 8 else 6
            end;
        8 : parbegin
                mword.x_load    := 0 ;
                mword.x0_load   := 0 ;
                mword.y_load    := 0 ;
                mword.rotate    := 0 ;
                mword.i_ld      := 0 ;
                mword.i_cnt     := 0 ;
                mword.c_in_ld   := 0 ;
                mword.ackn_ld   := 1 ;
                mword.x_src     := 0 ;
                mword.c_src     := 0 ;
                mword.ackn_src  := 0 ;
                ap              := 1
            end;
        end
end .
```

(vii) Binden von logischen Zeitabläufen an Phasen:

Man kann beobachten, daß eine allgemeine Sequenz der folgenden Form zu implementieren ist:

1) Berechne eine neue Mikro-Instruktion,

2) in Abhängigkeit davon: Führe Datenoperationen durch,

3) möglicherweise in Abhängigkeit davon: Berechne neuen Zustand.

Daher wird ein Poly-Phasen-Schema benutzt. Es wird angenommen, daß alle Flipflops flankenempfindlich sind. Da in mehreren Fällen der neue Wert eines Flipflops von seinem alten abhängt, ist es ratsam, im Master/Slave-Modus zu arbeiten. Nur das Register **mword** bildet hiervon eine Ausnahme.

Die Phasenstruktur ist die folgende:

Phase 0 : lade **ap** und **microword**

Phase 1 : lade **data-register-buffer**

Phase 2 : lade **data-register**

Phase 3 : lade ap-buffer.
Es wird angenommen, daß alle Ladeoperationen bei der steigenden Flanke der entsprechenden Phase stattfinden. Diese Poly-Phasen-Struktur wird mit zwei Takten **data_cl** und **cntl_cl**, beide abgeleitet von einem Takt **main_cl**, implementiert. Abb. 40 zeigt diese Phasenstruktur.

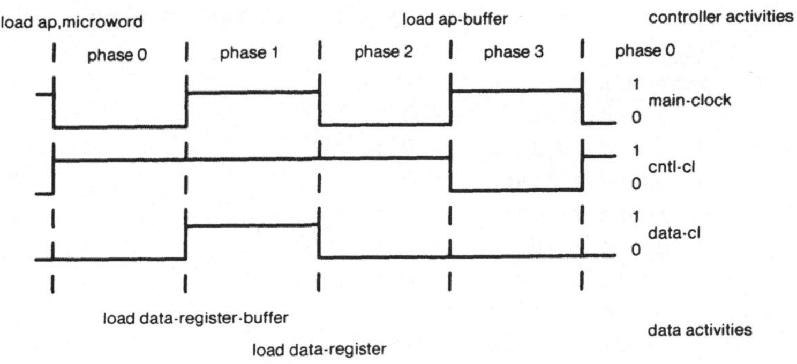

Abb. 40: 4-Phasen-Struktur

Somit wird die endgültige Implementation, wobei das Steuerwerk in reaktive Form umgeschrieben wurde, zu:

```
procedure seqadd (in   inbus  : implicit bit(8) ;
                  in   req    : implicit bit    ;
                  out  outbus : implicit bit(8) ;
                  out  ackn   : implicit bit    );

  var SRx_load, SRx0_load, rotate, SRy_load, CNTi_ld,
      CNTi_cnt, FFc_in_ld, FFackn_ld              : implicit bit;
      from_inbus, init, one, finished             : implicit bit;
      main_cl, data_cl, cntl_cl                   : implicit bit;
      phase                                       : bit(2) := 0 ;

  impdef
    at change (main_cl) do phase := if phase = 3 then 0 else phase + 1;
```

```
main_cl := not main_cl delay(100) ;
cntl_cl := phase = 0 | phase = 1 | phase = 2 ;
data_cl := cntl_cl & main_cl ;

procedure data_path (in SRx_load, SRx0_load, rotate, SRy_load, CNTi_ld,
                CNTi_cnt, FFc_in_ld, FFackn_ld: implicit bit ;
                in from_inbus, init, one      : implicit bit ;
                in inbus                      : implicit bit(8);
                in data_cl                    : implicit bit ;
                out outbus                    : implicit bit(8);
                out ackn                      : implicit bit ;
                out finished                  : implicit bit  );

   var SRx, SRx_buffer, SRy,SRy_buffer: bit(8);
       CNTi, CNTi_buffer          : bit(4);
       FFc_in, FFc_in_buffer      : bit   ;
       FA : record sum, c_out : implicit bit end ;
   impdef
       at up    (SRx_load & data_cl)    do SRx_buffer := inbus     ;
       at down  (SRx_load & data_cl)    do SRx         := SRx_buffer ;

       at up    (SRx0_load & data_cl)  do SRx_buffer.(0)
                    := if from_inbus then inbus.(0) else FA.sum ;
       at down  (SRx0_load & data_cl)  do SRx.(0) := SRx_buffer.(0);

       at up    (rotate & data_cl)      do SRx buffer := ror(SRx)   ;
       at down  (rotate & data_cl)      do SRx         := SRx_buffer ;

       at up    (SRy_load & data_cl)    do SRy_buffer := inbus     ;
       at down  (SRy_load & data_cl)    do SRy         := SRy_buffer ;

       at up    (rotate & data_cl)      do SRy_buffer := ror(SRy)   ;
       at down  (rotate & data_cl)      do SRy         := SRy_buffer ;

       at up    (CNTi_ld & data_cl)     do CNTi_buffer:= 0          ;
       at down  (CNTi_ld & data_cl)     do CNTi        := CNTi_buffer;

       at up    (CNTi_cnt & data_cl)    do CNTi_buffer:= CNTi + 1   ;
       at down  (CNTi_cnt & data_cl)    do CNTi        := CNTi_buffer;

       at up    (FFc_in_ld & data_cl)   do FFc_in_buffer
                             := if init then 0 else FA.c_out ;
       at down  (FFc_in_ld & data_cl)   do FFc_in  := FFc_in_buffer ;
```

174

```
         at up    (FFackn_ld & data_cl)  do FFackn_buffer
                                             := if one then 1 else 0 ;
         at down (FFackn_ld & data_cl)  do FFackn  := FFackn_buffer ;

         FA.sum    := (0) (SRx.(0) || SRy.(0) || FFc_in) ;
         FA.c_out  := SRx.(0)&SRy.(0) |
                      SRx.(0)&FFc_in |
                      SRy.(0)&FFc_in |
                      SRx.(0)&SRy.(0)&FFc_in ;
         finished := CNTi.(3) ;
         outbus   := SRx       ;
         ackn     := FFackn    ;


    seqbegin at down (power_on) do
end ; {data path}

procedure controller (in  finished, req           : implicit bit ;
                      in  cntl_cl                  : implicit bit ;
                      out SRx_load, SRx0_load,
                          rotate, SRy_load, CNTi_ld,
                          CNTi_cnt, FFc_in_ld,
                          FFackn_ld                : implicit bit ;
                      out from_inbus, init, one    : implicit bit);
    var ap    : bit(4) := 1 ;
        mword : record
                  x_load,
                  x0_load,
                  y_load,
                  rotate,
                  i_ld,
                  i_cnt,
                  c_in_ld,
                  ackn_ld,
                  x_src,
                  c_src,
                  ackn_src : bit
                end ;
        impdef
          SRx_load     := mword.x_load  ;
          SRx0_load    := mword.x0_load ;
          SRy_load     := mword.y_load  ;
          rotate       := mword.rotate  ;
```

```
    CNTi_ld     := mword.i_ld   ;
    CNTi_cnt    := mword.i_cnt   ;
    FFc_in_ld    := mword.c_in_ld ;
    FFackn_ld    := mword.ackn_ld ;
    from_inbus := mword.x_src    ;
    init        := mword.c_src    ;
    one         := mword.ackn_src;

    at up (cntl_cl) do
        parbegin
            ap      := ap_buffer      ;
            mword := case ap_buffer of
                1 : "0000 0000 000" ;
                2 : "0100 1000 001" ;
                3 : "1001 0000 000" ;
                4 : "0000 0000 000" ;
                5 : "0000 0010 100" ;
                6 : "0000 1000 010" ;
                7 : "0000 0101 000" ;
                8 : "0001 0000 000" ;
            end
        end ;
    at down (cntl_cl) do
        ap_buffer := case ap  of
            1  : if req = "1" then 2 else 1 ;
            2  : 3 ;
            3  : 4 ;
            4  : if req = "0" then 5 else 4 ;
            5  : 6 ;
            6  : 7 ;
            7  : if finished = "1" then 8 else 6 ;
            6  : 1 ;
        end ;


    seqbegin at down(power_on) do
end  ; {controller}


conbegin
    data path (SRx_load, SRx0_load, rotate, SRy_load, CNTi_ld,
            CNTi_cnt, FFc_in_ld, FFackn_ld, from_inbus, init, one,
            inbus, data_cl, outbus, ackn, finished);

    controller (finished, req, cntl_cl, SRx_load, SRx0_load, rotate,
```

```
                SRy_load, CNTi_ld, CNTi_cnt, FFc_in_ld, FFackn_ld,
                from_inbus, init, one) ;
end . {sequential adder}
```

3.2.2 Parallele Dekomposition

In diesem Abschnitt wird nur die Alternative eines gemeinsamen Operationswerkes mit mehr als einem darauf wirkenden Steuerwerk betrachtet. Die grundlegende Idee ist, solche Teile des zu implementierenden Algorithmus zu finden, die geringe Konnektivität mit den restlichen Teilen dieses Algorithmus haben. Die Kontrollstrukturen derartiger Teile werden dann auf getrennte Steuerwerke abgebildet. Typischerweise ist die Vereinigung dieser getrennten Steuerwerke weniger komplex als ein monolithisches mit der kombinierten Funktionalität dieser Steuerwerke. Ein typisches Beispiel ist ein konventioneller Prozessor. Hier werden für "instruction fetch", "operand fetch" und "instruction execute" relativ unabhängige Teile des gesamten Interpretationsalgorithmus benötigt. Sie können zusätzlich noch im "Pipelining" arbeiten. Daher erscheint es adäquat , diese Teile auf getrennte, nebenläufig arbeitende Steuerwerke abzubilden. Das Operationswerk kann ebenfalls in Sektionen, die meistens nur von einem bestimmten Steuerwerk angesprochen werden, unterteilt werden. Da aber dennoch hin und wieder zwischen ihnen Daten auszutauschen sind, ist es eine weit verbreitete Technik, Busse vorzusehen, die das gesamte Operationswerk umspannen, an den Grenzen der Sektionen aber trennbar sind. Ein typisches Beispiel einer derartigen Architektur ist das Operationswerk des Motorola 68000-Prozessors. Es besteht aus drei Teilen: Ein Teil wird als Operationswerk der "execution"-Einheit (16 Bit breit) benutzt, während die anderen beiden der Adressierung dienen. Alle drei Teile sind durch zwei 16 bit breite Busse verbunden. Diese Busse können gesteuert durch die Steuerwerke an den Grenzen der Operationswerke getrennt werden.

Im Fall der parallelen Dekomposition kann der Entwurfsprozeß ähnlich wie beim monolithischen Ansatz durchgeführt werden. Man muß nur anfangs die Partitionierung in Subalgorithmen und daraus folgend eine Partitionierung des Operationswerkes vornehmen. Danach können die individuellen Sektionen wie oben beschrieben implementiert werden.

Die Identifikation von Subalgorithmen ist eine sehr schwierige Aufgabe, da sowohl der Kontrollgraph als auch der Datenflußgraph analysiert werden müssen. Ein idealer Kandidat für einen Subalgorithmus ist ein derartiger mit hoher Konnektivität seines Kontrollgraphen mit wenigen Kanten zum umgebenden Kontrollgraphen und gleichzeitig mit intensivem Zugriff auf eine Teilmenge der Operationseinheiten, die wiederum selten von außerhalb des Subalgorithmus angesprochen werden. Aus dieser Betrachtung folgt, daß Schleifen mit nichttrivialem Rumpf und Prozeduren gute Kandidaten für derartige Subalgorithmen sind. Eine Heuristik zur Suche nach Subalgorithmen wird daher derartige Strukturen zuerst untersuchen.

Wenn eine Partitionierung in Subalgorithmen erfolgreich abgeschlossen ist, muß untersucht werden, wie diese Teile zusammenwirken. Im Idealfall kann der gesamte Algorithmus als nur aus einigen Prozessen bestehend angesehen werden, wobei alle globale Steuerung durch Prozeßkommunikation dazwischen ausgeführt wird. In komplizierteren Fällen wird ein zusätzlicher "Supervisor" benötigt, um die nebenläufigen Aktivitäten der einzelnen Steuerwerke zu organisieren. In diesem Fall wird eine gemischte hierarchische und parallele Dekomposition benutzt.

Sollen die Substeuerwerke im "Pipelining" arbeiten, so muß ihre Interaktion detaillierter untersucht werden. Im Idealfall arbeiten alle Substeuerwerke stets mit der gleichen Geschwindigkeit, unabhängig von den aktuell zu bearbeitenden Daten. In diesem Fall können die Daten einfach durchgereicht werden. In komplizierteren Fällen ist nur die Durchschnittsgeschwindigkeit gleich, die Varianz aber ungleich Null. In diesem Fall werden Puffer benötigt. Die Größe der Puffer ist von der zu erwartenden Varianz der Arbeitsgeschwindigkeiten abhängig. Hier ist eine sorgfältige Leistungsanalyse notwendig.

Zusammenfassend sind die folgenden Schritte im Fall der parallelen Dekomposition durchzuführen:

(i) Identifikation geeigneter Subalgorithmen in dem zu implementierenden Algorithmus,

(ii) Identifikation der diesen Subalgorithmen übergeordneten Kontrollstruktur,

(iii) Untersuchung, ob Puffer zwischen Substeuerwerken nötig sind, und gegebenenfalls Bestimmung ihrer Größe,

(iv) Vereinheitlichung der in den Subalgorithmen benutzten Datenobjekte,

(v) Durchführung einer monolithischen Dekomposition für jeden Subalgorithmus,

(vi) falls erforderlich, Durchführung einer monolithischen Dekomposition für den "Supervisor" und den Datenaustausch unter den Substrukturen.

3.2.3 Hierarchische Steuerwerksdekomposition

Dieser Ansatz nimmt ein uniformes Operationswerk an, konstruiert aber eine hierarchische Struktur von Steuerwerken dazu. Damit ist dieser Ansatz zu dem monolithischen sehr ähnlich, solange man die Ableitung des Operationswerkes betrachtet. Der Unterschied kommt dann ins Spiel, wenn das Steuerwerk zu konstruieren ist. Die hierarchische Steuerwerksdekomposition betrachtet nur eine lineare Sequenz von Instruktionen des zu implementierenden Algorithmus als elementar, alle anderen Kontrollmechanismen werden als komplex angesehen. Zur Vereinfachung soll zunächst angenommen werden, daß ein strukturierter Algorithmus zu implementieren ist. Weiterhin soll angenommen werden, daß alle Schritte einer monolithischen Dekomposition bis auf die eigentliche Konstruktion des Steuerwerks bereits ausgeführt sind. Dieses Steuerwerk wird nun als Hierarchie von Substeuerwerken durchgeführt, wobei diese Hierarchie unmittelbar die Konstruktion eines Algorithmus aus algorithmischen Konstrukten wiederspiegelt. Somit entspricht das höchste Steuerwerk unmittelbar dem äußersten algorithmischen Konstrukt, d.h. es implementiert unmittelbar dieses Konstrukt. Hierzu aktiviert es diejenigen Steuerwerke, die die algorithmischen Konstrukte unmittelbar unter dem äußersten implementieren, und wartet auf deren Beendigung. Diese Steuerwerke können nun ihrerseits als höchste Steuerwerke angesehen werden. Das Verfahren kann nun fortgesetzt werden, bis elementare algorithmische Konstrukte (lineare Sequenzen) erreicht sind. Für ein höheres Steuerwerk bedeutet die Aktivierung seiner Substeuerwerke nichts anderes als die Aktivierung von Steuerleitungen sonst auch, und die Überprüfung auf Fertigmeldungen von Substeuerwerken unterscheidet sich nicht von der Überprüfung von Statusleitungen. Das Übermitteln von Fertigmeldungen an das nächsthöhere Steuerwerk entspricht dem Setzen einer Steuerleitung.

Beispiel:
Der folgende Algorithmus sei zu implementieren:

```
seqbegin
    op1 ;
    op2 ;
    while cond1 do
        seqbegin
            op3 ;
            op4 ;
            if cond2 then
                seqbegin
                    for range1 do
                        seqbegin
                            op5 ;
                            if cond3 then
                                seqbegin
                                    op6 ;
                                    op7
                                end
                                    else
                                seqbegin
                                    op8 ;
                                    op9
                                end
                        end ;
                    op10
                end
                    else
    end
```

```
end
```

Das höchste Steuerwerk (`level_o_controller`) hat für dieses Beispiel die Struktur:

```
seqbegin
   op1 ;
   op2 ;
   level_1_controller
end
```

Der `level_1_controller` wird zu:

```
while cond1 do
   level_2_controller
```

Der `level_2_controller` wird zu:

```
seqbegin
   op3 ;
   op4 ;
   level_3_controller
end
```

Der `level_3_controller` wird zu:

```
if cond2 then level_4_controller else
```

Der `level_4_controller` wird zu:

```
seqbegin
   level_5_controller ;
   op10
end
```

Der `level_5_controller` wird zu:

```
for range1 do
   level_6_controller
```

Der `level_6_controller` wird zu:

```
seqbegin
  op5 ;
  level_7_controller
end
```

Der `level_7_controller` wird zu:

if cond3 **then** level_8_controller_1 **else** level_8_controller_2

Der `level_8_controller_1` wird zu:

```
seqbegin
  op6 ;
  op7
end
```

Der `level_8_controller_2` schließlich wird zu:

```
seqbegin
  op8 ;
  op9
end
```

Dieses Beispiel ist natürlich extrem konstruiert. Es existieren sehr viele Substeuerwerke von jeweils extrem einfacher Struktur. In solch einem Fall werden üblicherweise Substeuerwerke zu komplexeren verschmolzen, was zu einer Reduzierung der Ebenenanzahl führt.

In der Regel führt die hierarchische Steuerwerksdekomposition zu ökonomischeren Ergebnissen(bezüglich der gemeinsamen Komplexität des Gesamtsteuerwerks, z.B. in Siliziumfläche gemessen) als der monolithische Ansatz. Dies kommt daher, daß nur die Summe der einzelnen Entscheidungsräume ($conditions\_i \times states\_i$) zu implementieren ist, im Gegensatz zum Raum ($all\_conditions \times all\_states$). Man bezahlt mit der tendenziell größeren sequentiellen Tiefe des Schaltwerks, das den (globalen) Folgezustand berechnet. Bei Implementierungen in Silizium wird dies durch die kleineren zu ladenden Kapazitäten ausgeglichen, die daher rühren, daß die für die Implementierung nötige Fläche geringer ist.

3.3 Registertransferebene zur Gatterebene

3.3.1 Steuerwerksentwurf

Während des Entwurfsprozesses bis zur Registertransferebene wurde eine Spezifikation des zu implementierenden Steuerwerks erhalten, die als abstrakter endlicher Automat gegeben ist. Falls mehrere Automaten involviert sind, um das gesamte Steuerwerk zu implementieren, so können sie individuell auf die Gatterebene abgebildet werden. Somit ist die bei diesem Entwurfsschritt zu lösende Aufgabe, für einen abstrakt definierten endlichen Automaten (FSM) eine Implementierung auf der Gatterebene zu finden. Zwar gibt es eine Vielzahl an Möglichkeiten, einen derartigen FSM zu implementieren, doch sind dies letztlich nur Variationen eines

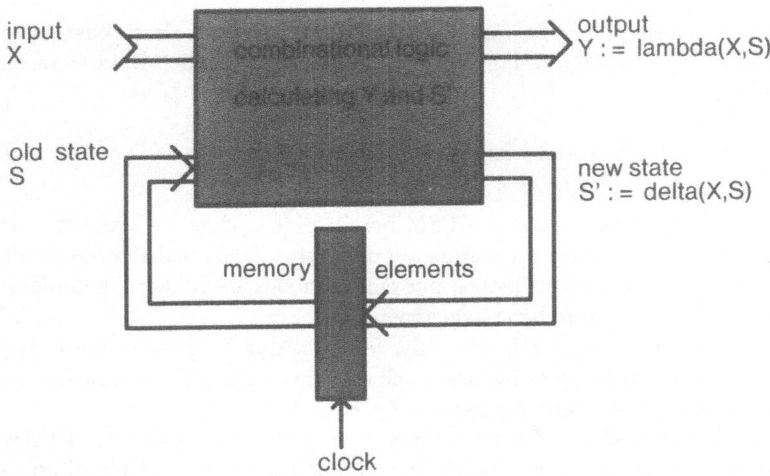

Abb. 41: Huffman-Normalform für sequentielle Schaltwerke

einzigen Grundkonzepts, das durch Huffman's Normalform sequentieller Schaltwerke wiedergegeben wird (siehe Abb. 41):
Die Eingänge in diese FSM können zu einem Statuswort kombiniert werden, während die Ausgänge als Steuerwort angesehen werden können. Vom Zeitsteuerungskonzept des Gesamtsystems hängt es ab, ob eines dieser beiden Worte, oder beide, in Registern gepuffert werden müssen. Oft ist dies beim Steuerwort der Fall, und sein Register wird zusammen mit dem Zustandsregister getaktet. Es gibt zwei Hauptansätze, eine FSM zu implementieren:

- Fest verdrahtete Implementierung,

- Mikroprogrammierung.

Die fest verdrahtete Implementierung bildet die FSM-Spezifikation auf ein System ab, das aus einem Zustandsregister und einem kombinatorischen Schaltnetz zur Berechnung des Folgezustands (δ-Funktion) und der Ausgabe (λ-Funktion) besteht. Dieser Ansatz übernimmt unmittelbar die Struktur der FSM-Spezifikation und bildet sie auf eine Implementierung ab. Die Mikroprogrammierung basiert auf der Beobachtung, daß ein Steuerwerk nichts anderes als ein zyklisches Programm ist, das durch einen recht konventionellen Prozessor vom v. Neumann-Typ implementiert werden kann. In diesem Fall werden die zwei vom kombinatorischen Teil der FSM zu berechnenden Funktionen im Speicher dieses Prozessors tabelliert (gespeichert), anstatt berechnet zu werden. Der Speicher wird in diesem Fall Kontrollspeicher genannt. Statt die Funktionen zu berechnen, muß die Mikroprogrammiereinheit die richtigen Worte im Einklang mit der zu implementierenden Folge adressieren.

182

3.3.1.1 Fest verdrahtete Implementierung von Steuerwerken

Bei diesem Ansatz wird die globale Struktur des Steuerwerks als gegeben angenommen. Dennoch bleiben eine Reihe von Freiheitsgraden bezüglich Detailentscheidungen erhalten:

- Codierung der Zustände, Eingaben und Ausgaben.

Falls bei der Spezifikation der FSM bereits eine Codierung benutzt wurde, so muß diese nicht notwendigerweise auf der Gatterebene beibehalten werden. In den meisten Fällen wird jedoch nur eine symbolische Codierung der Zustände auf der Spezifikationsebene angegeben.

Die Codierung der Eingabe ist meist fest, was durch Anforderungen des Operationswerkes begründet ist. Dennoch sind meist einfache Umcodierungen wie die Negation von Statusleitungen möglich.

Ähnlich mag auch aus Sicht des Operationswerkes die Codierung der Ausgabe festgelegt sein. Falls jedoch gewisse Steuerleitungen nicht simultan gesetzt sein dürfen, ist es sinnvoll, das Steuerwort in Sektionen zu partitionieren und die Sektionen gesondert zu codieren. In diesem Fall werden die endgültigen Werte der Steuerleitungen durch einen Decoder bestimmt. Falls man jedoch bereits einen Decoder hat, so hat man volle Freiheit in der Bestimmung des Ausgabecodes, der von der FSM berechnet wird.

Die Wahl der Codierung bestimmt nachdrücklich die Komplexität der zu berechnenden Booleschen Funktionen. Es existieren auf der Basis von Flußanalysen des zu implementierenden Automaten elaborierte Algorithmen, um den optimalen Code zu berechnen. Dabei ist die grundlegende Idee, daß sich die Codierung benachbarter Zustände an möglichst wenig Bitstellen unterscheiden sollten.

- Typ des Automaten.

Man kann zwischen einem Automaten vom Mealy-Typ und einem solchen vom Moore-Typ wählen. Dabei besteht der einzige Unterschied in der Art, wie die λ-Funktion berechnet wird. Im Fall des Mealy-Automaten hat man `output :=` λ`(input, state)`, während im Moore-Fall gilt: `output :=` λ`(state)`. Beide Ansätze haben dieselbe Mächtigkeit, doch kann ein Moore-Automat zur Berechnung derselben Ausgabefolge mehr verschiedene Zustände benötigen.

Der Unterschied wird deutlicher, wenn man in der Huffman-Normalform die beiden Funktionen des kombinatorischen Teils getrennt zeichnet. Abb. 42 zeigt auf diese Weise einen Moore-Automaten, Abb. 43 einen Mealy- Automaten in Standard-Technik und Abb. 44 einen Mealy-Automaten in Parametrisierungstechnik.

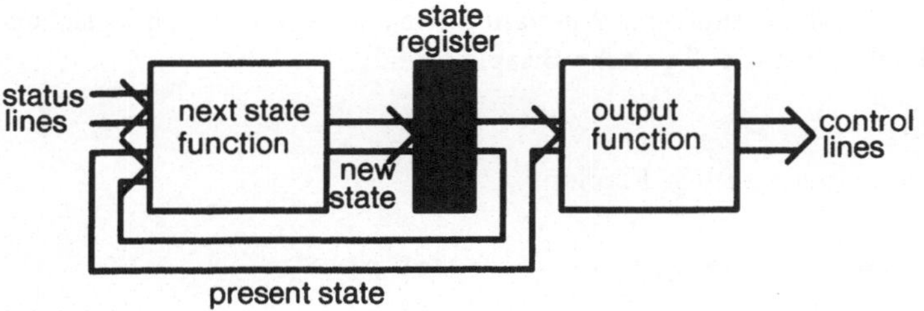

Abb. 42: Moore-Automat

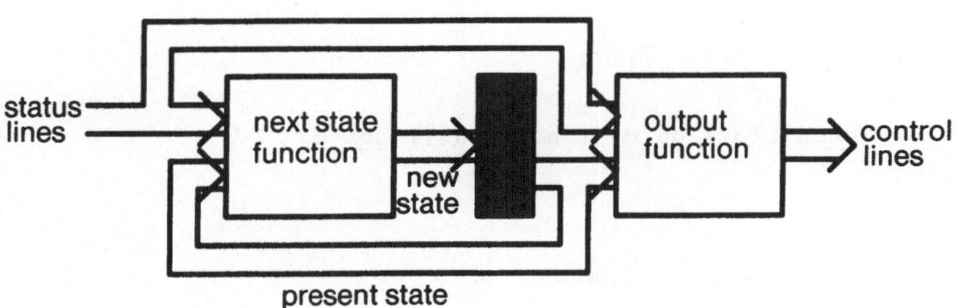

Abb. 43: Mealy-Automat

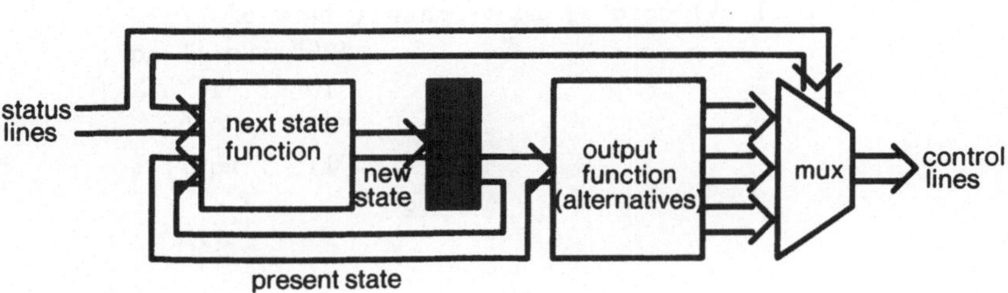

Abb. 44: Mealy-Automat im Parametisierungstechnik

- Registertyp

Neben der grundsätzlichen Entscheidung zwischen Latches und flankengesteuerten Flipflops muß eine Auswahl zwischen verschiedenen logischen Verhalten getroffen werden. Typische Beispiele sind:

- Pegelgesteuertes RS- Flipflop :

```
q || nq := case set || reset of
           "00" : q || nq ;
           "10" : "10"    ;
           "01" : "01"    ;
           "11" : error
        end
```

- Pegelgesteuertes D- Flipflop :

```
when clock do q || nq := d || not(d)
```

- Flankengesteuertes D- Flipflop :

```
at up(clock) do q || nq := d || not(d)
```

- Flankengesteuertes JK- Flipflop :

```
at up(clock) do q || nq := case j || k of
                           "00" : q || nq ;
                           "10" : "10"    ;
                           "01" : "01"    ;
                           "11" : nq || q
                        end
```

In Abhängigkeit von dem gewählten Flipflop-Typ muß die δ-Funktion umgerechnet werden. Das D-Flipflop bildet dabei den einfachsten Fall. In den anderen Fällen muß ein Boolesches Gleichungssystem gelöst werden.

- Implementationstechnik für die Kombinatorik.

Beim kombinatorischen Teil der FSM muß ein Bündel Boolescher Funktionen implementiert werden. Diese Funktionen können durch Boolesche Ausdrücke, (oder Boolesche Ausdrucksysteme, falls interne Verzweigungen vorhanden sind,) beschrieben werden. Beliebige Boolesche Ausdrucksysteme können nun unmittelbar auf Gatternetze abgebildet werden. In diesem Fall erhält man eine Implementierung in sogenannter "Krauser Logik". Andererseits können auch vorstrukturierte logische Elemente benutzt werden. Hier sind PLAs (Programmable Logic Arrays) von besonderer Bedeutung.

3.3.1.1.1 Implementierung in krauser Logik

Jeder Boolesche Ausdruck definiert eine Boolesche Funktion, doch ist für eine gegebene Boolesche Funktion der darstellende Boolesche Ausdruck nicht eindeutig. Daher wurden Normalformen Boolescher Ausdrücke zur Darstellung Boolescher Funktionen definiert. Als Beispiel einer derartigen Normalform mag die disjunktive Normalform dienen. Sie ist wie folgt definiert:

Def. 3.3.1.1.1.1 (Disjunktive Normalform Boolescher Ausdrücke)

Sei

$$f : \{0,1\}^n \to \{0,1\}, f(X) = f(x_{n-1}, ..., x_0) = y$$

eine Boolesche Funktion.

Sei

$$e(i) \in \{0,1\}^n, \ e(i) = e(i)_{n-1}, ..., e(i)_0, \ i = \sum_0^{n-1} e(i)_j * 2^j.$$

$(x_j)^{e(i)j}$ bezeichne x_j falls $e(i)_j = 1$ und $\underline{\text{not}}$ (x_j) falls $e(i)_j = 0$.

Dann kann **f** umgeschrieben werden in die Form:

$$f(X) = \sum_{i=0}^{2^n-1} f(e(i)) * \prod_{j=0}^{n-1} (x_j)^{e(i)j}$$

wobei die Summe für das logische **oder** und das Produkt für das logische **und** stehen.

Der Term

$$\prod_{j=0}^{n-1} (x_j)^{e(i)j}$$

wird der **j-te** Minterm genannt.

Somit werden in der disjunktiven Normalform die Minterme, die den Wert 1 ergeben, mit logisch **oder** verknüpft. Ein Minterm ist das Produkt aller Variablen der Funktion, entweder in negierter oder nicht negierter Form, je nach Exponent. Eine andere Art, eine Boolesche Funktion zu definieren, ist, sie zu tabellieren. Von einer derartigen Tabelle kann die disjunktive Normalform sehr einfach abgelesen werden.

Beispiel:
Die beiden Funktionen eines Volladdierers sind durch die folgende Tabelle definiert:

c_i	a	b	s	c_o
0	0	0	0	0
0	0	1	1	0
0	1	0	1	0
0	1	1	0	1
1	0	0	1	0
1	0	1	0	1
1	1	0	0	1
1	1	1	1	1

wobei c_i **carry-in** bedeutet, **a** und **b** sind die Summanden, **s** ist die Summe und c_o bedeutet **carry-out**.

Hier wurden zwei Funktionen (**s** und c_o) tabelliert, wobei gemeinsame Argumentspalten und eine Ergebnisspalte für jede Funktion benutzt wurden. Die disjunktive Normalform einer Funktion erhält man dadurch, daß man für jede Zeile der entsprechenden Ergebnisspalte, wo eine 1 aufgeführt wird, den entsprechenden Minterm nimmt und diese Minterme aufsummiert.

Für $s(c_i, a, b)$ und $c_o(c_i, a, b)$ erhält man so:

$$s(c_i,\ a,\ b) = \underline{\text{not}}(c_i)\ \&\ \underline{\text{not}}(a)\ \&\ b\ \underline{\text{or}}\ \underline{\text{not}}(c_i)\ \&\ a\ \&\ \underline{\text{not}}(b)\ \underline{\text{or}}$$
$$c_i\ \&\ \underline{\text{not}}(a)\ \&\ \underline{\text{not}}(b)\ \underline{\text{or}}\ c_i\ \&\ a\ \&\ b$$

$$c_o(c_i,\ a,\ b) = \underline{\text{not}}(c_i)\ \&\ a\ \&\ b\ \underline{\text{or}}\ c_i\ \&\ \underline{\text{not}}(a)\ \&\ b\ \underline{\text{or}}$$
$$c_i\ \&\ a\ \&\ \underline{\text{not}}(b)\ \underline{\text{or}}\ c_i\ \&\ a\ \&\ b$$

Beispiel:
Steuerwerk in krauser Logik für das Beispiel aus Abschnitt 3.2.1.

Hier ist ein Steuerwerk mit 8 Zuständen zu implementieren. Es sei entschieden worden, daß diese Zustände wie folgt codiert werden:

```
1 -> "000",
2 -> "001",
3 -> "010",
4 -> "011",
5 -> "100",
6 -> "101",
7 -> "110",
8 -> "111"
```

D.h. es wurde die binäre Darstellung der Zustände ohne weitere Überlegungen genommen. Weiterhin sei entschieden worden, die Codierung des Steuerworts `mword` und der Statusleitungen `req` und `finished` unverändert zu lassen.
Man beobachtet, daß der Wert des Steuerwortes `mword` nur vom aktuellen Zustand, der im Register `ap_buffer` gespeichert ist, abhängt, während der Folgezustand vom aktuellen Zustand und den beiden Statusleitungen `req` und `finished` abhängt. Somit ist ein Moore-Automat zu implementieren. Für die λ-Funktion erhält man die folgende Tabelle:

ap buffer			mword										
2	1	0	10	9	8	7	6	5	4	3	2	1	0
0	0	0	0	0	0	0	0	0	0	0	0	0	0
0	0	1	0	1	1	0	1	0	0	0	0	0	1
0	1	0	1	0	0	1	0	0	0	0	0	0	0
0	1	1	0	0	0	0	0	0	0	0	0	0	0
1	0	0	0	0	0	0	0	0	1	0	1	0	0
1	0	1	0	0	0	0	1	0	0	0	0	1	0
1	1	0	0	0	0	0	0	1	0	1	0	0	0
1	1	1	0	0	0	1	0	0	0	0	0	0	0

188

Davon kann man unmittelbar die folgenden Funktionen extrahieren:

```
mword.(0) := not(ap_buffer.(2)) & not(ap_buffer.(1)) & ap_buffer.(0)
mword.(1) := ap_buffer.(2) & not(ap_buffer.(1)) & ap_buffer.(0)
mword.(2) := ap_buffer.(2) & not(ap_buffer.(1)) & not(ap_buffer.(0))
mword.(3) := ap_buffer.(2) & ap_buffer.(1) & not(ap_buffer.(0))
mword.(4) := mword.(2)
mword.(5) := mword.(3)
mword.(6) := mword.(0) or mword.(1)
mword.(7) := not(ap_buffer.(2)) & ap_buffer.(1) & not(ap_buffer.(0))
             or ap_buffer.(2)
    & ap_buffer.(1) & ap_buffer.(0)
mword.(8) := mword.(0)
mword.(9) := mword.(0)
mword.(10 := not(ap_buffer.(2)) & ap_buffer.(1) & not(ap_buffer.(0))
```

189

Für die δ-Funktion erhält man die folgende Tabelle:

ap buffer			ap		ap			
2	1	0	f	r	2	1	0	
0	0	0	0	0	0	0	0	
0	0	0	0	1	0	0	1	nicht abhängig von **finished**
0	0	0	1	0	0	0	0	
0	0	0	1	1	0	0	1	
0	0	1	0	0	0	1	0	
0	0	1	0	1	0	1	0	weder von **finished** noch von **req** abhängig
0	0	1	1	0	0	1	0	
0	0	1	1	1	0	1	0	
0	1	0	0	0	0	1	1	
0	1	0	0	1	0	1	1	weder von **finished** noch von **req** abhängig
0	1	0	1	0	0	1	1	
0	1	0	1	1	0	1	1	
0	1	1	0	0	1	0	0	
0	1	1	0	1	0	1	1	nicht abhängig von **finished**
0	1	1	1	0	1	0	0	
0	1	1	1	1	0	1	1	
1	0	0	0	0	1	0	1	
1	0	0	0	1	1	0	1	weder von **finished** noch von **req** abhängig
1	0	0	1	0	1	0	1	
1	0	0	1	1	1	0	1	
1	0	1	0	0	1	1	0	
1	0	1	0	1	1	1	0	weder von **finished** noch von **req** abhängig
1	0	1	1	0	1	1	0	
1	0	1	1	1	1	1	0	
1	1	0	0	0	1	0	1	
1	1	0	0	1	1	0	1	nicht von **req** abhängig
1	1	0	1	0	1	1	1	
1	1	0	1	1	1	1	1	
1	1	1	0	0	0	0	0	
1	1	1	0	1	0	0	0	weder von **finished** noch von **req** abhängig
1	1	1	1	0	0	0	0	
1	1	1	1	1	0	0	0	

Davon kann man unmittelbar die folgenden Gleichungen extrahieren:

```
ap.(0)
  := not(ap_buffer.(2)) & not(ap_buffer.(1)) & not(ap_buffer.(0)) & req
```

190

<u>or</u>
```
    ap_buffer.(2) & not(ap_buffer.(1)) & ap_buffer.(0) or
    not(ap_buffer.(2)) & ap_buffer.(1) & ap_buffer.(0) & req or
ap_buffer.(2) & not(ap_buffer.(1)) & not(ap_buffer.(0)) or
ap_buffer.(2) & ap_buffer.(1) & not(ap_buffer.(0))
ap.(1)
    := not(ap_buffer.(2)) & not(ap_buffer.(1)) & ap_buffer.(0)
or
not(ap_buffer.(2)) & ap_buffer.(1) & not(ap_buffer.(0))
or
not(ap_buffer.(2)) & ap_buffer.(1) & ap_buffer.(0) & req
or
ap_buffer.(2) & not(ap_buffer.(1)) & ap_buffer.(0)
or
ap_buffer.(2) & ap_buffer.(1) & not(ap_buffer.(0)) & finished

ap.(2)
    := not(ap_buffer.(2)) & ap_buffer.(1) & ap_buffer.(0) & not(req)
or
ap_buffer.(2) & not(ap_buffer.(1)) & not(ap_buffer.(0))
or
ap_buffer.(2) & not(ap_buffer.(1)) & ap_buffer.(0)
or
ap_buffer.(2) & ap_buffer.(1) & not(ap_buffer.(0))
```

Somit erhält man die in Abb. 45 dargestellte Implementierung des Steuerwerks in krauser Logik.

3.3.1.1.2 Implementation durch Array-Logik

Jede Boolesche Funktion kann durch einen Booleschen Ausdruck beschrieben werden, der eine Summe von Produkten ist (logisches **oder** von Termen, die aus durch logisches **und** verknüpften negierten oder nicht negierten Argumenten gebildet wird). Sind die Produktterme von maximaler Länge, d.h., enthalten sie jedes Argument genau einmal entweder negiert oder nicht negiert, so erhält man die disjunktive Normalform (Def. 3.3.1.1.1.1). Es ist nun naheliegend, ein universelles Schaltelement zu bauen, das aus den folgenden Komponenten besteht:

- Eine Unterkomponente A, die personalisiert werden kann, um eine beliebige (bis zu einer Maximalanzahl) Anzahl beliebiger Produktterme zu berechnen,

- eine Subkomponente B, die personalisiert werden kann, um (wieder in Grenzen) eine beliebige Anzahl beliebiger Summen von Produkttermen zu berechnen.

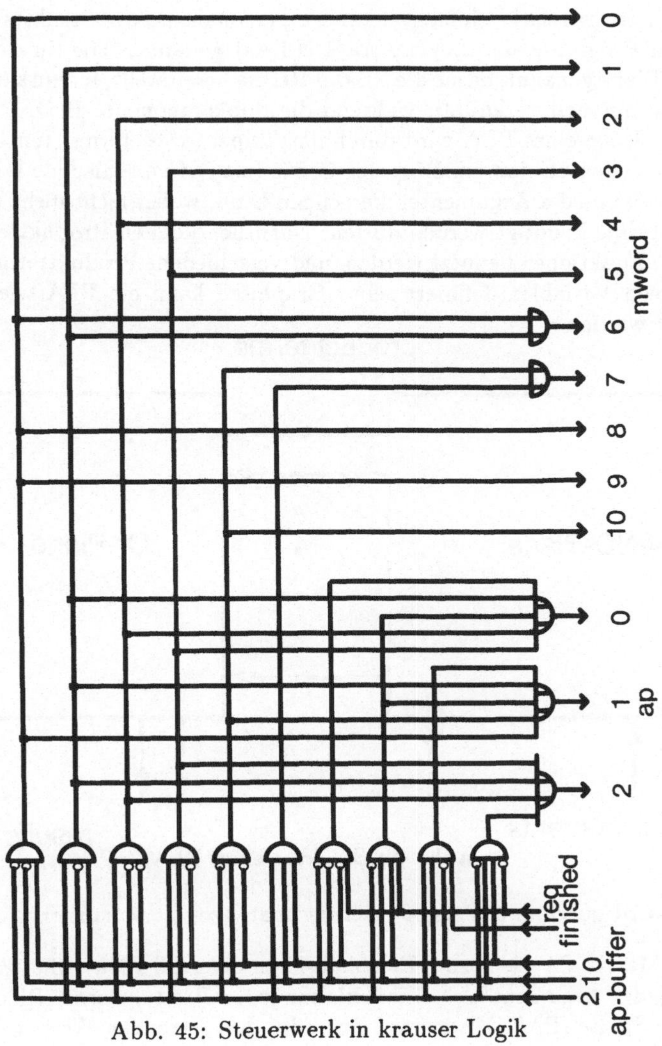

Abb. 45: Steuerwerk in krauser Logik

Tatsächlich ist es relativ einfach, derartige personalisierbare Strukturen zu bauen. Sie werden Programmable Logic Arrays (PLAs) genannt. Die Subkomponente A wird And-Plane genannt, da sie die Produktterme bereitstellt, indem sie die benötigten Argumente mit und verknüpft, während die Subkomponente B Or-Plane genannt wird. Die Größe eines PLA wird durch das Tripel (args, terms, funcs) charakterisiert. Dies bedeutet, daß ein PLA der Größe (a,t,f) f verschiedene Funktionen auf insgesamt maximal a Argumenten berechnen kann, wobei nicht mehr als insgesamt t Produktterme benötigt werden dürfen. Natürlich können Produktterme von verschiedenen Funktionen benutzt werden, und verschiedene Produktterme können auf gemeinsamen Variablen definiert sein. Graphisch kann ein PLA wie in Abb. 46 dargestellt werden.

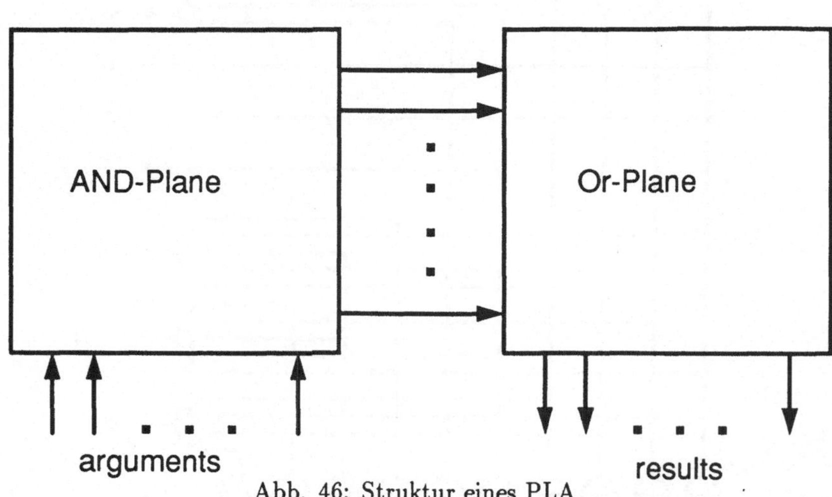

Abb. 46: Struktur eines PLA

Ein PLA wird durch zwei Personalisierungsmatritzen personalisiert:

- Die Matrix PA dient zum Personalisieren der And-Plane. Sie hat eine Spalte für jedes Argument und eine Zeile für jeden Produktterm. Die i-te Zeile der j-ten Spalte (PA(i,j)) wird auf einen der drei folgenden Werte gesetzt:

  - +, falls das j-te Argument im i-ten Produktterm in nicht negierter Form benötigt wird,

  - -, falls das j-te Argument im i-ten Produktterm in negierter Form benötigt wird,

  - o, falls das j-te Argument für den i-ten Produktterm nicht benötigt wird.

- die Matrix PO dient zum Personalisieren der Or-Plane. Sie hat eine Spalte für jede Funktion und eine Zeile für jeden Produktterm. Die i-te Zeile der j-ten Spalte (PO(i,j)) wird auf einen der folgenden beiden Werte gesetzt:

  - +, falls der i-te Produktterm für die j-te Funktion benötigt wird,

  - o, falls der i-te Produktterm für die j-te Funktion nicht benötigt wird.

Die Personalisierungsmatritzen können sehr einfach in physikalische Modifikationen der vordefinierten PLA-Struktur umgesetzt werden. Wie dies geschieht, hängt von der zugrundeliegenden Technologie ab. Beispielsweise können selektiv an den Schnittpunkten orthogonaler Leitungen Transistoren eingefügt werden. Üblicherweise wird eine Variable durch ein Paar von Leitungen dargestellt, eine Leitung für den nicht negierten Wert und eine für den negierten. Doch dies sind im vorliegenden Kontext Implementationsdetails von geringerem Interesse.

Um den kombinatorischen Teil eines Steuerwerks für eine PLA-Implementierung aufzubereiten, müssen also die folgenden Schritte ausgeführt werden:

a) Leite (beliebige) Ausdrücke für die zu implementierenden Funktionen ab,
b) Transformiere diese Ausdrücke jeweils in disjunktive Form,
c) Minimisiere (Siehe Abschnitt 4.4),
d) Konstruiere oder selektiere PLA-Strukturen geeigneter Größe,
e) Personalisiere die And-/Or-Planes.

Beispiel :
Im obigen Beispiel gibt es 5 Argumentvariable (`ap_buffer.(2)`, `ap_buffer.(1)`, `ap_buffer.(0)`, `finished`, `req`) und 13 Funktionen zu berechnen (`mword.(10)`, `mword.(9)`, `mword.(8)`, `mword.(7)`, `mword.(6)`, `mword.(5)`, `mword.(4)`, `mword.(3)`, `mword.(2)`, `mword.(1)`, `mword.(0)`, `ap.(2)`, `ap.(1)`, `ap.(0)`). Man beobachtet jedoch, daß gilt `mword.(4)` = `mword.(2)`, `mword.(5)` = `mword.(3)`, `mword.(8)` = `mword.(0)`, und `mword.(9)` = `mword.(0)`. Dies reduziert die Anzahl der verschiedenen Funktionen um 4 auf 9. Werden die Ausdrücke des obigen Beispiels benutzt, so werden die folgenden Produktterme benötigt:

```
p1 = not(ap_buffer.(2)) & not(ap_buffer.(1)) & ap_buffer.(0)
        für mword.(0), mword.(6), ap.(1)
p2 = ap_buffer.(2) & not(ap_buffer.(1)) & ap_buffer.(0)
        für mword.(1), mword.(6), ap.(0), ap.(1), ap.(2)
p3 = ap_buffer.(2) & not(ap_buffer.(1)) & not(ap_buffer.(0))
        für mword.(2), ap.(0), ap.(2)
p4 = ap_buffer.(2) & ap_buffer.(1) & not(ap_buffer.(0))
        für mword.(3), ap.(0), ap.(2)
```

```
p5 = not(ap_buffer.(2)) & ap_buffer.(1) & not(ap_buffer.(0))
        für mword.(7), mword.(10), ap.(1)
p6 = ap_buffer.(2) & ap_buffer.(1) & ap_buffer.(0)
        für mword.(7)
p7 = not(ap_buffer.(2)) & not(ap_buffer.(1)) & not(ap_buffer.(0)) & req

        für ap.(0)
p8 = not(ap_buffer.(2)) & ap_buffer.(1) & ap_buffer.(0) & req
        für ap.(0), ap.(1)
p9 = ap_buffer.(2) & ap_buffer.(1) & not(ap_buffer.(0)) & finished
        für ap.(1)
p10= not(ap_buffer.(2)) & ap_buffer.(1) & ap_buffer.(0) & not(req)
        für ap.(2)
```

Es wird also ein PLA mit 5 Argumentvariablen, 10 Produkttermen und 9 Ausgangs-
funktionen benötigt. Personalisiert bekommt es die in Abb. 47 gezeigte Form.

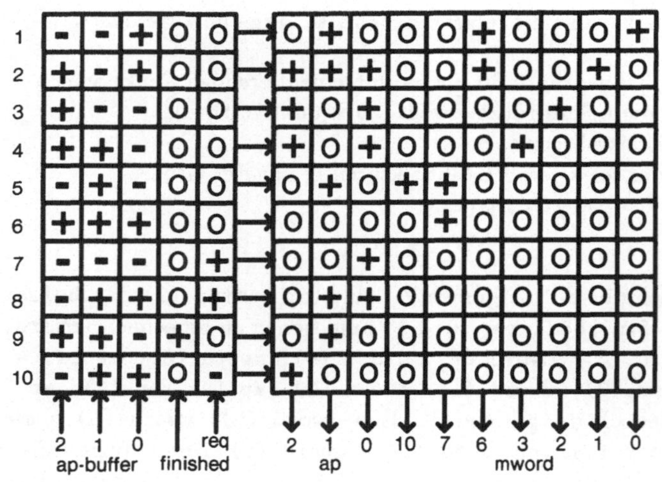

Abb. 47: Personalisiertes PLA

3.3.1.2 Mikroprogrammierte Steuerwerksimplementation

Ersetzt man die And-Plane eines PLA durch einen Dekoder, welcher eine (Produktterm-
) Leitung pro Bitkombination der Eingänge auswählt, so wird aus dem PLA ein
ROM (Read Only Memory). Damit werden die Funktionen nicht mehr berech-
net, sondern tabelliert, und die Funktionswerte werden einfach durch die Werte der

Argumente adressiert. Mit dieser Beobachtung erhält man die erste Version der
Mikroprogrammierung. Ersetzt man das ROM durch ein RAM (Random Access
Schreib/Lesespeicher), so kann das Mikroprogramm, d.h. der Inhalt des Steuerspeichers, dynamisch programmgesteuert verändert werden. In diesem Fall spricht man
von einem "Writable Control Store". Ein Wort im Steuerspeicher, d.h. der Wert
aller Funktionen beim selben Argumentwert, wird Mikroinstruktion genannt. Eine
Mikroinstruktion enthält zwei Hauptteile:

- Das Steuerfeld,

- das Folgeadressfeld.

Die Adresse der nächsten Mikroinstruktion wird aus dem Wert des Folgeadressfeldes zusammen mit dem Wert der Statusleitungen berechnet. In den meisten Fällen
enthält ein Steuerspeicher mehr als ein Mikroprogramm, typischerweise eines für jede
Instruktion des zu implementierenden Prozessors. Jedes Mikroprogramm beginnt an
einer bestimmten Adresse, die aus dem Operationscode-Feld im Instruktionsformat
abgeleitet werden kann. Damit wird jedoch ein weiteres Feld im Mikroinstruktionsformat nötig, das angibt, daß die Folgeadresse nicht in der Mikroinstruktion selbst
enthalten ist, sondern vom Opcode der Instruktion abgeleitet werden muß. Natürlich
benötigt man dafür nicht notwendigerweise ein eigenes Feld im Mikroinstruktionsformat, da man durch einen speziellen Code im (in diesen Fall bedeutungslosen),
Folgeadressfeld anzeigen kann, daß das aktuelle Mikroprogramm abgearbeitet ist
und die Startadresse des nächsten vom Opcodefeld des Instruktionsformates abgeleitet werden muß. Mit der bisherigen Diskussion erhält man das typische Geripe
einer Mikroprogrammierungseinheit:

```
procedure micro_controller
              ( in  op_code                : bit(s) ;
                in  status_lines           : implicit bit(k)
                in  controller_clock, power : implicit bit ;
                out control_lines          : bit(n)) ;


type microinstruction = record
                    control_word : bit(n) ;
                    next_address : bit(m)
              end ;
var control_store        : array[0 : exp(n)-1] of microinstruction ;
    m_instr_register     : microinstruction ;
    control_word_address : implicit bit(m) ;
    modified_address     : implicit bit(m) ;


function address_modifier( in next_address : implicit bit(m) ;
                           in status_lines : implicit bit(k)) :
                                        implicit bit(m);
```

{function body describing a combinational function that calculates the modified address from the values of the next address-field within the current microinstruction and the status_lines}

```
function new_micro_program( in microword : implicit microinstruction):
                                              implicit bit ;
```

{function body describing a combinational function that calculates whether the next control word address is included in the current microinstruction}

```
function start_address( in op_code : implicit bit(s)) :
                                              implicit bit(m);
```

{function body describing a combinational function that calculates the start address of the microprogram for the instruction identified by op_code}

```
impdef
 control_lines         := m_instr_register . control_word ;
 modified_address      := address_modifier(next_address, status_lines);
 control_word_address  := if new_micro_program(m_instr_register)
                             then start_address(op_code)
                             else modified_address ;
 at up(controller_clock) do
    m_instr_register := control_store[control_word_address] ;

seqbegin at down(power) do
end .
```

Bildlich läßt sich diese Struktur wie in Abb. 48 darstellen.

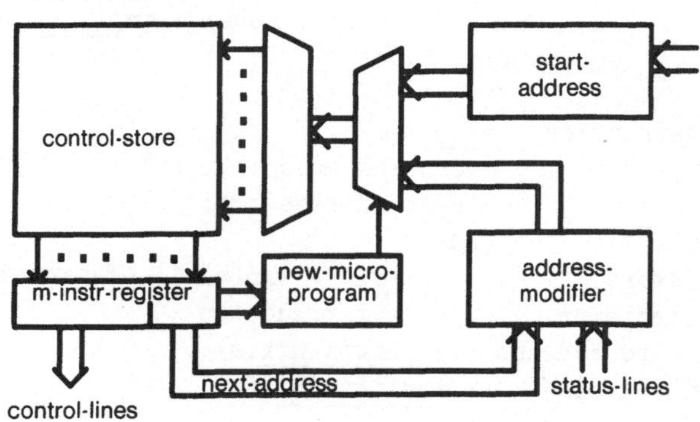

Abb. 48. Struktur eines Mikroprogrammierwerkes

Für das Beispiel des sequentiellen Addierers muß dieses Gerippe personalisiert werden, womit man dann das folgende Steuerwerk erhält:

(Da hier nur eine Instruktion zu implementieren ist, werden der Eingabeparameter op_code und die Funktionen **new_micro_program** und **start_address** nicht benötigt.)

```
procedure micro_controller
                    (in  status_lines            : implicit bit(2)
                     in  controller_clock, power : implicit bit ;
                     out control_lines           : bit(11)) ;

type microinstruction = record
                        control_word : bit(11) ;
                        next_address : bit(3)
                  end ;
var control_store : array[0 : 7] of microinstruction :=
                                        "001  00000000000" ,
                                        "010  01101000001" ,
                                        "011  10010000000" ,
                                        "100  00000000000" ,
                                        "101  00000010100" ,
                                        "110  00001000010" ,
                                        "111  00000101000" ,
                                        "000  00010000000" ;

    m_instr_register     : microinstruction ;
    control_word_address : implicit bit(3) ;
    modified_address     : implicit bit(m) ;

function address_modifier( in next_address : implicit bit(3) ;
                           in status_lines : implicit bit(2)) :
                                        implicit bit(3) ;

 var req, finished : implicit bit ;
 impdef
    req := status_lines . (0) ;
    finished:= status_lines . (1) ;
    address_modifier . (0) :=
     not(next_address.(2)) & not(next_address.(1)) &
     next_address.(0) & req
       or
     not(next_address.(2)) & next_address.(1) & next_address.(0)
       or
     next_address.(2) & not(next_address.(1)) &
     not(next_address.(0)) & req
       or
```

```
      next_address.(2) & next_address.(0) ;
   address_modifier . (1) :=
     not(next_address.(2)) & next_address.(1)
      or
     next_address.(2) & not(next_address.(1)) &
     not(next_address.(0)) & req
      or
     next_address.(2) & next_address.(1) & not(next_address.(0))
      or
    next_address.(2) & next_address.(1) & next_address.(0) & finished;
    address modifier . (2) :=
      next address.(2) & not(next address.(1)) &
     not(next_address.(0)) & not(req)
      or
     next_address.(2) & not(next_address.(1)) & next_address.(0)
      or
     next_address.(2) & next_address.(1) ;
   seqbegin at down(power) do
   end ;

impdef
 control_lines          := m_instr_register . control_word ;
 modified_address       := address_modifier(next_address, status_lines);
 control_word_address :=  modified_address ;
  at up(controller_clock) do
     m_instr_register := control_store[control_word_address] ;

seqbegin at down(power) do
end .
```

Ein paar mögliche Modifikationen:
Man beobachtet in dem Beispiel, daß das Folgeadreßfeld in jeder Mikroinstruktion
einfach die nächste Adresse beinhaltet. Dies ist mehr oder weniger typisch. Daher
sparen Mikroprogrammiereinheiten, die die Folgeadresse nicht im Steuerspeicher
halten, sondern stattdessen mit einem Mikroadresszähler arbeiten, Platz im Steuerspeicher. Es ist dieselbe Beobachtung, die zur Einführung des Befehlszählers in
frühen Computern führte. Durch diese Modifikation wird die Mikroprogrammiereinheit ein konventioneller v.Neumann-Rechner.
Im obigen Beispiel wurde ein Bit der Mikroinstruktion für jede Steuerleitung vorgesehen. Damit läßt sich der optimale Parallelitätsgrad bezüglich der Operationen
eines Steuerwerks erreichen. Dieser Mikroprogrammierungsstil wird "horizontale
Mikroprogrammierung" genannt. Man beobachtet jedoch, daß es auch inkompa-
tible Mikrooperationen gibt, z.B. das Laden eines Busses von verschiedenen Quellen
zur gleichen Zeit. Damit wird nicht nur Platz im Steuerspeicher verschwendet,

sondern auch eine Quelle für inkorrekte Mikroprogramme geschaffen. Es scheint klüger zu sein, Klassen gegenseitig inkompatibler Mikrooperationen zu identifizieren. Dann kann man für jede solche Klasse ein Feld im Mikroinstruktionsformat vorsehen, wohinein dann die einzige Mikrooperation der jeweiligen Klasse codiert werden kann. Damit können im Konflikt stehende Mikrooperationen nicht mehr gleichzeitig aktiviert werden, und zugleich wird die Wortlänge der Mikroinstruktion reduziert. Dieser Mikroprogrammierungsstil wird "zonenorientierte Mikroprogrammierung" genannt. Es ist dabei weiterhin möglich, daß verschiedene Aktionen parallel aktiviert werden, eine aus jeder Klasse (Zone). Im Extremfall jedoch gibt es nur eine einzige Klasse. In diesem Fall spricht man von "vertikaler Mikroprogrammierung". Da die zonenorientierte Mikroprogrammierung ein Kompromiß zwischen horizontaler und vertikaler ist, wird sie oft "diagonale Mikroprogrammierung" genannt. Es sollte erwähnt werden, daß diese Unterscheidung bezüglich der Struktur des Steuerwortes nicht spezifisch für die Mikroprogrammierung ist, sondern auf die anderen Arten des Steuerwerksentwurfs ebenso angewandt werden kann.

3.3.2 Datenpfadentwurf

Der Datenpfadentwurf soll hier nicht weiter erläutert werden. Beim Übergang von der algorithmischen Ebene zur Registertransferebene wird festgelegt, welche Operationswerke benötigt werden, und wie die Kommunikationskanäle zwischen ihnen logisch auszusehen haben. Diese logische Verbindungsstruktur ist nun auf physikalische Verbindungen abzubilden. Hier bedient man sich entweder dedizierter Verbindungen oder versucht, die gesamte Kommunikation auf wenige globale Busse abzubilden. Natürlich sind auch beliebige Zwischenformen möglich.
Die Operationswerke selbst können in der Regel sehr regelmäßig aufgebaut werden. Liegt die Lösung für Einbit-Operanden fest, so kann die Erweiterung auf n Bits meist durch einfache Replikation gewonnen werden. Diesen Ansatz nennt man "Bit slice"-Methode. Ähnlich kann man im Falle einer uniformen Busstruktur die verschiedenen Operationswerke als "function slices" auffassen. Man erhält dann ein sehr uniformes Schema von orthogonal zueinander stehenden Daten- und Steuerströmen. An den Schnittpunkten von speziellen Steuerleitungen und bestimmten Datenleitungen befindet sich dann die Zelle, die das "bit slice" für die genannten Datenbits des "function slice" der vorliegenden Steuerleitungen darstellt. Abb. 49 zeigt das Schema einer solchen Zelle im Falle eines Zweibus- Ansatzes.

3.4 Literatur

Der Entwurf von prozessorähnlichen Systemen wird allgemein bei Anceau [01] und Langdon [22] sehr schön beschrieben. Synthesesysteme und Algorithmen auf höheren Abstraktionsebenen sind nicht zu häufig. Hier sind vor allem das MIMOLA-System [25, 26, 43], die Arbeiten in Karlsuhe [05, 34, 35], das ALGIC-System [17, 18, 19] sowie die Arbeiten der CMU bzw. der USC [12, 27, 28, 42] zu nennen. Da-

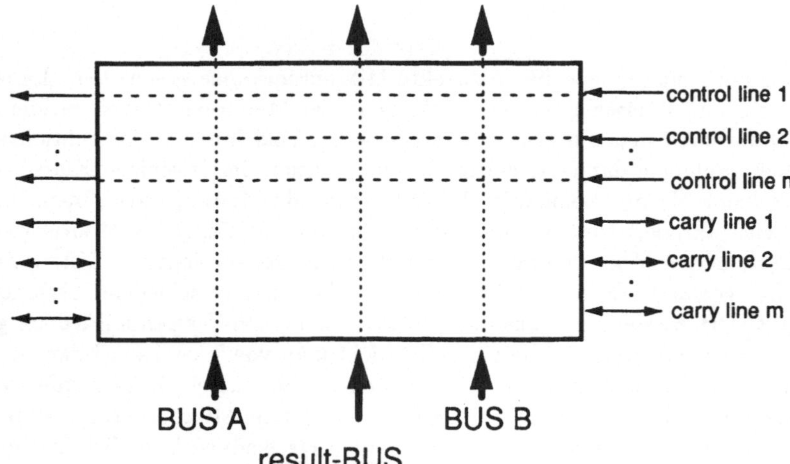

Abb. 49: Zelle für "bit slice"/"function slice"-Ansatz

tenflußanalyse wird bei [29, 30, 32, 33] eingesetzt. In den meisten Fällen dient ein CHDL auf der algorithmischen Ebene als Ausgangspunkt, doch werden auch gängige Programmiersprachen hierzu benutzt. Die Veröffentlichungen [06, 10, 24] sind Beispiele hierzu. Synthesetechniken von der RT-Ebene zur Gatterebene sind länger bekannt. Hier sollen [07, 11, 16, 23, 37, 38] als Beispiele dienen. Noch weiter nach unten synthetisierende Systeme werden meist Silicon Compiler genannt, wobei ein echter Silicon Compiler ebenfalls auf der algorithmischen Ebene starten sollte. Als Überblick mögen [08, 09] dienen, während [03, 40] Beispiele für derartige Systeme sind. In [14] wird ein vollständiges industriell verfügbares derartiges System samt seinem Hintergrund dargestellt. Spezialsysteme existieren für verschiedene Aspekte, hier sei nur auf die Spezialisierung auf Datenpfade [15, 41] hingewiesen. Die Komplexität der Problemstellung legt die Verwendung von KI-Techniken und Expertensystemen nahe [21, 36]. In [02] werden Taktungschemata beschrieben, während in [04, 13, 31] asynchrone Ansätze verfolgt werden.

[01] **F. Anceau:**
The Architecture of Micro-Processors
Wiley & Sons, 1983

[02] **F. Anceau:**
A synchronous approach for clocking VLSI systems
IEEE Journ. of SSC 17, No.1, 1982

[03] **N. Bergmann:**
A Case Study of the F.I.R.S.T. Silicon Compiler
Proceedings Third CALTECH Conference on VLSI, 1983

[04] **R. Brück, B. Kleinjohann, T. Kathöfer, F.J. Rammig:**
Synthesis of Concurrent Modular Controllers from Algorithmic Descriptions
Proceedings 23rd DAC, June 1986

[05] **R. Camposano, W. Rosenstiel:**
A design environment for the synthesis of integrated circuits
Proceedings EUROMICRO 85, 1985

[06] **G. V. Collis, G. V. Edwards:**
Automatic Hardware Synthesis from a Behavioural Description Language: Occam
Proceedings EUROMICRO, 1986

[07] **J. A. Darringer et al.:**
LSS : a system for production logic synthesis
IBM Journ. on R&D 28, No. 5, 1984

[08] **D. D. Gajski:**
Silicon Compilation
VLSI Design, Nov. 1985

[09] **D. D. Gajski, N. D. Dutt, B. M. Pangrle:**
Silicon Compilation (Tutorial)
Proceedings of IEEE 1986 Custom Integrated Circuits Conference

[10] **E. F. Gircysk, J. P. Knight:**
An Ada to Standard Cell Hardware Compiler Based on Graph Grammers and Scheduling
Proceedings ICCD, Oct. 1984

[11] **W. Grass, H.-M. Lipp:**
LOGE - a highly effective system for logic design automation
ACM SIGDA Newsletter 9, No. 2, 1979

[12] **L. J. Hafer, A. C. Parker:**
A Formal Method for the Specification, Analysis and Design of Register-Transfer
Level Digital Logic
IEEE ToCAD, Vol. CAD-2, No. 1, 1983

[13] **M. Hirayama:**
A Silicon Compiler based on Asynchronous Architecture
Proceedings ICCD, Nov. 1985

202

[14] **E. Hörbst, C. Müller-Schloer, H. Schwärtzel:**
Design of VLSI Circuits Based on VENUS
Springer, 1987

[15] **C. Y. Hitchcock, D. E. Thomas:**
A Method of Automatic Data Path Synthesis
Proceedings 20th DAC, June 1983

[16] **C.-L. Huang:**
Computer-Aided Logic Synthesis Based on a New Multi-Level Hardware Design
Language - LALSD II
Ph. D. Dissertation, SUNY at Binghamton, 1981

[17] **H. Joepen, M.Glesner:**
Architecture Construction for a General Silicon Compiler
Proceedings ICCD'85, Nov. 1985

[18] **H. Joepen, M. Glesner:**
Optimal Structuring of Hierarchical Controll-Pathes in a Silicon Compiler System
Proceedings ICCAD'86, Nov. 1986

[19] **H. Joepen:**
Ein Verfahren zur Herleitung hierarchischer Kontrollpfad- Datenpfad- Strukturen
aus verhaltensorientierten Systembeschreibungen und dessen Einsatz in einem Sili-
con Compiler System
Dissertation TH Darmstadt, erscheint in Reihe Fortschrittsberichte,
VDI-Verlag, 1988

[20] **D. Johannsen:**
Bristle Blocks: a Silicon Compiler
Proceedings 16th DAC, June 1979

[21] **T. J. Kowalski:**
The VLSI Design Automation Assistant: A Knowledge-Based Expert System
Ph.D. Dissertation, Carnegie Mellon University, 1984

[22] **G. Langdon:**
Computer Design
Computeach Press, 1982

[23] **H. M. Lipp, M. Nolle, K. Sutter:**
LOGE - Ein leistungsfähiges CAD-System zum Entwurf digitaler Steuerungen
Proceedings 10th Internatl. Cong. Microelectronics, 1982

[24] T. Mano, F. Maruyama, K. Kakuda, T. Konato, T. Uehara:
OCCAM to CMOS - Experimental Logic Design Support
Proceedings CHDL'85, 1985

[25] P. Marwedel:
Ein Software-System zur Synthese von Rechnerstrukturen und zur Erzeugung von Mikrocode
Habilitationsschrift, Universität Kiel, 1985

[26] P. Marwedel:
An Algorithm for the Synthesis of Processor Structures from Behavioral Specifications
Proceedings EUROMICRO, 1986

[27] A. C. Parker:
Automated Synthesis of Digital Systems
IEEE Design and Test, Nov. 1984

[28] A. C. Parker, J. T. Pizarro, M. Mlinar:
MAHA : A Program for Datapath Synthesis
Proceedings 23rd DAC, 1986

[29] P. G. Paulin, J. P. Knight, E. F. Gircyc:
HAL : A Multi-Paradigm Approach to Automatic Data Path Design
Proceedings 23th DAC, 1986

[30] P. G. Paulin, J. P. Knight:
Force-Directed Scheduling in Automatic Data Path Design
Proceedings 24th DAC, 1987

[31] Z. Peng:
Let's design asynchronous VLSI systems
Proceedings EUROMICRO, 1988

[32] P. Pfahler:
Übersetzermethoden zur automatischen Hardware-Synthese
Dissertation Universität-GH Paderborn, 1988

[33] P. Pfahler:
Folding of Multiprocessor Networks
Proceedings EUROMICRO, 1987

204

[34] **W. Rosenstiel:**
Synthese des Datenflusses digitaler Schaltungen aus formalen Funktionsbeschreibungen
Fortschrittsberichte der VDI-Zeitschriften, Reihe 10, Nr. 37, 1984

[35] **W. Rosenstiel, R. Camposano:**
The Karlsruhe DASL Synthesis System
in D. Borrione (Ed.): From HDL Descriptions to Guaranteed Correct
Circuit Designs, North Holland, 1987

[36] **W. Rosenstiel:**
Computer Aided Synthesis of VLSI Systems by AI Techniques
Proceedings COMPEURO, 1987

[37] **R. Rudell, A. L. Sangiovanni-Vincentelli, G. DeMicheli:**
A Finite State Machine Synthesis System
Proceedings ISCAS, 1985

[38] **A. L. Sangiovanni-Vincentelli:**
An Overview of Synthesis Systems
Proceedings Custom Integrated Circuits Conference, May 1985

[39] **D. P. Siewiorek, C. J. Tseng:**
Facet : A Procedure for the Automated Synthesis of Digital Systems
Proceedings 20th DAC, 1983

[40] **J. R. Southard:**
MacPitts: An Approach to Silicon Compilation
IEEE Computer, Vol. 16, No. 12, Dec. 1983

[41] **D. E. Thomas:**
Automatic Data Path Synthesis
IEEE Computer, Vol. 16, No. 12, Dec. 1983

[42] **C. Tseng, D. P. Siewiorek:**
Emerald: A Bus Style Designer
Proceedings 21st DAC, June 1984

[43] **G. Zimmermann:**
MDS - The Mimola Design System
Journal of Digital Systems, Vol. 4, No. 3, 1980

4 Optimierungsaktivitäten

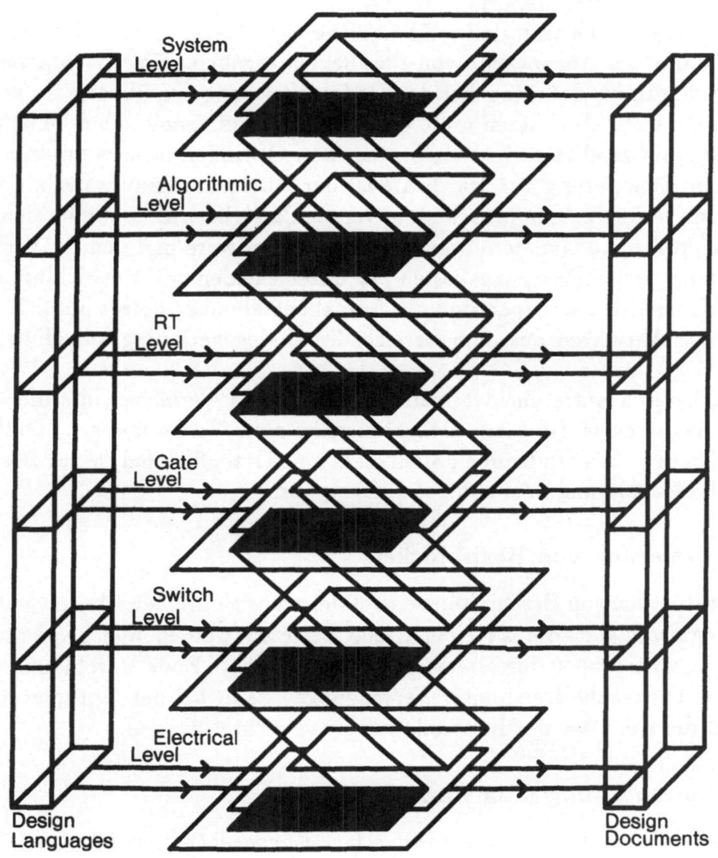

Abb. 50: Optimierungsaktivitäten im Entwurfsprozeß

4.1 Optimierung auf der Systemebene

Optimierungsaktivitäten auf der Systemebene sollen hier nicht behandelt werden. Hier gilt es, mit simulativen und analytischen Methoden "bottlenecks" des Entwurfs zu identifizieren und gezielt zu beheben. Zum Beheben solcher Engpässe können entweder zusätzliche Komponenten (Ressourcen) eingeführt werden, oder vorhandene müssen leistungsfähiger implementiert werden. Man beachte, daß in diesem Zusammenhang der Ressourcentyp "Datentransport" eine zentrale Rolle spielt.

4.2 Optimierung auf algorithmischer Ebene

Auf algorithmischer Ebene hat man es mit Optimierungsaufgaben zu tun, die aus dem Bereich der Codegenerierung im Rahmen der Übersetzung von üblichen Programmiersprachen bekannt sind. Zusätzliche Optimierungsmöglichkeiten können sich noch durch die Ausnutzung von Parallelität ergeben. Ein wesentlicher Unterschied ist allerdings, daß man bei der Codegenerierung für übliche Programmiersprachen sehr wohl abschätzen muß, ob sich große Aufwände dabei lohnen, da der Übersetzungsaufwand stets in Relation zu dem Optimierungsgewinn zu sehen ist. Im Falle der Generierung von Hardware ist der Übersetzungsaufwand im Vergleich zum Optimierungsergebnis jedoch stets vernachlässigbar. Dies ergibt sich aus der meist sehr großen Auflage der zu generierenden Hardware und den im Vergleich zu Software sehr großen Fertigungskosten (zu unterscheiden von Entwicklungskosten). Bei allen Unterschieden jedoch sind die Aufgabenstellungen derart ähnlich, daß hier nur bekannte Verfahren aus dem Bereich der Codegenerierung aufgeführt werden sollen.

In diesem Bereich unterscheidet man meist zwischen Verfahren, die die Optimierung von Basisblöcken (linearen Codesequenzen ohne Verzweigungen) und solchen, die Schleifen betreffen. In beiden Fällen dient eine Datenflußanalyse zur Beschaffung der für die Optimierung notwendigen Information.

4.2.1 Optimierung von Basisblöcken

Unter Basisblöcken von Beschreibungen auf der algorithmischen Ebene versteht man solche Programmteile, die an einer Stelle betreten werden und sequentiell ohne mögliche Verzweigungen bis zu einem wohldefinierten Ende durchlaufen werden. Wegen der Abwesenheit bedingter Verweigungen kann bei der Optimierung dieser Blöcke auf die Kenntnis der Kontrollstruktur verzichtet werden.

(i) Konstantenfaltung (Constant Folding)

Quellspezifikationen auf der algorithmischen Ebene enthalten oft Ausdrücke, die ein konstantes Ergebnis haben. Dies rührt daher, daß aus Kenngrößen wie Speichergröße, Wortbreite, Registeranzahl, etc. weitere Kenngrößen abgeleitet werden. Durch Verwendung von konstanten Ausdrücken läßt sich dann eine sowohl parametrisierbare wie auch für jeden Parameterwert in sich konsistente Spezifikation erreichen.

Beispiel:

```
const wordlength = 72 ;
     transfer_unit = 5 ;
     .
     .
     .
```

```
next_address := present_address + wordlength * transfer_unit
```

Derartige konstante Ausdrücke sollen natürlich in der spezifizierten Hardware nicht berechnet werden, sondern als Konstanten zur Verfügung gestellt werden. Es ist nun für einen Optimierungsalgorithmus auf algorithmischer Ebene relativ einfach, derartige konstante Ausdrücke zu erkennen und durch ihren Wert zu ersetzen.

(ii) Reduktion der Operatorkosten (Strength Reduction)

Durch Anwendung algebraischer Ersetzungsregeln ist es oft möglich, Operatoren mit teurer Hardwarerealisierung durch Teilausdrücke zu ersetzen, deren Hardwarerealisierung billiger ist. Ein Standardbeispiel ist hier die Ersetzung der Multiplikation mit einer Zweierpotenz durch Linksschieben. Ein Algorithmus für eine derartige Optimierung benötigt für jede Operation die Information über die relativen Kosten. Weiterhin ist eine Menge von erlaubten algebraischen Ersetzungsregeln nötig. Diese können nun angewandt werden wobei, die Kosten für das Ergebnis jeweils zu berechnen sind. Die billigste so erhaltene Lösung stellt dann das Optimierungsergebnis dar.

(iii) Eliminierung gemeinsamer Unterausdrücke

Grundlage dieses Optimierungsverfahrens ist die Überlegung, daß es geschehen kann, daß der Wert eines Teilausdrucks bereits berechnet ist und zur Verfügung stehen könnte, wenn er in einer Speicherstelle gespeichert wäre. Dies kommt insbesondere im Falle der Indizierung relativ häufig vor. Natürlich ist sicherzustellen, daß bei allen Varianten, die für den zu optimierenden Basisblock bestehen, diese Werteidentität vorliegt. Liegen alle genannten Voraussetzungen vor, so kann man einen derartigen Unterausdruck einmal berechnen und das Ergebnis in einer Speicherzelle solange speichern, wie dieser Wert benötigt wird. Hierbei ist natürlich die übliche Kosten-Nutzen-Analyse durchzuführen. Die zur Speicherung des Zwischenergebnisses notwendige Speicherzelle ist in der Regel nicht kostenlos. Entweder steht überhaupt keine derartige Speicherzelle zur Verfügung, so daß sie neu angelegt werden müßte, oder man kann auf eine vorhandene Speicherzelle zurückgreifen. Im ersten Fall sind die Kosten für eine zusätzliche Speicherzelle in Relation zu setzen zu den eingesparten Operator-(Benutzungs-)Kosten. Im zweiten Fall müssen nur die Speicherbenutzungskosten betrachtet werden, die wegen eines möglichen Wettbewerbs mit anderen möglichen Benutzern aber auch relativ hoch sein können. Algorithmen zur Eliminierung gemeinsamer Unterausdrücke sind im vorliegenden Kontext daher etwas komplizierter als im Falle der üblichen Codegenerierung. Um die Optimierungsmöglichkeit aufzuzeigen, ist es notwendig, einen "dag" möglicher Verwendung von Unterausdrücken aufzustellen. Für jede zeitlich spätere Referenz ist dann eine Kostenfunktion zu berechnen und mit den Kosten einer Neuberechnung zu vergleichen.

4.2.2 Optimierung von Schleifen

Der Interpretationsalgorithmus eines Hardwarebausteins, von dem natürlich angenommen wird, daß er trotz seiner Endlichkeit "ewig" lebt, ist natürlich hochgradig zyklisch. Der Optimierung von Schleifen kommt damit besonderes Gewicht zu. Doch selbst Programme üblicher Software befinden sich zu 90% ihrer Zeit in Schleifen.

(i) Extraktion schleifeninvarianter Ausdrücke (Code Motion)

Relativ häufig werden innerhalb eines Zyklus Werte berechnet, die für jeden Schleifendurchlauf identisch sind. In den meisten Fällen ist es dann sinnvoll, die Berechnung dieses Wertes vor die Schleife zu ziehen und den in einer Speicherzelle gespeicherten Wert zu referenzieren. Zyklusinvariante Werte von Teilausdrücken lassen sich bei einer Datenflußanalyse dadurch identifizieren, daß keine (transitive) Abhängigkeit des Wertes vom Wert des Schleifenindexes vorliegt. War in der Regel im Falle der Ausnutzung gemeinsamer Unterausdrücke innerhalb von Basisblöcken eine sorgfältige Kosten-Nutzen-Analyse notwendig, so kann sie hier meist entfallen, da sich wegen der meist sehr großen Anzahl von Schleifendurchläufen ein Überwiegen des Nutzens ergibt.

(ii) Optimierung von Indexvariablen

In den meisten Fällen wird in irgendeiner Weise der aktuelle Schleifendurchlauf identifiziert. Bei unendlichen Schleifen, wie sie für Hardware den Normalfall darstellen, liegt natürlich eine zyklische Identifikation vor. Bei allen Variablen, die von dieser Identifikationsvariablen abhängen ist nun im Sinne einer Kosten-Nutzen- Analyse zu prüfen, ob das Speichern dieser weiteren Variablen weniger Kosten verursacht als eine Neuberechnung.
Weiterhin ist in diesem Zusammenhang nochmals eine Analyse der Operatorkosten vorzunehmen. Ergibt sich eine Variable als Produkt aus einem schleifendurchlaufsinvarianten Wert und dem Wert der Schleifenidentifikation, so ist in der Regel eine Addition pro Schleifendurchlauf billiger als diese Multiplikation.

Beispiel:

```
for index := 0 seqto 100 do
   seqbegin
      address := startaddress + wordlength * index ;
      .
      .
      .
   end ;
```

ist in der Regel aufwendiger als:

```
seqbegin
   displacement := 0 ;
   for index := 0 seqto 100 do
      seqbegin
         address := startaddress + displacement ;
         displacement := displacement + wordlength ;
         .
         .
         .
      end ;
```

(iii) Schleifenaufrollen (Loop Unrolling)

Diese Technik, die darin besteht, Schleifen bekannter Iterationsanzahl im Falle geringer Anzahl von Iterationen aufzurollen, ist für Hardware von geringerer Bedeutung, da es sich hier sehr oft um unendliche Schleifen handelt. Bei eingeschachtelten Schleifen geringer Zykluszahl kann sich jedoch auch hier ein Aufrollen lohnen.

(iv) Schleifenverschmelzen (Loop Jamming)

Hat man getrennte Schleifen vorliegen, die von dem gleichen Schleifenindex abhängen, so kann man diese Schleifen zu einer verschmelzen. Diese Situation tritt jedoch relativ selten auf.

4.3 Optimierung auf der Registertransferebene

Optimierungstechniken auf dieser Ebene gehen davon aus, daß eine initiale Registertransfer-Struktur sowohl für das Operationswerk wie auch das Steuerwerk entworfen sind. Diese Struktur muß nun bezüglich gewisser Entwurfsziele wie Geschwindigkeit oder Siliziumfläche optimiert werden. Im Idealfall kann man sich bei der Optimierung auf eine Teilstruktur beschränken, d.h. entweder für ein festes Steuerwerk das optimale Operationswerk entwerfen oder für ein gegebenes Operationswerk das Steuerwerk optimieren, wobei in beiden Fällen natürlich der zu implementierende Algorithmus betrachtet werden muß. Meist können die beiden Teile nicht separat optimiert werden, da Modifikationen eines Teils die Freiheitsgrade bei der Optimierung des anderen beeinflussen können. So wird ein globales Optimum oft trotz Umgehung eines bezüglich Operationswerk oder Steuerwerk lokalen Optimums gefunden. Als gute Heuristik hat sich ein Ansatz erwiesen, der versucht, das angemessene Operationswerk der am häufigsten benutzten Instruktionen des zu implementierenden Systems zu entwerfen, und dies beim Entwurf des endgültigen Steuerwerks als gegeben annimmt.

4.3.1 Eine Heuristik zur Zustandsminimierung von Steuerwerken

In diesem Abschnitt wird eine Methode beschrieben, die von J. Tredennik entwickelt wurde. Es wird hier von der speziellen (von Tredennik als essentiell betrachteten graphischen) Notation abstrahiert. Weiterhin findet eine Konzentration auf den Optimierungsaspekt des Ansatzes statt. Die folgende Information wird als gegeben angenommen:

(i) Der Instruktionssatz des zu implementierenden Moduls,

(ii) das Operationswerk des Systems auf der RT-Ebene,

(iii) für jede Instruktion ein initialer Interpretationsalgorithmus, ausgedrückt in den Registertransfers, die von dem Steuerwerk angestoßen werden müssen.

Das Ziel ist es, ein Steuerwerk zu finden, für das gilt:

(i) Die Sequenz an Zuständen pro Instruktion ist minimal,

(ii) die Gesamtmenge an Zuständen ist minimal.

Die Methode soll nun anhand eines Beispiels erklärt werden. Es sei angenommen, daß ein Prozessor mit 8 für den Programmierer sichtbaren Registern und dem folgenden Instruktionsformat zu implementieren ist:

```
instruction_format = record
                       effective_address : record
                                             ry, address_mode : bit(8)
                                            end ;
                       rx , op            : bit(8)
                     end
```

die Operationen sind : add, sub, and, bz (branch if zero), load, store, test.

Diese Operationen haben die folgende Wirkung:

```
add(operand1, operand2)    :        operand2 := operand1 + operand2 ;
sub(operand1, operand2)    :        operand2 := operand1 - operand2 ;
and(operand1, operand2)    :        operand2 := operand1 & operand2 ;
bz(operand1, operand2)     :        pc       := if zero then operand2
                                                        else pc +1   ;
load(operand1, operand2)   :        operand1 := operand2 ;
store(operand1, operand2)  :        operand2 := operand1 ;
test(operand1, operand2)   :        operand2 := operand2 ;
```

In jedem Fall wird dabei der Bedingungsmerker **zero** berechnet. Im Falle von **add**, sub und **and** gibt er das Vorzeichen des Operationsergebnisses an, im Falle von **load** und **test** das Vorzeichen des Wertes von **operand2**, im Fall von **store** das von **operand1**. Die Operanden werden in Abhängigkeit vom Adressmodus bestimmt:

Der **operand1** ist stets das Register, das durch **rx** adressiert wird. Für **operand2** gibt es die folgenden Fälle:

addressing_mode = ab (base + displacement) :
```
        operand2 := memory[register[ry] + memory[pc+1]]
```
addressing_mode = ai (register indirect) :
```
        Operand2 := memory[register[ry]]
```
addressing_mode = ar (register direct) :
```
        operand2 := register[ry]
```

Es wird nicht von einem orthogonalen Instruktionssatz ausgegangen: Während für die Instruktionen **add**, **sub**, **and**, **load**, **store** alle Adressierungsarten erlaubt sind, sind **test** auf **ab** und **ai**, und **bz** auf **ai** beschränkt.

Beispiel :
```
add rx ar ry
```
bezeichnet eine **add**-Instruktion mit Operanden **rx** und **ry** unter Benutzung der Adressierungsart **ar**. Es wird angenommen, daß das folgende Operationswerk für diesen Prozessor entworfen worden ist:

```
procedure datapath ( in      load_from_a_r,  load_from_b_r :
                                 implicit bit(8);
                     in      load_from_a_t1, load_from_a_t2,
                             load_from_a_pc, load_from_a_ao,
                             load_from_b_t1, load_from_b_t2,
                             load_from_b_pc, load_from_b_ao,
                             load_from_a_do, load_from_edb_din,
                             load_from_edb_ir, load_from_ir_irb
                             load_from_alu_t1: implicit bit ;
                     in      load_to_a_r, load_to_b_r : implicit bit(8);
                     in      load_to_a_t1, load_to_a_t2,
                             load_to_a_pc,
                             load_to_b_t1, load_to_b_t2,
                             load_to_b_pc, load_to_b_din : implicit bit;
                     in      power, clock : implicit bit ;
                     in      alu_b_source : (b, one, null);
                     in      alu_op : (add, sub, and) ;
                     out     zero : bit ;
```

212

```
                     out    eab : bit(32) ;
                     inout edb : bit(32)) ;

   var r : array [0:7] of bit(32) ;
       a0, pc, t1, t2, do, din, ir, irb : bit(32) ;
      bus_a, bus_b, alu_out, alu_b_in  : implicit bit(32) ;

impdef
 alu_out := case alu_op of
                   add : bus_a + alu_b_in ;
                   sub : bus_a - alu_b_in ;
                   and : bus_a & alu_b_in
               end ;
 alu_b_in := case alu_b_source of
                   one  : bit(32)1 ;
                   null : bit(32)0 ;
                   else : bus_b
                end ;
 bus_a := case load_to_a_r||load_to_a_t1||load_to_a_t2||load_to_a_pc of
               "00000000 0 0 1" : pc ;
               "00000000 0 1 0" : t2 ;
               "00000000 1 0 0" : t1 ;
               "00000001 0 0 0" : r[0] ;
               "00000010 0 0 0" : r[1] ;
               "00000100 0 0 0" : r[2] ;
               "00001000 0 0 0" : r[3] ;
               "00010000 0 0 0" : r[4] ;
               "00100000 0 0 0" : r[5] ;
               "01000000 0 0 0" : r[6] ;
               "10000000 0 0 0" : r[7] ;
               else             : "(4) ZZZZZZZZ"
             end ;
 bus_b := case load_to_b_r||load_to_b_t1||load_to_b_t2||load_to_b pc||
               load_to_b_din of
               "00000000 0 0 0 1" : din ;
               "00000000 0 0 1 0" : pc ;
               "00000000 0 1 0 0" : t2 ;
               "00000000 1 0 0 0" : t1 ;
               "00000001 0 0 0 0" : r[0] ;
               "00000010 0 0 0 0" : r[1] ;
               "00000100 0 0 0 0" : r[2] ;
               "00001000 0 0 0 0" : r[3] ;
               "00010000 0 0 0 0" : r[4] ;
```

```
                "00100000 0 0 0 0" : r[5] ;
                "01000000 0 0 0 0" : r[6] ;
                "10000000 0 0 0 0" : r[7] ;
                else                 : "(4) ZZZZZZZZ"
            end ;
   eab  := ao ;
   zero := t1 ;
   at down (clock & load_from_a_r.(0)) do r[0] := bus_a ;
   at down (clock & load_from_a_r.(1)) do r[1] := bus_a ;
   at down (clock & load_from_a_r.(2)) do r[2] := bus_a ;
   at down (clock & load_from_a_r.(3)) do r[3] := bus_a ;
   at down (clock & load_from_a_r.(4)) do r[4] := bus_a ;
   at down (clock & load_from_a_r.(5)) do r[5] := bus_a ;
   at down (clock & load_from_a_r.(6)) do r[6] := bus_a ;
   at down (clock & load_from_a_r.(7)) do r[7] := bus_a ;
   at down (clock & load_from_b_r.(0)) do r[0] := bus_b ;
   at down (clock & load_from_b_r.(1)) do r[1] := bus_b ;
   at down (clock & load_from_b_r.(2)) do r[2] := bus_b ;
   at down (clock & load_from_b_r.(3)) do r[3] := bus_b ;
   at down (clock & load_from_b_r.(4)) do r[4] := bus_b ;
   at down (clock & load_from_b_r.(5)) do r[5] := bus_b ;
   at down (clock & load_from_b_r.(6)) do r[6] := bus_b ;
   at down (clock & load_from_b_r.(7)) do r[7] := bus_b ;
   at down (clock & load_from_a_t1)    do t1  := bus_a ;
   at down (clock & load_from_b_t1)    do t1  := bus_b ;
   at down (clock & load_from_alu_t1)  do t1  := alu_out ;
   at down (clock & load_from_a_t2)    do t2  := bus_a ;
   at down (clock & load_from_b_t2)    do t2  := bus_b ;
   at down (clock & load_from_a_pc)    do pc  := bus_a ;
   at down (clock & load_from_b_pc)    do pc  := bus_b ;
   at down (clock & load_from_a_ao)    do ao  := bus_a ;
   at down (clock & load_from_b_ao)    do ao  := bus_b ;
   at down (clock & load_from_a_do)    do do  := bus_a ;
   at down (clock & load_from_edb_din) do din := edb ;
   at down (clock & load_from_edb_ir)  do ir  := edb ;
   at down (clock & load_from_ir_irb)  do irb := ir ;


   seqbegin at down (power) do end ;
```

Ein paar Bemerkungen:

Das Operationswerk enthält den für den Programmierer sichtbaren Registersatz
(r[0 :7]), zwei allgemeine verborgene Register t1 und t2, ein Ausgabe-Puffer-Register
do zum externen Datenbus edb, ein Eingabe- Puffer-Register din von diesem Bus,
ein Instruktionsregister ir und ein Instruktions-Puffer-Register irb um "Prefet-

214

ching" zu erlauben. Es wird angenommen, daß während eines Taktzyklus Daten über die verschiedenen Busse und durch die ALU zu den verschiedenen Zielen transportiert werden können. Daten werden mit der fallenden Flanke des Taktsignals übernommen. Abb. 51 zeigt diesen Prozessor.

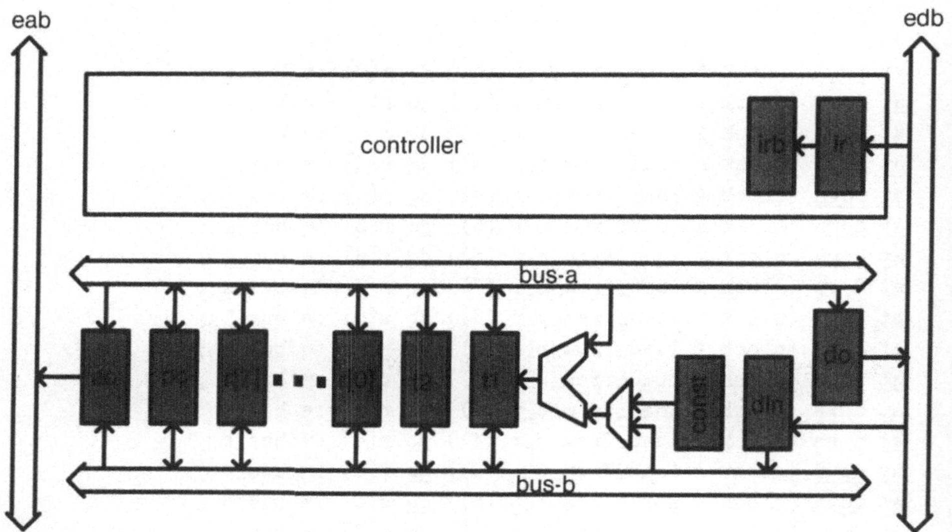

Abb. 51: Ein Beispielprozessor

Um die Steuerwerksoperationen zu beschreiben, wird nun die folgende Kurzschreibweise benutzt (man nehme geeignete Konstantendefinitionen an):

`source_via_bus_to_destination`

Dies bedeutet, daß die notwendigen Steuerleitungen, um den Inhalt des mit **source** bezeichneten Registers auf den mit **bus** bezeichneten Bus zu laden und dessen Wert in das mit **destination** bezeichnete Register zu speichern, auf "1" und alle anderen Steuerleitungen auf "0" gesetzt werden. Wird als **destination** die ALU genannt, so wird implizit angenommen, daß das ALU- Resultat nach **t1** gespeichert wird.

Beispiel :
`rx_via_b_to_alu`
bedeutet, daß `load_to_b_r.(rx)` und `load_from_alu_t1` auf "1" `alu_b_source` auf b und alle anderen Steuerleitungen auf "0" gesetzt werden.

In dieser Notation kann nun der initiale Algorithmus für jede Instruktion zusammen mit jeder Adressierungsart formuliert werden.

Beispiele:

```
add rx ar ry :

seqbegin
    parbegin
        rx_via_a_to_alu ;
        ry_via_b_to_alu
    end ;
    parbegin
        t1_via_b_to_ry
    end
end

add rx ai ry :

seqbegin
    parbegin
        ry_via_b_to_ao ;
        edb_to_din
    end ;
    parbegin
        din_via_b_to_alu ;
        rx_via_a_to_alu
    end ;
    parbegin
        ry_via_b_to_ao ;
        t1_via_a_to_do
    end
end
```

Jede Instruktion kann nun auf diese Weise definiert werden, womit man das intendierte Verhalten erhält. Leider reicht dies nicht, um das gesamte Steuerwerk zu spezifizieren. Es müssen nämlich noch zusätzliche Verwaltungsaufgaben durchgeführt werden. Typischerweise sind dies das Holen der auszuführenden Instruktion und die Berechnung der Adresse der als nächstes auszuführenden Instruktion. Diese Verwaltungsaufgaben benötigen Dienste vom Operationswerk nebenläufig zu den Aufgaben, die das intendierte Verhalten implementieren. Um diese Nebenläufigkeit auszudrücken, wird die Notation

```
conbegin
    operation_tasks ;
    housekeeping_tasks
end
```

benutzt. Die Steuerwerksequenzen, die man so erhält, werden "getrennte Sequenzen" genannt.

Beispiele:
Die beiden obigen Beispiele werden nun zu folgenden Sequenzen, wobei angenommen wird, daß die aktuelle Instruktion aus `irb` ausgeführt wird, sodaß das Holen der nächsten Instruktion nebenläufig ausgeführt werden kann (instruction prefetch):

```
add rx ar ry :


conbegin
   seqbegin                       {begin operation tasks}
      parbegin
         rx_via_a_to_alu ;
         ry_via_b_to_alu
      end ;
      parbegin
         t1_via_b_to_ry
      end
   end ;                          {end operation tasks}
   seqbegin                       {begin housekeeping tasks}
      parbegin
         pc_via_b_to_ao ;
         edb_to_ir
      end ;
      parbegin
         pc_via_a_to_alu ;
         one_to_alu
      end ;
      parbegin
         ir_to_irb ;
         t1_via_b_to_pc
      end
   end                            {end housekeeping tasks}
end


add rx ai ry :


conbegin
   seqbegin                       {begin operation tasks}
      parbegin
         ry_via_b_to_ao ;
         edb_to_din
      end ;
```

```
    parbegin
        din_via_b_to_alu ;
        rx_via_a_to_alu
    end ;
    parbegin
        ry_via_b_to_ao ;
        t1_via_a_to_do
    end
  end ;                          {end operation tasks}
  seqbegin                       {begin housekeeping tasks}
      parbegin
          pc_via_b_to_ao ;
          edb_to_ir
      end ;
      parbegin
          pc_via_a_to_alu ;
          one_to_alu
      end ;
      parbegin
          ir_to_irb ;
          t1_via_b_to_pc
      end
    end                          {end housekeeping tasks}
end
```

Operations- und Verwaltungsaufgaben benötigen gemeinsame Ressourcen innerhalb des Operationswerkes. Somit enthält die obige Beschreibung eine Reihe von Datenkonflikten. Dieses Problem wird nun dadurch gelöst, daß die beiden nebenläufigen Sequenzen in eine einzige gemischt werden, wobei folgendes beachtet wird:

(i) Bezüglich der Operationsaufgaben muß die vereinigte Sequenz dasselbe Resultat haben wie die ursprüngliche Sequenz für die Operationsaufgaben.

(ii) Bezüglich der Verwaltungsaufgaben muß die vereinigte Sequenz dasselbe Verhalten haben wie die ursprüngliche Sequenz für die Verwaltungsaufgaben.

(iii) Die Gesamtzahl an Zuständen (**parbegin** ... **end** - Konstrukte) soll minimal sein.

Die so erhaltenen Sequenzen werden "Vereinigte Sequenzen" genannt.

Es gibt viele Freiheitsgrade bei Durchführung der Vereinigungsoperation. Da typischerweise nur kleine Teile des gesamten Steuerwerksalgorithmus zu untersuchen sind, kann dabei die optimale Lösung entweder durch menschliche Cleverness oder durch äußerst triviale Algorithmen wie brutales "trial and error" über alle möglichen Kombinationen gefunden werden. Natürlich kann man auch intelligentere Heuristiken anwenden. Die Optimierung, die man durch einfache Modifikationen erreichen kann, wird durch das folgende Beispiel illustriert:

add rx ar ry :

a) Triviale Vereinigung in eine Sequenz:

```
{seqbegin
    instruction_fetch_of_next_instruction (into_ir) ;
    execute_current_instruction (from_irb) ;
    calculate_address_of_instruction_after_next_instruction
end}

seqbegin
    parbegin
        pc_via_b_to_ao ;
        edb_to_ir
    end ;
    parbegin
        rx_via_a_to_alu ;
        ry_via_b_to_alu
    end ;
    parbegin
        t1_via_b_to_ry
    end ;
    parbegin
        pc_via_a_to_alu ;
        one_to_alu
    end ;
    parbegin
        ir_to_irb ;
        t1_via_b_to_pc
    end
end
```

Hier wird eine Sequenz von 5 Zuständen benötigt, während das theoretische Optimum nur einen Zustand hätte, da nur im ersten Zustand die externen Busse des Prozessors benötigt werden. Nun ist dieses theoretische Optimum, bei dem alle Operationen in diesem Zustand ausgeführt werden, im vorliegenden Fall nicht zu erreichen, da es zu viele wetteifernde Anforderungen an gemeinsame Ressourcen gibt.

Doch kann die Anzahl der Zustände durch folgende Beobachtungen reduziert werden:

- Der Inhalt von `pc` kann auch über `bus_a` an `ao` gesandt werden. Gleichzeitig kann er auch an `alu` gesandt werden.

- Man kann annehmen, daß das Register `t1` ein Master/Slave-Register ist. Somit kann ein neuer Wert im selben Zustand gespeichert werden, in dem der bisherige Wert an ein anderes Ziel geschickt wird.

- Die Ausführung der aktuellen Instruktion, wobei genau zu Beginn beide Busse benötigt werden, kann unmittelbar initiiert werden, da sie aus dem bereits geladenen Register `irb` ausgeführt wird.

Mit diesen Beobachtungen kann man nun die folgende Lösung erhalten, die nur drei Zustände benötigt:

b) Optimierte Implementation :

```
seqbegin
    parbegin
        rx_via_a_to_alu ;
        ry_via_b_to_alu
    end ;
    parbegin
        pc_via_a_to_alu ;
        one_to_alu ;
        pc_via_a_to_ao ;
        edb_to_ir ;
        t1_via_b_to_ry
    end ;
    parbegin
        ir_to_irb ;
        t1_via_b_to_pc
    end
end
```


Weitere Optimierungen:
Bis hier wurde angenommen, daß eine Steuerwerkssequenz individuell für jede In-struktion mit jeder Adressierungsart entwickelt werden muß. Dies würde jedoch zu einem sehr großen Steuerwerk führen, wenn man betrachtet, daß es typischerweise viele verschiedene Instruktionen gibt, die möglicherweise mehrere Operanden und

unterschiedliche Adressierungsarten haben. Hat man n Instruktionen mit jeweils m
Operanden und dafür jeweils k verschiedene Adressierungsarten, wären
$s = (n * m * k)$ Sequenzen nötig. Hat man einen typischen Prozessor mit etwa 50
Instruktionen, im Mittel zwei Operanden und 10 Adressierungsarten, so wären 1000
verschiedene Sequenzen notwendig. Eine offensichtliche Lösung für dieses Problem
ist die Benutzung von Unterprogrammen für die Adressierungsarten im Steuerwerksalgorithmus. Dies reduziert die Anzahl verschiedener Sequenzen auf $s' = (n + k)$.
Allerdings kostet der Aufruf eines Unterprogramms Zeit. Das Steuerwerk muß seinen aktuellen Zustand retten, bevor die Kontrolle einem anderen Zustand übergeben
werden kann. Ist das Unterprogramm beendet, muß der ursprüngliche Zustand wieder hergestellt werden. Somit muß dieser Ansatz sorgfältig bezüglich Nutzen und
Kosten abgewogen werden. Nun kann man zumindest das Abspeichern des aktuellen
Zustands sparen, wenn alle Sequenzen mit der Ausführung eines Unterprogramms
starten und sowohl die Adresse des Unterprogramms wie auch der Hauptsequenz
direkt aus dem Instruktionscode abgeleitet werden können. Im vorliegenden Fall
werden Operationscode und Adressierungsart direkt vom Instruktionsformat bereitgestellt, sodaß die Adressierungsroutinen unabhängig von den Operationsroutinen
aktiviert werden können. Somit kann idealerweise in jedem Fall die geeignete Adres-
sierungsroutine in Abhängigkeit von der Adressierungsart aktiviert werden und danach die Operationsroutine in Abhängigkeit vom Operationscode. Dieser Idealfall
funktioniert allerdings nur dann perfekt, wenn die Operationen unabhängig von der
Adressierungsart ausgeführt werden können. Weiterhin werden durch diese feste
globale Anordnung die Freiheitsgrade bezüglich des Vereinigens der Sequenzen eingeschränkt. Die einzelnen Sequenzen müssen nun zu einem einzigen endlichen Automaten vereinigt werden. Bei diesem Schritt muß nun ein Zustandsregister eingeführt werden und die Berechnung des Folgezustands muß zu den Operationen
eines jeden Zustands hinzugefügt werden. Als Ergebnis dieses Schrittes erhält man
die Zustandstabelle des Automaten.
Auf der Ebene der Zustandstabelle kann nun eine weitere Optimierung wegen der
Beobachtung, daß viele Sequenzen gleich enden, durchgeführt werden. Diese Postfix-
Sequenz muß dann vom Steuerwerk nur einmal bereitgestellt werden, und kann sehr
einfach durch einen unbedingten Sprung innerhalb des Steuerwerks aktiviert werden. Bei den meisten Steuerwerksimplementationen kostet ein derartiger unbeding-
ter Sprung keinerlei Zeit.

4.3.1.1 Beispiel einer Optimierung auf RT-Ebene

Es soll nun der gesamte Demonstrationsprozessor optimiert werden:

Erster Schritt: Abtrennen von Adressierungs-Sequenzen.
Dabei wird jedoch beobachtet, daß sich die Operationen im Falle der Register-
Adressierung anders verhalten als bei Referenz auf Speicherworte. Somit müssen

jeweils zwei Arten von Sequenzen vorgesehen werden.

Zweiter Schritt: Die getrennten Sequenzen werden konstruiert:

Adressierungsart-Sequenzen:

ab :

```
conbegin
   seqbegin                          {begin operation tasks}
      parbegin
         one_to_alu ;
         pc_via_a_to_alu ;
         pc_via_a_to_ao ;
         edb_to_din
      end ;
      parbegin
         t1_via_a_to_pc
      end ;
      parbegin
         din_via_b_to_alu ;
         ry_via_a_to_alu
      end ;
      parbegin
         edb_to_din ;
         t1_via_b_to_ao ;
         t1_via_b_to_t2
      end
   end ;                             {end operation tasks}
   seqbegin                          {begin housekeeping tasks}
   end                               {end housekeeping tasks}
end

ai :

conbegin
   seqbegin                          {begin operation tasks}
      parbegin
         ry_via_b_to_ao ;
         ry_via_b_to_t2 ;
         edb_to_din
      end
   end ;                             {end operation tasks}
   seqbegin                          {begin housekeeping tasks}
```

222

```
        end                     {end housekeeping tasks}
end

Operations-Sequenzen mit Hauptspeicher-Referenz:

load:

conbegin
    seqbegin                    {begin operation tasks}
        parbegin
            din_via_b_to_rx ;
            din_via_b_to_t2
        end ;
        parbegin
            t2_via_a_to_alu ;
            zero_to_alu
        end
    end ;                       {end operation tasks}
    seqbegin                    {begin housekeeping tasks}
        parbegin
            pc_via_a_to_alu ;
            pc_via_a_to_ao ;
            one_to_alu ;
            edb_to_ir
        end ;
        parbegin
            ir_to_irb ;
            t1_via_b_to_pc
        end
    end                         {end housekeeping tasks}
end

store :

conbegin
    seqbegin                    {begin operation tasks}
        parbegin
            rx_via_a_to_alu ;
            rx_via_a_to_do ;
            t2_via_b_to_ao ;
            zero_to_alu
        end
    end ;                       {end operation tasks}
    seqbegin                    {begin housekeeping tasks}
```

```
        parbegin
           pc_via_a_to_alu ;
           pc_via_a_to_ao ;
           one_to_alu ;
           edb_to_ir
        end ;
        parbegin
           ir_to_irb ;
           t1_via_b_to_pc
        end
     end                          {end housekeeping tasks}
end

add, and, sub :

conbegin
   seqbegin                       {begin operation tasks}
      parbegin
         din_via_b_to_alu ;
         rx_via_a_to_alu
      end ;
      parbegin
         t1_via_a_to_do ;
         t2_via_b_to_ao
      end
   end ;                          {end operation tasks}
   seqbegin                       {begin housekeeping tasks}
      parbegin
         pc_via_a_to_alu ;
         pc_via_a_to_ao ;
         one_to_alu ;
         edb_to_ir
      end ;
      parbegin
         ir_to_irb ;
         t1_via_b_to_pc
      end
   end                            {end housekeeping tasks}
end

test :

conbegin
```

```
    seqbegin                        {begin operation tasks}
        parbegin
            din_via_b_to_t2
        end ;
        parbegin
            t2_via_a_to_alu ;
            zero_to_alu
        end
    end ;                           {end operation tasks}
    seqbegin                        {begin housekeeping tasks}
        parbegin
            pc_via_a_to_alu ;
            pc_via_a_to_ao ;
            one_to_alu ;
            edb_to_ir
        end ;
        parbegin
            ir_to_irb ;
            t1_via_b_to_pc
        end
    end                             {end housekeeping tasks}
end
```

Operations-Sequenzen ohne Hauptspeicher-Referenz:

```
load :

conbegin
    seqbegin                        {begin operation tasks}
        parbegin
            ry_via_a_to_alu ;
            ry_via_a_to_rx ;
            zero_to_alu
        end
    end ;                           {end operation tasks}
    seqbegin                        {begin housekeeping tasks}
        parbegin
            pc_via_a_to_alu ;
            pc_via_a_to_ao ;
            one_to_alu ;
            edb_to_ir
        end ;
        parbegin
            ir_to_irb ;
```

```
            t1_via_b_to_pc
        end
    end                         {end housekeeping tasks}
end

store :

conbegin
    seqbegin                    {begin operation tasks}
        parbegin
            rx_via_a_to_alu ;
            rx_via_a_to_ry ;
            zero_to_alu
        end
    end ;                       {end operation tasks}
    seqbegin                    {begin housekeeping tasks}
        parbegin
            pc_via_a_to_alu ;
            pc_via_a_to_ao ;
            one_to_alu ;
            edb_to_ir
        end ;
        parbegin
            ir_to_irb ;
            t1_via_b_to_pc
        end
    end                         {end housekeeping tasks}
end

add, and, sub :

conbegin
    seqbegin                    {begin operation tasks}
        parbegin
            ry_via_b_to_alu ;
            rx_via_a_to_alu
        end ;
        parbegin
            t1_via_a_to_ry ;
        end
    end ;                       {end operation tasks}
    seqbegin                    {begin housekeeping tasks}
        parbegin
```

226

```
            pc_via_a_to_alu ;
            pc_via_a_to_ao ;
            one_to_alu ;
            edb_to_ir
        end ;
        parbegin
            ir_to_irb ;
            t1_via_b_to_pc
        end
    end                                 {end housekeeping tasks}
end


Sprung-Instruktion:

bz :


conbegin
    seqbegin                            {begin operation tasks}
    end ;                               {end operation tasks}
    seqbegin                            {begin housekeeping tasks}
        parbegin
            ry_via_a_to_alu ;
            ry_via_a_to_ao ;
            one_to_alu
        end ;
        if zero then {branch}
            parbegin
                ir_to_irb ;
                t1_via_b_to_pc
            end
                    else {no branch}
            seqbegin
                parbegin
                    pc_via_a_to_alu ;
                    pc_via_a_to_ao ;
                    one_to_alu ;
                    edb_to_ir
                end ;
                parbegin
                    ir_to_irb ;
                    t1_via_b_to_pc
                end
            end
    end                                 {end housekeeping tasks}
```

```
end
```

Dritter Schritt: Mischen von getrennten Sequenzen in vereinigte:

Adressierungsart-Sequenzen

```
ab :

    seqbegin
       parbegin
          one_to_alu ;
          pc_via_a_to_alu ;
          pc_via_a_to_ao ;
          edb_to_din
       end ;
       parbegin
          t1_via_a_to_pc
       end ;
       parbegin
          din_via_b_to_alu ;
          ry_via_a_to_alu
       end ;
       parbegin
          edb_to_din ;
          t1_via_b_to_ao ;
          t1_via_b_to_t2
       end
    end

ai :

       parbegin
          ry_via_b_to_ao ;
          ry_via_b_to_t2 ;
          edb_to_din
       end
```

Operations-Sequenzen mit Hauptspeicher-Referenz:

```
load :

    seqbegin
       parbegin
          din_via_b_to_rx ;
```

228

```
            din_via_b_to_t2 ;
            pc_via_a_to_alu ;
            pc_via_a_to_ao ;
            one_to_alu ;
            edb_to_ir
         end ;
         parbegin
            t2_via_a_to_alu ;
            zero_to_alu ;
            ir_to_irb ;
            t1_via_b_to_pc
         end
      end

store :

   seqbegin
      parbegin
         rx_via_a_to_alu ;
         rx_via_a_to_do ;
         t2_via_b_to_ao ;
         zero_to_alu
      end
      parbegin
         pc_via_a_to_alu ;
         pc_via_a_to_ao ;
         one_to_alu ;
         edb_to_ir
      end ;
      parbegin
         ir_to_irb ;
         t1_via_b_to_pc
      end
   end

add, and, sub :

   seqbegin
      parbegin
         din_via_b_to_alu ;
         rx_via_a_to_alu
      end ;
      parbegin
```

```
            t1_via_a_to_do ;
            t2_via_b_to_ao
        end
        parbegin
            pc_via_a_to_alu ;
            pc_via_a_to_ao ;
            one_to_alu ;
            edb_to_ir
        end ;
        parbegin
            ir_to_irb ;
            t1_via_b_to_pc
        end
    end

test :

    seqbegin
        parbegin
            din_via_b_to_t2 ;
            pc_via_a_to_alu ;
            pc_via_a_to_ao ;
            one_to_alu ;
            edb_to_ir
        end ;
        parbegin
            t2_via_a_to_alu ;
            zero_to_alu ;
            ir_to_irb ;
            t1_via_b_to_pc
        end
    end
```

Operations-Sequenzen ohne Hauptspeicher-Referenz:

load :

```
    seqbegin
        parbegin
            ry_via_b_to_t2 ;
            ry_via_b_to_rx ;
            pc_via_a_to_alu ;
            pc_via_a_to_ao ;
            one_to_alu ;
```

```
            edb_to_ir
        end
        parbegin
           t2_via_a_to_alu ;
           zero_to_alu ;
           ir_to_irb ;
           t1_via_b_to_pc
        end
    end

store :

    seqbegin
        parbegin
           rx_via_b_to_t2 ;
           rx_via_b_to_ry ;
           zero_to_alu ;
           pc_via_a_to_alu ;
           pc_via_a_to_ao ;
           one_to_alu ;
           edb_to_ir
        end ;
        parbegin
           t2_via_a_to_alu ;
           zero_to_alu ;
           ir_to_irb ;
           t1_via_b_to_pc
        end
    end

add, and, sub :

    seqbegin
        parbegin
           ry_via_b_to_alu ;
           rx_via_a_to_alu
        end ;
        parbegin
           t1_via_b_to_ry ;
           pc_via_a_to_alu ;
           pc_via_a_to_ao ;
           one_to_alu ;
           edb_to_ir
```

```
        end
      parbegin
         ir_to_irb ;
         t1_via_b_to_pc
      end
   end
```

Sprung-Instruktion:

```
bz :

   seqbegin
      parbegin
         ry_via_a_to_alu ;
         ry_via_a_to_ao ;
         one_to_alu
      end ;
      if zero then {branch}
         parbegin
            ir_to_irb ;
            t1_via_b_to_pc
         end
               else {no branch}
         seqbegin
            parbegin
               pc_via_a_to_alu ;
               pc_via_a_to_ao ;
               one_to_alu ;
               edb_to_ir
            end ;
            parbegin
               ir_to_irb ;
               t1_via_b_to_pc
            end
         end
      end
   end
```

Vierter Schritt: Umschreiben als Zustandstabelle, gleiche Postfixe von Sequenzen vereinigen:

```
while true do
   case state of
 ab1:parbegin
```

232

```
                one_to_alu ;
                pc_via_a_to_alu ;
                pc_via_a_to_ao ;
                edb_to_din ;
                state := ab2
            end ;
    ab2:parbegin
                t1_via_a_to_pc ;
                state := ab3
            end ;
    ab3:parbegin
                din_via_b_to_alu ;
                ry_via_a_to_alu  ;
                state := ab4
            end ;
    ab4:parbegin
                edb_to_din ;
                t1_via_b_to_ao ;
                t1_via_b_to_t2 ;
                state := ire.operation_code
            end ;


    ai1:parbegin
                ry_via_b_to_ao ;
                ry_via_b_to_t2 ;
                edb_to_din ;
                state := irb.operation_code
            end ;


    ldm1:parbegin
                din_via_b_to_rx ;
                din_via_b_to_t2 ;
                pc_via_a_to_alu ;
                pc_via_a_to_ao ;
                one_to_alu ;
                edb_to_ir ;
                state := tl1
            end ;


     tl1:parbegin
                t2_via_a_to_alu ;
                zero_to_alu ;
                ir_to_irb ;
```

```
              t1_via_b_to_pc ;
              state := next_instruction
         end ;

stm1:parbegin
              rx_via_a_to_alu ;
              rx_via_a_to_do ;
              t2_via_b_to_ao ;
              zero_to_alu ;
              state := tl2
         end ;

 tl2:parbegin
              pc_via_a_to_alu ;
              pc_via_a_to_ao ;
              one_to_alu ;
              edb_to_ir ;
              state := tl3
         end ;

 tl3:parbegin
              ir_to_irb ;
              t1_via_b_to_pc ;
              state := next_instruction
         end

am1:parbegin
              din_via_b_to_alu ;
              rx_via_a_to_alu ;
              state := am2
         end ;
am2:parbegin
              t1_via_a_to_do ;
              t2_via_b_to_ao ;
              state := tl2
         end ;

ts1:parbegin
              din_via_b_to_t2 ;
              pc_via_a_to_alu ;
              pc_via_a_to_ao ;
              one_to_alu ;
              edb_to_ir ;
```

```
          state := tl1
      end ;

  lr1:parbegin
          ry_via_b_to_t2 ;
          ry_via_b_to_rx ;
          pc_via_a_to_alu ;
          pc_via_a_to_ao ;
          one_to_alu ;
          edb_to_ir ;
          state := tl1
      end ;

  sr1:parbegin
          rx_via_b_to_t2 ;
          rx_via_b_to_ry ;
          zero_to_alu ;
          pc_via_a_to_alu ;
          pc_via_a_to_ao ;
          one_to_alu ;
          edb_to_ir ;
          state := tl1
      end ;

  ar1:parbegin
          ry_via_b_to_alu ;
          rx_via_a_to_alu ;
          state := ar2
      end ;
  ar2:parbegin
          t1_via_b_to_ry ;
          pc_via_a_to_alu ;
          pc_via_a_to_ao ;
          one_to_alu ;
          edb_to_ir ;
          state := tl3
      end ;

  bz1:parbegin
          ry_via_a_to_alu ;
          ry_via_a_to_ao ;
          one_to_alu ;
          state := if zero then tl3 else tl2
```

```
      end ;
   next_instruction : state := irb.addressing_mode
 end ;
```

4.4 Optimierung auf der Gatterebene

Auf der Gatterebene hat man mit der Booleschen Algebra ein sehr elegantes algebraisches Modell zur Verfügung, wodurch Optimierungsaufgaben sehr präzise formuliert und algorithmisch durchgeführt werden können. Die bereits in Abschnitt 2.1.1 angegebene Definition einer Booleschen Algebra soll daher hier in etwas anderer Notation nochmals wiederholt werden:

Def. 4.4.1 (Boolesche Algebra)

$B = (B,|,\&,not,0 ,1)$ heißt Boolesche Algebra :$\Leftrightarrow$

1) B ist eine Menge   (Trägermenge)
2) $|, \& : B^2 \rightarrow B$ (Addition, Multiplikation)
3) not : $B \rightarrow B$ (Komplement)
4) $0, 1 \in B$ (neutrale Elemente)
5) $\forall$ a,b $\in$ B : a|b = b|a, a&b = b&a (Kommutativität)
6) $\forall$ a,b,c $\in$ B : (a|b)&c = (a&c)|(b&c), (a&b)|c = (a|c)&(b|c)
                                               (Distributivität)
7) $\forall$ a $\in$ B : a|0 = a, a&1 =a
8) $\forall$ a $\in$ B : a|not(a) =1, a¬(a) = 0
9) $\exists$ a,b $\in$ B : a<>b

$\Diamond$

Boolesche Algebren lassen sich auf den verschiedensten Trägermengen definieren, die jedoch stets 2^n für $n >= 0$ Elemente haben müssen. Die kleinstmögliche Trägermenge besteht aus $\{0,1\}$. Eine darauf definierte Boolesche Algebra wird auch Schaltalgebra genannt. Für Boolesche Algebren gelten eine Reihe von strukturellen Eigenschaften und Rechenregeln, die für die zu leistenden Optimierungsaufgaben von Bedeutung sind. Einige werden nachfolgend (ohne Beweis) angegeben.

Lemma 4.4.1

1) $(\exists$ n $\in$ B : $\forall$ a $\in$ B : a|n=a$) \Rightarrow$ n=0,
   $(\exists$ n $\in$ B : $\forall$ a $\in$ B : a&n=a$) \Rightarrow$ n=1

2) $\forall$ a $\in$ B : [$(\exists$ k $\in$ B : a|k=1 und a&k=0$) \Rightarrow$ k=not(a)]

3) $\forall\ a \in B :\ a|a=a=a\&a$

4) $\forall\ a \in B :\ a|1=1,\ a\&0=0$

5) $not(0)=1,\ not(1)=0$

6) $\forall\ a \in B :\ not(not(a))=a$

7) $\forall\ a,b \in B :\ a|(a\&b)=a,\ a\&(a|b)=a$

8) $\forall\ a,b,c \in B :\ a|(b|c)=(a|b)|c,\ a\&(b\&c)=(a\&b)\&c$

9) $\forall\ a,b \in B :\ not(a|b)=not(a)\¬(b),\ not(a\&b)=not(a)|not(b)$

$\Diamond$

Das Gesetz 1 zeigt die Eindeutigkeit von 0 und 1, 2 die Eindeutigkeit des Komplements. Die Eigenschaft 3 wird Idempotenz genannt, 6 Involution, 7 Absorption und 8 Assoziativität. Die Regeln 9 schließlich werden De Morgansche Regeln genannt.

Auf Booleschen Algebren läßt sich nun sehr einfach eine Halbordnung definieren durch:

Def. 4.4.2
Sei $B = (B, |, \&, not, 0, 1)$ eine Boolesche Algebra.
$\forall\ a,b \in B :\ a <= b :\Leftrightarrow a=a\&b$

$\Diamond$

Eine Boolesche Algebra zusammen mit der oben definierten Halbordnung bildet einen Booleschen Verband.

Aus Booleschen Algebren kann man durch eine einfache Kreuzproduktkonstruktion eine weitere Boolesche Algebra konstruieren. Damit lassen sich dann auch Operationen auf Bitketten ebenso einfach darstellen und manipulieren wie solche auf einzelnen Bits.

Def. 4.4.3 (Kreuzprodukt Boolescher Algebren)
Sei $n \in I\!N$ und für $i \in \{0:n\}$ seien $B_i = (B_i, |_i, \&_i, not_i, 0_i, 1_i)$ Boolesche Algebren. Dann ist das Kreuzprodukt $B = (B, |, \&, not, 0, 1)$ gegeben durch:

(i) $\qquad B \quad := B_1 \times B_2 \times ... \times B_n$

(ii) $\quad |\quad : \quad B^2 \to B$ mit $\forall\, (a_1, a_2, ..., a_n), (b_1, b_2, ..., b_n) :$
$\qquad\qquad\quad (a_1, a_2, ..., a_n)|(b_1, b2, ..., b_n) := (a_1|_1 b_1, a_2|_2 b_2, ..., a_n|_n b_n)$

(iii) $\quad \& \quad : \quad B^2 \to B$ mit $\forall\, (a_1, a_2, ..., a_n), (b_1, b_2, ..., b_n) :$
$\qquad\qquad\quad (a_1, a_2, ..., a_n)\&(b_1, b_2, ..., b_n) := (a_1\&_1 b_1, a_2\&_2 b_2, ..., a_n\&_n b_n)$

(iv) $\quad not : \quad B \to B$ mit $\forall\, (a_1, a_2, ..., a_n) :$
$\qquad\qquad\quad not(a_1, a_2, ..., a_n) := (not_1(a_1), not_2(a_2), ..., not_n(a_n))$

(v) $\quad 0 \quad := (0_1, 0_2, ..., 0_n),\ 1 := (1_1, 1_2, ..., 1_n)$

$\Diamond$

Das Kreuzprodukt Boolescher Algebren ist wieder eine Boolesche Algebra. Dies gilt natürlich insbesondere auch, wenn das Kreuzprodukt aus lauter identischen Booleschen Algebren besteht, z.B. jeweils aus der Schaltalgebra. In diesem Fall sind nicht nur die Wertemengen der Einzelalgebren, sondern auch deren Operationen identisch, und man erhält eine natürliche Erweiterung der Schaltalgebra auf Tupel durch komponentenweise Anwendung der Operationen.

Def. 4.4.4

Eine totale Abbildung $f : \{0,1\}^n \to \{0,1\}$ heißt n-stellige Schaltfunktion. An Stelle von $\{0,1\}$ kann eine beliebige Menge, auf der eine Boolesche Algebra definiert ist, stehen. In diesem Fall spricht man dann von einer n-stelligen Booleschen Funktion. In vielen Fällen wird mit einer Booleschen Funktion implizit einfach eine Schaltfunktion bezeichnet.

Auf der Menge der n-stelligen Schaltfunktionen kann man ebenfalls die Operationen $|$, $\&$ und not definieren durch:
$f = f_1|f_2 :<=> \forall\, m \in \{0,1\}^n : f(m) = f_1(m)|f_2(m)$
$f = f_1\&f_2 :<=> \forall\, m \in \{0,1\}^n : f(m) = f_1(m)\&f_2(m)$
$f = not(f_1) :<=> \forall\, m \in \{0,1\}^n : f(m) = not(f_1(m)).$

$\Diamond$

Ersetzt man die Menge $\{0,1\}$ durch eine beliebige Menge, auf der eine Boolesche Algebra definiert werden kann, so kann man dieselbe Konstruktion durchführen.
Die Menge der n-stelligen Booleschen Funktionen bildet mit den so definierten Operationen ihrerseits eine Boolesche Algebra, was sich leicht zeigen läßt. Diese Boolesche Algebra läßt sich ebenfalls mit der in Def. 4.4.2 eingeführten Halbordnung zu einem Verband ausweiten. In diesem Kontext wird die Halbordnung üblicherweise Implikation genannt:

238

Def. 4.4.5

Seien f und g n-stellige Boolesche Funktionen.
f impliziert g (f → g) :⇔ ∀ m ∈ $\{0,1\}^n$: $(f(m) = 1 \Rightarrow g(m)=1)$.
(Man sieht leicht, daß gilt: f → g :⇔ f <= g.)

◇

Die Frage ist nun, wie Boolesche Funktionen adäquat dargestellt werden können.
Dies kann sicherlich durch Tabellieren stattfinden, indem man für jedes Argument
(-Tupel) den Funktionswert angibt. Die nachfolgende Tabelle beispielsweise listet
alle 2-stelligen Schaltfunktionen auf:

a b	00	01	02	03	04	05	06	07	08	09	10	11	12	13	14	15
0 0	0	0	0	0	0	0	0	0	1	1	1	1	1	1	1	1
0 1	0	0	0	0	1	1	1	1	0	0	0	0	1	1	1	1
1 0	0	0	1	1	0	0	1	1	0	0	1	1	0	0	1	1
1 1	0	1	0	1	0	1	0	1	0	1	0	1	0	1	0	1

Die Funktion 01 ist beispielsweise die Funktion &, die Funktion 07 ist die Funktion |.
Da man jedoch 2^n Wertepaare benötigt, um eine n-stellige Schaltfunktion zu tabellieren, ist diese Methode ab einer gewissen Stelligkeit nicht mehr handhabbar. Da aber
die Menge der n-stelligen Booleschen Funktionen eine Boolesche Algebra darstellen,
kann man Boolesche Funktionen auch als algebraische Ausdrücke auf der Basis von
Elementarfunktionen darstellen (konstruieren). Üblicherweise benutzt man hierfür
die syntaktischen Regeln arithmetischer Ausdrücke, wobei man dabei | wie + und
& wie * wertet.

Beispiel:

not(x) & (y | not(z)) ist eine Boolesche Formel in drei Variablen.
Booleschen Formeln kann man nun unter Anwendung der unter Def. 4.4.4 angegebenen Vereinbarungen Boolesche Funktionen zuordnen, wobei einer Formel in n
Variablen eine n-stellige Boolesche Funktion zugeordnet wird. Diese lassen sich dann
auf Argument-Tupel anwenden (ausrechnen).

Def. 4.4.6

Sei bf eine Boolesche Formel in n Variablen. Mit <bf> wird die bf zugeordnete
n-stellige Boolesche Funktion bezeichnet, mit <bf> $(a_1, a_2, ..., a_n)$ deren Wert auf
dem Argument-Tupel a_1 bis a_n.

◇

Beispiel:
<not(x) & (y | not(z))> (0, 1, 1) = 1

Oft werden Boolesche Formeln mit den ihnen zugeordneten Booleschen Funktionen
identifiziert. Dies ist jedoch nicht sinnvoll, da zwar nach Konstruktion einer Booleschen Formel bf genau eine Boolesche Funktion <bf> zugeordnet wird, die Gegen-
richtung jedoch nicht eindeutig ist. Tatsächlich läßt sich jede Boolesche Funktion
durch unendlich viele verschiedene Boolesche Formeln darstellen, was man aufgrund
der Gleichheit <x> = <not(not(x))>, wobei x eine beliebige Boolesche Formel ist,
sofort sieht. Neben der damit sofort aufkommenden Frage nach Normalformen stellt
sich somit auch das Problem einer nach gewissen Kriterien optimalen Darstellung
einer gegebenen Booleschen Funktion als Boolesche Formel. Dies genau ist das auf
Gatterebene zu lösende Optimierungsproblem.

Def. 4.4.7

Eine Formel der Form x oder der Form not(x), wobei x eine Variable ist, heißt Li-
teral.
Eine Formel der Form $x_1 \& x_2 \& ... \& x_n$, wobei alle x_i Literale sind, heißt Produktterm.
Eine Formel der Form $x_1 | x_2 | ... | x_n$, wobei alle x_i Literale sind, heißt Summenterm.
Für eine Boolesche Funktion in n Argumenten heißt ein Produktterm maximaler
Länge, d.h. mit n verschiedenen Variablen, Minterm.
Für eine Boolesche Funktion in n Argumenten heißt ein Summenterm maximaler
Länge, d.h. mit n verschiedenen Variablen, Maxterm.
Schreibt man statt x x^1 und statt $not(x)$ x^0, so erhält man für einen Minterm die
Form $x_{n-1}^{e_{n-1}} \& x_{n-2}^{e_{n-2}} \& ... \& x_0^{e_0}$. Interpretiert man den String $e_{n-1}e_{n-2}...e_0$ als Binärdarstel-
lung der Zahl i, so kann man vom i-ten Minterm sprechen. Analog kann man Max-
terme darstellen.

Beispiel:
Es gebe drei Variable a, b, c. Dann kann man den dritten Minterm schreiben als
$a^0 \& b^1 \& c^1$. Dies ist gleichwertig zu not(a)&b&c.

Def. 4.4.8

Für eine Boolesche Funktion f in n Argumenten heißt die folgende Formel Minterm-
Normal-Form:

$$f = \sum_{e \in \{0,1\}^n} < x_{n-1}^{e_{n-1}} \& x_{n-2}^{e_{n-2}} \& ... \& x_0^{e_0} > \& f(e_{n-1}, ..., e_o)$$

◇

Mit der Minterm-Normalform hat man eine Darstellung, die aus einer tabellarischen
Darstellung einer Schaltfunktion unmittelbar abgeleitet werden kann. Man muß nur
über die Minterme summieren, für die der Funktionswert "1" angegeben ist. Die
Werte "0" und "1" in den entsprechenden Zeilen ergeben dabei unmittelbar den
Exponentenstring.

Beispiel:
Die Funktion, gegeben durch die Tabelle

a	b	c	x
0	0	0	1
0	0	1	0
0	1	0	0
0	1	1	1
1	0	0	0
1	0	1	0
1	1	0	0
1	1	1	1

ergibt die Mintermnormalform

$a^0 b^0 c^0 | a^0 b^1 c^1 | a^1 b^1 c^1$, gleichbedeutend mit

```
not(a)&not(b)&not(c) | not(a)&b&c | a&b&c.
```

Nimmt man nun an, daß eine Summe mit n Summanden billiger ist als eine solche
mit n+1 Summanden und analog ein Produkt mit m Faktoren billiger als eines mit
m+1 Faktoren, so ist die Mintermnormalform eher teuer, da man die maximal nötige
Anzahl von Produkttermen benötigt, die ihrerseits jeweils die maximale Länge haben. Bleibt man innerhalb des Schemas von Summen von Produkttermen (dies soll
im folgenden stets geschehen) so kann man beispielsweise die obige Funktion auch
durch die Formel

```
not(a)&not(b)&not(c) | b&c
```

darstellen, womit man nicht nur weniger Produktterme benötigt, sondern in einem
Fall auch einen kürzeren.

Def. 4.4.9

Eine Summe von Produkttermen heißt minimal :⇔ Es gibt keine billigere Summe
von Produkttermen, die die gleiche Funktion darstellt.

Damit läßt sich das Optimierungsziel formulieren als:
Gegeben eine Boolesche Funktion f, finde alle Formeln bf mit <bf> = f und bf ist
minimale Summe von Produkttermen.

Def. 4.4.10

Es sei f eine n-stellige Boolesche Funktion und p, p' Produktterme mit maximal n
Literalen.

$i)$ p ist Implikant von f $:\Leftrightarrow\ <p>\ \rightarrow\ f$

$ii)$ p ist Primimpliant von f $:\Leftrightarrow\ p$ ist Implikant von f und

$\forall p' :<p>\ \rightarrow\ <p'>\ \rightarrow\ f \Rightarrow\ <p'>\ =\ <p>$

$\Diamond$

Primimplikanten sind also Implikanten "maximaler 1-Überdeckung" so wie Minterme Implikanten "minimaler 1-Überdeckung" sind. Eine Summe bestehend nur
aus Primimplikanten wird also die kürzeste mögliche Summe darstellen. Ebenso
leicht macht man sich klar, daß ein Primimplikant ein Implikant minimaler Länge
(am wenigsten Literale enthaltend) ist, da jedes zusätzliche Literal die Anzahl der
überdeckten Einsen höchstens vermindern kann. Die zu lösende Optimierungsauf-
gabe lautet daher:

1. Finde alle Primimplikanten einer Funktion

2. Finde die Menge alle minimalen Summen derartiger Primimplikanten, die die
   gewünschte Funktion ergeben.

Beispiel:
Für die oben tabellierte Funktion sind die Produktterme `not(a)¬(b)¬(c)`
sowie `b&c` (alle) Primimplikanten, die Formel `not(a)¬(b)¬(c) | b&c` daher
eine minimale Summe.

Zur Erzeugung der Primimplikanten einer Booleschen Funktion gibt es eine Reihe
von Methoden. Hier sollen nur zwei kurz dargestellt werden: die sogenannte Baummethode und der Algorithmus von Quine-McClusky.

Der Baummethode liegen zwei Beobachtungen zugrunde:

- Jeder Primimplikant einer Funktion, die als Produkt von Funktionen gegeben
  ist, läßt sich als Produkt von Primimplikanten der Einzelfunktionen schreiben.

- Für jede n-stellige Boolesche Funktion **f** und jedes Argument **a** gilt:
  $f = <a^0> \, \& f_{a0} | <a^1> \, \& f_{a1}$ (Shannon-Zerlegung). Dabei versteht man unter der Subfunktion $f_{a1}(f_{a0})$ die Funktion, die entsteht, wenn in der Funktion **f** das Argument **a** durch die Konstante "1" ("0") ersetzt wird.

Man muß also lediglich eine Boolesche Funktion, die als Summe von Produkten gegeben ist, rekursiv solange in Subfunktionen zerlegen, bis das Bestimmen der Primimplikanten der Subfunktionen trivial ist, und dann diese Primimplikanten zu Produkten zusammenführen. Die Menge der so erhaltenen Produktterme ist dann identisch mit der Menge der Primimplikanten. Dies leistet der folgende Algorithmus, der in DACAPO-ähnlichem Pseudocode angegeben ist. Die Bedeutungen der benutzten Variablen, Typen und nicht näher aufgeschlüsselten Funktionen ist dabei selbsterklärend. Man beachte, daß es sich um einen rekursiven Algorithmus handelt, der in dieser Form in DACAPO also nicht aufgeschrieben werden kann.

```
function formula_out( in formula_in : sum_of_products) ;
                                      sum_of_products ;

  fuction simplify ( in formula_in : sum_of_products) :
                                      sum_of_products ;
    seqbegin
      simplify := if one_productterm_"1"
        then "1" else ;
      simplify := if one_productterm_"0"
        then formula_in_without_it else;
      simplify := if one_productterm_twice
        then formula_in_without_doublicates else
    end;

  function multiply
          (in formula_in : product_of_sums) : sum_of_products ;
    seqbegin
      multiply := simplify(formula_in_transferred_to_sum_product_form)
    end;

  function eliminate_extensions (in formula_in : sum_of_products) :
          sum_of_products ;
    seqbegin
      forall productterms_in_formula_in do
        productterm :=
                  if productterm =
      extension_of_productterm_in_formula_in
                  then "0"
                  else productterm ;
```

```
        eliminate_extensions := simplify(sum_of_productterms)
  end;


seqbegin
  formula := simplify(formula_in);
  if formula = "1" or formula = "0"
    then formula_out := formula
    else seqbegin
          a := select_argument(formula);
          forall pj_in_set_of_productterms_of_formula do
            parbegin
               pj0 := if a_in_pj then 0
                           else if not_a_in_pj then pj_without_a
                                        else pj;
               pj1 := if not_a_in_pj then 0
                           else if a1_in_pj then pj_without_a
                                        else pj
            end;
          formula0     := simplify(sum_of_all_pj0);
          formula1     := simplify(sum_of_all_pj1);
          formula0_new := formula_out(formula0);
          formula1_new := formula_out(formula1);
          formula_new  := not(a)&formula0_new |
                          a&formula1_new |
                          formula0_new&formula1_new;
          formula_new  := simplify(multiply(formula_new));
          formula_out  := eliminate_extensions(formula_new)
        end;
```

Dieser Algorithmus liefert zu der eingegebenen Formel eine Formel für die gleiche Funktion in Form der Summe aller Primimplikanten.

Beispiel:

Wendet man obigen Algorithmus auf die Formel

`f = a¬(b) | b¬(c) | not(a)`

an, so kann man zunächst nach b entwickeln und erhält damit die Formeln

$f_{b1} = not(c)|not(a)$ und

$f_{b0} = a|not(a)$.

f_{b1} läßt sich nach c weiter zerlegen, womit man erhält:

$f_{b1c1} = not(a)$ und

$f_{b1c0} = "1"|not(a)$.

Die einzig mögliche Zerlegung von f_{b0} nach a ergibt die Formeln

$f_{b0a1} = "1"$ und

$f_{b0a0} = "1"$.

Genauso lassen sich auch f_{b1c1} und f_{b1c0} nur nach a weiter zerlegen, womit man auch dort jeweils erhält:

$f_{b1c1a1} = "1",$
$f_{b1c1a0} = "1",$
$f_{b1c0a1} = "0",$
$f_{b1c0a0} = "1".$

Nun werden in der rekursiven Prozedur von den Blättern nach oben die Formeln für die Subfunktionen neu gebildet, wobei nun nur noch Summen von Primimplikanten konstruiert werden:

$$f_{b1c1} = a\&"0"|not(a)\&"1"|"0"\&"1" = not(a)$$
$$f_{b1c0} = a\&"1"|not(a)\&"1"|"1"\&"1" = "1"$$
$$f_{b1} = c\¬(a)|not(c)\&"1"|not(a)\&"1" = not(c)|not(a)$$
$$f_{b0} = a\&"1"|not(a)\&"1"|"1"\&"1" = "1"$$
$$f = b\¬(c)|b\¬(a)|not(b)\&"1"|"1"\¬(c)|"1"\¬(a)$$
$$= not(b)|not(c)|not(a)$$

Die gleiche Methode liegt letztlich den Karnaugh-Tafeln zugrunde. Hier tabelliert man die Funktion in einem zweidimensionalen Schema, wobei jede Spalte und jede Zeile bestimmten Argumentwerten entsprechen. Dabei hat man zu beachten, daß benachbarte Zeilen bzw. Spalten jeweils den Hamming-Abstand eins haben, d.h. sich nur in einem Argument unterscheiden dürfen. Für das obige Beispiel sieht die Karnaugh-Tafel beispielsweise wie folgt aus:

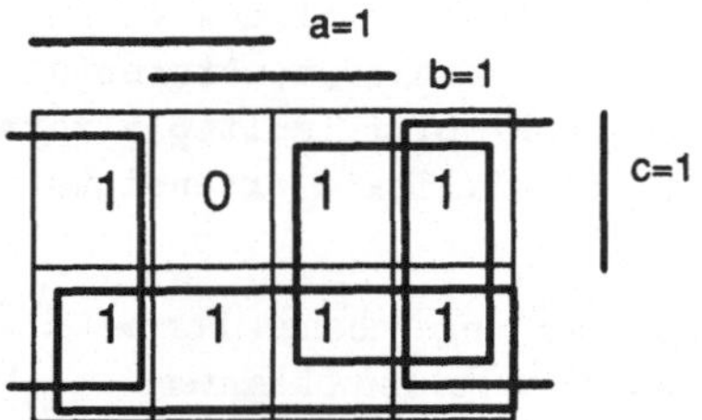

Die Spalten(-Tupel) und Zeilen(-Tupel) entsprechen hier den Subfunktionen. Primimplikanten kann man dadurch ablesen, daß man möglichst große Rechtecke, die nur mit "1" gefüllt sind, sucht und die dazugehörigen Argumentkombinationen abliest, wobei ein Argument=1 für die nicht komplementierte Variable als Literal steht, ein Argument=0 für die komplementierte. Weiterhin ist zu beachten, daß die Karnaugh-Tafel als Torus aufzufassen ist. Karnaugh-Tafeln sind bei Funktionen mit nicht zu vielen Argumenten ein beliebtes und effizientes Hilfsmittel, um schnell die Primimplikanten bestimmen zu können. Allerdings muß die Funktion tabelliert vorliegen. Ein weiteres sehr einfaches Verfahren ist das von Quine/Mc Cluskey. Hier wird vorausgesetzt, daß für die zu minimierende Funktion die Minterm-Normalform vorliegt. Das Verfahren beruht auf der einfachen Konsensus-Regel:

a&x | not(a)&x = x wobei **a** eine Variable und **x** ein beliebiger Produktterm, der a nicht enthält, ist.

Der folgende, ebenfalls in Pseudocode aufgeschriebene Algorithmus zeigt dieses Verfahren:

```
function qm_result (in formula_in : minterm-normal-form)
                                   : sum_of_products;
  seqbegin
    formula := simplify(formula_in) ;
    repeat
      seqbegin
        b := "0" ;
        forall p in productterms_of_formula_in do
          forall q in productterms_of_formula_in do
            seqbegin
              c = simple_consensus(p,q);
              b := b | c
            end ;
        b := simplify(b) ;
        if b <> "0" then formula := eliminate_extensions(formula | b)
                    else
      end
    until b = "0" ;
    qm_result := formula
  end ;
```

Ein paar Bemerkungen:
Ein einfacher Konsensus ist natürlich nur zwischen Produkttermen möglich, die sich in genau einem Literal unterscheiden. Man kann daher die Suche nach möglichen Konsensuspartnern vereinfachen, wenn man die Produktterme nach der Anzahl der nicht komplementierten Literale sortiert. Der Algorithmus funktioniert auch bei partiellen Funktionen, d.h. solchen, die für gewisse Argumentkombinationen nicht definiert ("X") sind.

Beispiel:
Gegeben sei wieder die durch die Formel
a¬(b) | b¬(c) | not(a) definierte Funktion. Sie wird wie folgt in Minterm-Normalform dargestellt:

a¬(b)&c | a¬(b)¬(c) | a&b¬(c) | not(a)&b¬(c) |
not(a)&b&c | not(a)¬(b)&c | not(a)¬(b)¬(c)

Die Produktterme seien nun durchnumeriert.

```
Konsensus(07,02) ergibt Produktterm  8 :   not(b)&not(c)
Konsensus(07,04) ergibt Produktterm  9 :   not(a)&not(c)
Konsensus(07,06) ergibt Produktterm 10 :   not(a)&not(b)
Konsensus(02,01) ergibt Produktterm 11 :   a&not(b)
Konsensus(02,03) ergibt Produktterm 12 :   a&not(c)
Konsensus(04,03) ergibt Produktterm 13 :   b&not(c)
Konsensus(04,05) ergibt Produktterm 14 :   not(a)&b
Konsensus(06,01) ergibt Produktterm 15 :   not(b)&c
Konsensus(06,05) ergibt Produktterm 16 :   not(a)&c
```

Die Produktterme 1 bis 7 sind Verlängerungen der Produktterme 8 bis 16, können
also gestrichen werden.

```
Konsensus(08,13) ergibt Produktterm 17 :   not(c)
Konsensus(08,15) ergibt Produktterm 18 :   not(b)
Konsensus(09,16) ergibt Produktterm 19 :   not(a)
```

Die Produktterme 8 bis 16 sind Verlängerungen der Produktterme 17 bis 19, können
also gestrichen werden. Damit hat man wieder die drei Primimplikanten not(a),
not(b) und not(c) erhalten, und der Algorithmus gibt die Summe dieser drei Primimplikanten als Ergebnis aus.

Hat man nun mit einem beliebigen Verfahren die Menge aller Primimplikanten gefunden, so gilt es nun, eine minimale Summe zu finden. Diese muß nicht notwendigerweise alle Primimplikanten beinhalten, da bereits die Summe einer Teilmenge
von Primimplikanten die Funktion implizieren kann.

Beispiel:
Man betrachte die Funktion:

```
f = < c&not(d) | not(a)&not(b)&c | a&b | not(a)&not(c)&not(d) >
```

Für diese so gegebene Funktion kann man mit einem der obigen Verfahren als Menge
der Primimplikanten bestimmen:

```
P1 = a&c
P2 = a&b
P3 = a&d
P4 = not(a)&not(c)
P5 = c&not(d)
P6 = not(b)&c
P7 = b&not(d)
```

Nun ist es nicht notwendig, f als Summe aller sieben Primimplikanten zu realisieren. Man kann aus dieser Summe die Primimplikanten P5 und P1 streichen und realisiert immer noch dieselbe Funktion. Man kann sich dies verdeutlichen, wenn man die Funktion tabelliert und für jede Argumentkombination (Minterm), die den Wert "1" ergibt, die Menge der Primimplikanten notiert, die diese "1" überdecken. Primimplikanten, die nur solche "1" überdecken, die auch von anderen Primimplikanten überdeckt werden, können gestrichen werden. Nun hat man dabei eine Reihe von Freiheitsgraden, sodaß es recht kompliziert ist, eine minimale Überdeckung zu finden. Weiterhin ist diese minimale Überdeckung nicht eindeutig, d.h. es kann mehrere solche geben. Es stellt sich damit die Frage nach einer systematischen algorithmischen Methode, die Menge aller minimalen Überdeckungen zu finden. Man macht sich zunächst leicht klar, daß gilt:

Seien $P_1, ..., P_k$ Produktterme.
$< P_1|...|P_k >$ überdeckt $f :\Leftrightarrow f$ impliziert $< P_1|...|P_k >$.

Den Begriff der Überdeckung kann man auch für durch einen einzigen Produktterm gegebene Funktionen formulieren:

Def. 4.4.11

Seien $Q, P_1, ..., P_n$ Produktterme. I heißt Überdeckungsindexmenge wenn gilt $I = i_1, ..., i_k$ und $< P_{i_1}|...|P_{i_k} >$ überdeckt $< Q >$. Kann man aus I keinen Index herausstreichen, ohne daß die Überdeckungseigenschaft verloren geht, so heißt I minimale Überdeckungsindexmenge. Mit $\ddot{U}(Q, P_1|...|P_n)$ bezeichnet man die Menge der Überdeckungsindexmengen, bzw. mit $M\ddot{U}(Q, P_1|...|P_n)$ die der minimalen Überdeckungsindexmengen von $P_1, ..., P_n$ bzgl. Q.

$\Diamond$

Ist Q ein Minterm, so werden die Überdeckungsindexmengen natürlich immer einelementig, sind damit automatisch auch minimal. $\ddot{U}(Q,...) = M\ddot{U}(Q,...)$ besteht dann einfach aus der Menge der Indizes aller Produktterme, die die entsprechende "1" überdecken. In Termen gesprochen, sind dies alle Produktterme aus der Menge $P_1, ..., P_n$, die eine Verkürzung von Q sind. Ist Q ein beliebiger Produktterm, z.B. ein Primimplikant, so werden die Überdeckungsindexmengen i. A. mehrelementig. $\ddot{U}(Q,...)$ und $M\ddot{U}(Q,...)$ werden damit i.A. auch verschieden.

Beispiel:

Setzt man in obigem Beispiel $Q = P_1$ und betrachtet die sieben Primimplikanten als Überdeckungskandidaten, so erhält man:
$$M\ddot{U}(P_1, P_1|...|P_n) = \{\{1\}, \{3,5\}, \{2,6\}, \{3,6,7\}\}.$$

Ist nun die zu realisierende Funktion als Summe von Produkttermen gegeben, z.B. als Summe von Mintermen oder als Summe von Primimplikanten, so formuliert man als Überdeckungsfunktion, daß alle Produktterme durch eine minimale Überdeckung durch Primimplikanten überdeckt werden sollen:

Def. 4.4.12

Gegeben eine Funktion f in der Form $f = <Q_1|...|Q_n>$ sowie die Menge $PI(f) = \{P_1,...,P_k\}$. Sei $a = P_1|...|P_k$. Die k-stellige Boolesche Funktion

$$\ddot{U}F = <\prod_{j=1}^{n}[\sum_{I \in M\acute{\ddot{U}}(Q_j,a)}(\prod_{i \in I} x_i)]>$$

heißt Überdeckungsfunktion für a über $Q_1|...|Q_n$.

$\diamond$

Man beachte, daß die in der Überdeckungsfunktion vorkommenden Variablen nichts mit den Variablen der Funktion f zu tun haben. Sie bezeichnen vielmehr die jeweils benutzten Primimplikanten. Es läßt sich nun zeigen, daß für die Funktion f eine Summe von Primimplikanten $P_{i_1}|...|P_{i_m}$ genau dann eine minimale Summe darstellt, wenn $x_{i_1} \& ...\& x_{i_m}$ Primimplikant der Überdeckungsfunktion ist. Diese aber lassen sich sehr einfach bestimmen, da in der Überdeckungsfunktion nur nicht komplementierte Variable vorkommen, sich die Primimplikanten also durch einfaches Streichen von Verlängerungen bestimmen lassen.

Das folgende Beispiel soll das Verfahren nochmals erläutern:
Es sei die oben bereits benutzte, durch die Formel

c¬(d) | not(a)¬(b)&c | a&b | a&d | not(a)¬(c)¬(d)

definierte Funktion gegeben, für die als Primimplikanten bestimmt wurden:
P1 = a&c
P2 = a&b
P3 = a&d
P4 = not(a)¬(d)
P5 = c¬(d)
P6 = not(b)&c
P7 = b¬(d) .

Die Funktion ist also auch gegeben durch die Summe aller Primimplikanten:

f = < a&c | a&b | a&d | not(a)¬(d) | c¬(d) | not(b)&c | b¬(d) >.

Auf dieser Basis soll nun eine minimale Überdeckung gesucht werden. Zunächst muß man die minimalen Überdeckungen durch Primimplikanten der einzelnen Produktterme der zugrundeliegenden Darstellung finden, in unserem Fall für die einzelnen Primimplikanten. Man erhält:

$$M\ddot{U}(P_1,...) = \{\{P_1\}, \{P_2, P_6\}, \{P_3, P_5\}, \{P_3, P_6, P_7\}\}$$
$$M\ddot{U}(P_2,...) = \{\{P_2\}, \{P_3, P_7\}\}$$
$$M\ddot{U}(P_3,...) = \{\{P_3\}\}$$
$$M\ddot{U}(P_4,...) = \{\{P_4\}\}$$
$$M\ddot{U}(P_5,...) = \{\{P_5\}, \{P_1, P_4\}, \{P_6, P_7\}\}$$
$$M\ddot{U}(P_6,...) = \{\{P_6\}\}$$
$$M\ddot{U}(P_7,...) = \{\{P_7\}, \{P_4, P_2\}\}.$$

Es fällt dabei auf, daß die Primimplikanten P_3, P_4 und P_6 nur von sich selbst überdeckt werden. Man nennt derartige Primimplikanten Kernimplikanten. Sie müssen natürlich in jeder minimalen Summe enthalten sein.
Als Überdeckungsfunktion erhält man:

$$\ddot{U}F = < (P_1|P_2\&P_6|P_3\&P_5|P_3\&P_6\&P_7)\&(P_2|P_3\&P_7)\&P_3\&P_4\&$$
$$(P_5|P_1\&P_4|P_6\&P_7)\&P_6\&(P_7|P_4\&P_2) >$$

P_3, P_4 und P_6 als Kernimplikanten können ausgeklammert werden und brauchen auch in den einzelnen Summen nicht mehr aufgeführt zu werden, da sie bei den nach dem Ausmultiplizieren resultierenden Produkttermen sowieso nur zu Verlängerungen führen würden. Man erhält damit:

$$\ddot{U}F = < P_3\&P_4\&P_6\&(P_1|P_5|P_2|P_7)\&(P_2|P_7)\&$$
$$(P_5|P_1|P_7)\&(P_7|P_2) >$$

Multipliziert man aus und streicht alle Verlängerungen von Produkttermen, so erhält man als Summe von Primimplikanten für die Überdeckungsfunktion:

$$\ddot{U}F = < P_2\&P_3\&P_4\&P_6|P_3\&P_4\&P_6\&P_7 > .$$

Es gibt für f also zwei Darstellungen als minimale Summe von Primimplikanten:

f = < a&b | a&d | not(a)¬(d) | not(b)&c >
  = < a&d | not(a)¬(d) | not(b)&c | b¬(d) >.

Beide Darstellungen sind Summen von vier Produkttermen, die je zwei Literale enthalten. Wenn alle Variable in komplementierter und nicht komplementierter Form vorliegen, so sind diese beiden Darstellungen gleichwertig, liegen sie nur in nicht komplementierter Form vor, so benötigt man für die zweite Alternative eine Negation mehr, so daß in diesem Fall die erste Alternative vorzuziehen wäre.

In vielen Fällen sucht man jedoch nicht eine optimale Realisierung einer isolierten Booleschen Funktion, sondern die eines Funktionenbündels. Darunter versteht man eine Menge von Booleschen Funktionen, die von gemeinsamen Variablen abhängen. Als Beispiel sei der Volladdierer genannt, der aus den gemeinsamen Argumenten `a`, `b` und `carry_in` die Funktionen `sum` und `carry_out` berechnet. Noch krasser tritt die Situation bei der Realisierung von Steuerwerken auf, wo im Prinzip alle Bits des Steuerworts und des codierten Folgezustands von allen Bits des Statusworts und des codierten aktuellen Zustands abhängen.

Nun könnte man natürlich für jede Funktion eines Funktionenbündels isoliert eine optimale Realisierung suchen. Die Vereinigung dieser Realisierungen stellt aber nicht notwendigerweise die minimale Gesamtlösung dar. Man kann sich leicht überlegen, daß es in vielen Fällen günstiger ist, an Stelle eines Primimplikanten eine Verlängerung davon zu benutzen, wenn diese Verlängerung auch eine oder mehrere weitere Funktionen des Bündels impliziert. Die Frage ist nun, wie sich minimale Realisierungen von Funktionenbündeln konstruieren lassen. Zentraler Begriff ist hierbei der des multiplen Primimplikanten (manchmal auch Koppelterm genannt):

Def. 4.4.13

Sei $F = \{f_1, f_2, ..., f_n\}$ eine Menge von Booleschen Funktionen. Ein Produktterm p heißt multipler Primimplikant von $F :\Leftrightarrow$ Es gibt eine nicht leere Teilmenge F' von F, sodaß p Primimplikant des Produkts aller Funktionen aus F' ist.

$\Diamond$

Man beachte, daß alle Primimplikanten natürlich auch multiple Primimplikanten sind, da einelementige Teilmengen F' auch erlaubt sind. Man kann nun zeigen, daß eine minimale Realisierung eines Funktionenbündels dann vorliegt, wenn sie aus minimalen Summen von multiplen Primimplikanten besteht. Es gilt also, zunächst die Menge der multiplen Primimplikanten zu bestimmen. Dies ist jedoch sehr einfach möglich: Man hat hierzu nur die Menge der Primimplikanten der einzelnen Funktionen zu bestimmen und danach die Menge aller Produkte von Primimplikanten für verschiedene Funktionen zu bilden. Aus dieser Menge müssen nun noch eventuelle Verlängerungen gestrichen werden und das Ergebnis mit der ursprünglichen Primimplikantenmenge vereinigt werden. Die so erhaltene Menge von Implikanten ist die Menge aller multiplen Primimplikanten des Funktionenbündels.

Beispiel:

Es seien zwei Funktionen gegeben:

f = <a&b&c | <u>not</u>(b)&<u>not</u>(d) | <u>not</u>(a)&c&d>
g = <a&b&c | b&d | <u>not</u>(a)&c>

Als Primimplikanten von f bestimmt man:

PI(f) = {a&b&c,<u>not</u>(b)&<u>not</u>(d),<u>not</u>(a)&c&d,a&c&<u>not</u>(d),b&c&d,
        <u>not</u>(a)&<u>not</u>(b)&c}
PI(g) = {b&d,<u>not</u>(a)&c,b&c}

Bildet man nun alle Produkte Q mit Q $= <P_1 \& P_2>$ mit P_1 aus PI(f) und P_2 aus
PI(g), so erhält man folgende Produktterme:

a&b&c&d, <u>not</u>(a)&b&c&d, b&c&d, <u>not</u>(a)&<u>not</u>(b)&c&<u>not</u>(d), <u>not</u>(a)&c&d,
<u>not</u>(a)&b&c&d, <u>not</u>(a)&<u>not</u>(b)&c, a&b&c, <u>not</u>(a)&b&c&d, a&b&c&<u>not</u>(d).

Streicht man alle Terme, die Verlängerung anderer Terme sind, so bleiben:

b&c&d, <u>not</u>(a)&c&d, <u>not</u>(a)&<u>not</u>(b)&c, a&b&c.

Diese Menge von Produkttermen muß nun noch mit der Menge der Primimplikanten
der Einzelfunktionen vereinigt werden. Damit erhält man als Menge MPI(f,g) aller
multiplen Primimplikanten:

MPI(f,g) = {b&c&d, <u>not</u>(a)&c&d, <u>not</u>(a)&<u>not</u>(b)&c, a&b&c, <u>not</u>(b)&<u>not</u>(d),
          a&c&<u>not</u>(d), b&d, <u>not</u>(a)&c, b&c}

Man beachte, daß in dieser Menge b&c&d liegt, obwohl dieser Produktterm eine echte
Verlängerung des ebenfalls in der Menge enthaltenen Produktterms b&c ist.
Das Überdeckungsproblem löst man in analoger Weise wie im Fall isolierter Boolescher Funktionen.
Hier wurde nur das Problem besprochen, minimale Summen von Produkten zu finden. Dies ist eine Darstellung, die bei Vorliegen entsprechender Gatter (Und-Gatter,
Oder-Gatter) und unter der Annahme, daß alle Variablen auch in komplementierter Form vorliegen, laufzeitgünstige Realisierungen ergibt. Man erhält natürlich
nur dann eine zweistufige Realisierung, wenn man potentiell Gatter mit beliebig
vielen Eingängen zur Verfügung hat. Ist dies nicht der Fall, muß man ausklam-
mern, kommt damit aber auch zu mehr als zwei Stufen. Für konventionelle PLAs

ist die beschriebene Methode auch sehr gut geeignet. Man muß für diese Realisierung ja gerade minimale Summen für Funktionenbündel suchen, wobei hier weniger die Eigenschaft von Primimplikanten, kurz zu sein, interessiert, sondern die, große Bereiche der zu realisierenden Funktionen zu überdecken. Dadurch spart man potentiell Produktterme ein, minimiert also die einzige Dimension bei einem PLA, wo man Freiheitsgrade hat.

Sucht man reine NOR- oder NAND-Realisierungen, so lassen sich minimale zweistufige Realisierungen durch einfaches Anwenden der De Morganschen Regeln auf minimale Summendarstellungen finden. Mehrstufige Realisierungen können jedoch kostengünstiger sein. Sie lassen sich auf diese Weise nicht finden.

4.5 Literatur

Zur Optimierung auf der algorithmischen Ebene gibt es zahlreiche Arbeiten aus dem Gebiet der optimierenden Codegenerierung. Die Referenzen [04], [08] und [15] mögen als Beispiele dienen. Die Methoden wurden für den Hardwareentwurf aufgegriffen und speziell überarbeitet, beispielsweise in [10], [12], [13], [14] und [17]. Dabei spielen auch optimierende Schedulingmethoden eine wichtige Rolle. Der Artikel von Tredennik [19] ist schon als klassisch zu bezeichnen. Er beschreibt vorbildlich die verschiedenen Optimierungsmöglichkeiten auf der RT-Ebene. Ansätze auf der Basis der linearen Optimierung finden sich auch in [10]. Für die Optimierung auf der Gatterebene gibt es eine reiche Literatur. Hier mögen die Bücher [09], [11] und [20] als Beispiele für Übersichtsliteratur dienen. In [18] findet man eine vorbildliche einheitliche Darstellung. Die im Text beschriebenen Algorithmen gehen auf Mc Cluskey [09] und Reusch [16] zurück. In [07] wird ein sehr leistungsfähiges Softwaresystem für diesen Bereich, das inzwischen auch kommerziell verfügbar ist, vorgestellt. Auch das ESPRESSO-System [02]und [03] fand weite Verbreitung. Ebenfalls mit der Minimisierung von Funktionenbündeln beschäftigt sich [01]. In [05] und [06] wird ein alternativer, mehr lokaler und mehr regelbasierter Ansatz vorgestellt.

[01] **J. Beister, R. Ziegler:**
Zur Minimisierung von Funktionenbündeln
Nachrichtentechnische Fachberichte 49, 1974

[02] **R. K. Brayton, G. D. Hachtel, L. A. Hamchada, A. R. Newton, A. L. M. Sangiovanni-Vincentelli:**
A comparison of logic minimization strategies using ESPRESSO: an APL program package for partitioned logic minimization
Proceedings ISCAS, 1982

[03] **R. K. Brayton, G. D. Hachtel:**
Logic minimization algorithms for VLSI synthesis
Kluwer Acad. Publ., 1984

[04] **R. P. Brent:**
The Parallel Evaluation of General Arithmetic Expressions
JACM 21:2, Apr. 1974

[05] **J. A. Darringer et al.:**
LSS : a system for production logic synthesis
IBM, Journal on R & D 28, Nr. 5, 1984

[06] **J. A. Darringer, W. H. Joyner:**
A New Look at Logic Synthesis
Proceedings 17th DAC, 1980

[07] **W. Grass, H.-M. Lipp:**
LOGE - a highly effective system for logic design automation
ACM SIGDA Newsletter 9, No. 2, 1979

[08] **M. S. Hecht:**
Flow Analysis of Computer Programs
North Holland, 1977

[09] **E. J. McCluskey:**
Introduction to the theory of switching circuits
Mc Graw Hill. 1965

[10] **P. Marwedel:**
Ein Software-System zur Synthese von Rechnerstrukturen und zur Erzeugung von
Mikrocode
Habilitationsschrift, Universität Kiel, 1985

[11] **S. Muroga:**
Logic design and switching theory
John Wiley, 1979

[12] **P. G. Paulin, J. P. Knight:**
Force-Directed Scheduling in Automatic Data Path Design
Proceedings 24th DAC, 1987

[13] **P. Pfahler:**
Übersetzermethoden zur automatischen Hardware-Synthese
Dissertation Universität-GH Paderborn, 1988

254

[14] P. Pfahler:
Folding of Microprocessor Networks
Proceedings EUROMICRO, 1987

[15] C. V. Ramamoorthy, M. J. Gonzalez:
Subexpression Ordering in the Execution of Arithmetic Expressions
CACM 14-7, July 1971

[16] B. Reusch:
Generation of Prime Implicants from Subfunctions and a Unifying Approach to the
Covering Problem
IEEE ToC C-24, 1975

[17] W. Rosenstiel:
Optimizations in High Level Synthesis
Proceedings EUROMICRO 86, 1986

[18] G. Szwillus:
Schaltwerktheorie
Skriptum zur gleichnamigen Vorlesung, Universität Dortmund,
FB Informatik, 1988

[19] N. Tredennik:
How to Flowchart on Hardware
IEEE Computer, Vol. 14, No. 12, Dec. 1981

[20] S. Wendt:
Entwurf komplexer Schaltwerke
Springer, 1974

5 Evaluierung, Validierung, Verifikation

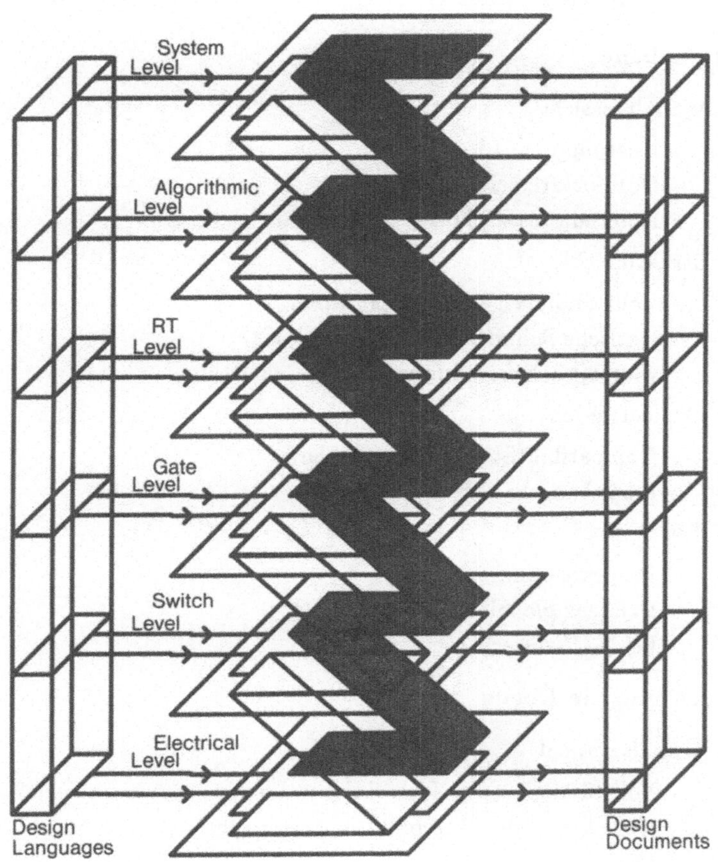

Abb. 52: Evaluierung, Validierung, Verfikation im Entwurfsprozeß

5.1 Formale Verifikation

Unter Verifikation soll hier der Nachweis verstanden werden, daß gewisse (intendierte) Eigenschaften eines Entwurfsobjekts vorliegen. Man kann mit verschiedenen Methoden versuchen, diesen Nachweis zu führen. In diesem Kapitel soll angenommen werden, daß der Nachweis durch formales Schließen auf der Basis der vorliegenden Entwurfsdokumente geführt wird. Dies ist u.a. im Gegensatz zu simulativen Methoden zu sehen, bei denen eine hinreichend große Anzahl von Experimenten durchgeführt wird, bis man zur Überzeugung kommt, daß ein korrekter Entwurf vorliegt.

Formale Verifikation kann auf die verschiedenen Sichten und zugleich auf die verschiedenen Abstraktionsebenen angewandt werden. Die nachfolgende Übersicht soll die verschiedenen Bereiche skizzieren:

a) **Systemebene**

   a.1) Verhaltenssicht

      - Leistung
      - Deadlockfreiheit
      - Kommunikationskompatibilität

   a.2) Struktursicht

      - Vollständigkeit der Komponenten
      - statische Schnittstellenkompatibilität
      - widerspruchsfreie Inklusionseigenschaften

   a.3) Geometriesicht

      - Kompatibilität mit Aufbautechnik
      - Partitionierbarkeit

   a.4) Testsicht

      - Fehlertoleranz
      - Existenz globaler Teststrategie
      - Fehlerlokalisierbarkeit

b) **Algorithmische Ebene**

   b.1) Verhaltenssicht

      - Vollständigkeit des Instruktionssatzes
      - Korrektheit des Interpretationsalgorithmus
      - Leistung
      - Algorithmusinterne Deadlockfreiheit

   b.2) Struktursicht

      - statische Schnittstellenkompatibilität

   b.3) Geometriesicht

      - entfällt weitgehend

   b.4) Testsicht

      - Fehlerbehandlung
      - Existenz pfadüberdeckender Testsätze

c) **Registertransferebene**

c.1 Verhaltenssicht

- Korrektheit der RT-Implementierung
- Vollständigkeit der RT-Implementierung
- Leistung
- Widerspruchsfreie Abbildung auf Taktstruktur
- Konfliktfreiheit auf Datenwegen

c.2) Struktursicht

- statische Schnittstellenkompatibilität
- widerspruchsfreie Inklusionseigenschaften

c.3) Geometriesicht

- Existenz gewisser Anordnungsprinzipien

c.4) Testsicht

- Einhaltung von DFT-Regeln
- Verwendung von Modulen geringer Testkomplexität

d) **Gatterebene**

d.1) Verhaltenssicht

- Korrektheit der Gatterimplementierung
- Einhaltung von Zeitrestriktionen (insb. hold- und setup-Zeiten)
- Minimalität
- Hazardfreiheit
- Synchronität

d.2) Struktursicht

- statische Schnittstellenkompatibilität
- Einhaltung von Lastfaktorrestriktionen
- korrekte Beschaltung aller Eingänge
- Korrektheit der Stromversorgung

d.3) Geometriesicht

- Einhaltung gewisser Anordnungsprinzipien

d.4) Testsicht

- Erreichbarkeit und Beobachtbarkeit
- Einhaltung von DFT-Regeln
- Existenz von Selbsttesteinrichtungen
- Testmuster mit ausreichendem Fehlerüberdeckungsgrad

e) **Schalterebene, Ebene des symbolischen Layouts**

e.1) Verhaltenssicht

- Korrektheit der Schalterimplementierung
- Minimalität
- Einhaltung von Konstruktionsregeln (z.B. nur "steering logic")

e.2) Struktursicht

- statische Schnittstellenkompatibilität
- Einhaltung symbolischer struktureller Entwurfsregeln
- Vollständigkeit der Stromversorgung
- Freiheit von statischen Kurzschlüssen
- Freiheit von isolierten Teilgraphen

e.3) Geometriesicht

- Einhaltung symbolischer geometrischer Entwurfsregeln
- Gleichmäßige zweidimensionale Anordnung
- Korrekte Benutzung der Dotierungsebenen

e.4) Testsicht

- Identifizierung möglicher Kurzschlüsse (benachbarte Leitungen)
- Sichtbarmachen von Testpunkten

f) Elektrische Ebene, Layoutebene

f.1) Verhaltenssicht

- Korrektheit der Transistor/Kapazitorimplementierung
- Einhaltung von Zeitrestriktionen
- Einhaltung elektrischer Parameter
- Einhaltung von EMV-Regeln

f.2) Struktursicht

- statische Schnittstellenkompatibilität
- Einhaltung struktureller Entwurfsregeln
- Vollständigkeit der Stromversorgung

f.3) Geometriesicht

- Einhaltung geometrischer Entwurfsregeln
- Gleichmäßigkeit der Flächenausnutzung

f.4) Testsicht

- Elektrische Testbarkeit
- Partitionierbarkeit zu Testzwecken

Neben diesen zu überprüfenden Eigenschaften auf speziellen Abstraktionsebenen und innerhalb gewisser Sichten gilt es weiterhin, eventuelle manuelle Implementationsaktivitäten zu verifizieren. D.h., es ist zu überprüfen, ob eine Implementation einer Spezifikation tatsächlich diese Spezifikation erfüllt.

5.1.1 Formale Verifikation von Verhaltenseigenschaften

Um gewisse Eigenschaften des Verhaltens formal verifizieren zu können, benötigt man ein formales System sowohl für die Spezifikation wie auch für die Implementation. Dieses formale System muß syntaktisch und semantisch wohl definiert sein. Für die Syntax derartiger Systeme hat man eine breite Auswahl verschiedener Ansätze. Bezüglich der Semantik gibt es drei Hauptansätze:

- Operationale Semantik

- Denotionale Semantik

- Axiomatische Semantik.

Die operationale Semantik definiert die Bedeutung von syntaktischen Konstrukten durch die Aktionen, die eine abstrakte Maschine durchführt, wenn sie mit einem derartigen Konstrukt konfrontiert wird. Man geht also davon aus, daß die syntaktische Beschreibung von einer derartigen abstrakten Maschine interpretiert wird. Die in Abschnitt 2.1.2.1 eingeführten Petri-Netze können als Beispiel einer derartigen abstrakten Maschine gelten.
Bei der denotionalen Semantik wird von dieser interpretierenden abstrakten Maschine abstrahiert. Sie wird ersetzt durch eine Menge von Funktionen, die Zustände auf andere Zustände abbildet. Jedem syntaktischen Konstrukt kann nun eine derartige Transformationsfunktion zugeordnet werden. Man sieht, daß die Unterscheidung zwischen operationaler und denotionaler Semantik fließend ist.
Die axiomatische Semantik assoziiert gewisse prädikatenlogische Formeln mit den zu definierenden "Programmen" (Spezifikationen). Mathematisch bedeutet dies, daß eine formale Sprache, die nicht Bestandteil eines formalen Systems ist, in eine solche formale Sprache, für die es ein syntaktisches Ableitungskonzept gibt, transformiert wird.

Formale Verifikationsverfahren für Hardware beruhen in der Regel auf dem axiomatischen Ansatz. Er soll daher etwas näher erläutert werden.

Ein formales axiomatisches und deduktives System muß folgenden Bedingungen genügen:

i) Das Vokabular ist endlich und geordnet.

ii) Es gibt Regeln zur Konstruktion von Formeln. So generierte Formeln werden "wohlgeformt" genannt.

iii) In der Menge der wohlgeformten Formeln gibt es eine Teilmenge, deren Gültigkeit vorausgesetzt wird (Axiome).

iv) Es gibt eine Menge von Relationen zwischen wohlgeformten Formeln, die wohlgeformte Formeln in solche transformieren (Inferenzregeln).

Unter einer Interpretation einer wohlgeformten Formel in einem System mit ausschließlich prädikativen Funktionen versteht man eine Zuordung von Wahrheitswerten an alle atomaren Komponenten. Enthält das System neben Prädikaten auch Funktionen, so müssen durch eine Interpretation Funktionen und Prädikate den Funktions- und Prädikatssymbolen zugeordet werden. Eine Berechnung einer wohlgeformten Formel ist eine Funktion, die ihr, ausgehend von einer möglichen Interpretation, einen Wahrheitswert zuordnet. Eine wohlgeforme Formel heißt Tautologie, falls ihre Berechnung bei jeder möglichen Interpretation den Wert "wahr" ergibt. Gibt es wenigstens eine derartige Interpretation, so heißt die Formel erfüllbar. Eine Demonstration in einem formalen System ist eine Folge von wohlgeformten Formeln $f_1...f_n$, wobei f_1 ein Axiom ist und jedes f_i aus $\{f_2, ..., f_n\}$ durch Anwendung einer Inferenzregel aus f_{i-1} erzeugt wird. Die Formel f_n wird dabei Theorem genannt. Unter dem Entscheidungsproblem eines formalen Systems S versteht man das Problem, zu entscheiden, ob eine wohlgeformte Formel ein Theorem ist. Kann man für dieses Problem einen Algorithmus konstruieren, so heißt das System entscheidbar. Ein formales System heißt vollständig, wenn alle gültigen wohlgeformten Formeln Theoreme sind, und konsistent, falls nur gültige wohlgeformte Formeln Theoreme sind. In der Aussagenlogik werden die logischen Operatoren präzisiert und einfache Inferenzregeln wie `modus ponens` ($[A \Rightarrow B \& A = wahr] \Rightarrow B = wahr$) und `modus tollens` ($[A \Rightarrow B \& B = falsch] \Rightarrow A = falsch$) eingeführt. Die Aussagenlogik ist konsistent, vollständig und entscheidbar. Darauf aufbauend läßt sich die Prädikatenlogik erster Stufe definieren. Hier unterscheidet man zwischen Subjekten und Relationen darauf, den Prädikaten. Einstellige Prädikate werden dabei auch Eigenschaften genannt. Weiterhin führt man die Quantoren $\forall x$: (für alle x gilt:) und $\exists x$: (es gibt ein x, sodaß gilt:) ein. Variable in wohlgeformten Formeln, die so quantifiziert sind, heißen gebundene Variable, alle anderen freie Variable. Die Prädikatenlogik erster Stufe ist vollständig und konsistent, aber nicht entscheidbar. Läßt man als Argumente für Prädikate wieder Prädikate zu, erhält man Prädikatenlogiken höherer Ordnung. Da man zur vollständigen Beschreibung des Verhaltens von Hardware auch über zeitliche Zusammenhänge sprechen muß, wird meist eine Erweiterung der Prädikatenlogik, die temporale Logik, benutzt. Eine Alternative ist es, eine spezielle Variable "Zeit" zu benutzen und Prädikate unter ihrer Mitbenutzung zu formulieren. In der temporalen Logik werden zu den üblichen Konstrukten der Aussagenlogik weitere Operatoren hinzugefügt. Es sind dies

i)   zum nächsten Zeitpunkt gilt($\bigcirc$)

ii)   ab jetzt gilt   ($\square$)

iii)   eventuell wird gelten   ($\diamond$)

iv)   bis   ($\cup$)

Diese Operatoren können wie folgt interpretiert werden:

i) $\bigcirc$ F : F wird zum nächsten Zeitpunkt wahr sein.

ii) $\square$ F : F wird ab jetzt für alle Zeit wahr sein.

iii) $\Diamond$ F : ab dem nächsten Zeitpunkt kann es einen solchen geben,
zu dem F wahr ist.

iv) F $\cup$ G: G ist jetzt wahr oder G wird irgendwann in der Zukunft wahr,
und F ist von jetzt an bis dahin wahr.

In jedem Fall nimmt man an, daß die Vergangenheit linear war. Nimmt man dasselbe für die Zukunft an, d.h. nimmt man an, daß sich das System in die Zukunft eindeutig entwickelt, so spricht man von linearer temporaler Logik. Geht man davon aus, daß sich die Entwicklung in der Zukunft in verschiedene Alternativen verzweigen kann, so spricht man von verzweigter temporaler Logik. Weiterhin muß man noch festlegen, ob Aussagen nur über einzelne Zeitpunkte gemacht werden, oder über Zeitintervalle. Im letzteren Falle spricht man von intervalltemporaler Logik und muß noch festlegen, ob derartige Intervallaussagen für alle Zeitpunkte des Intervalls (globaler Ansatz) oder für mindestens einen Zeitpunkt (lokaler Ansatz) gelten müssen.

Es ist heute weitgehend akzeptiert, daß letztendlich formale Verifikationsmethoden anzustreben sind. Derzeit steckt dieser Ansatz jedoch noch in den Kinderschuhen, obwohl schon komplette VLSI-Chips und Mikroprozessoren formal verifiziert worden sind. Es werden noch sehr starke Restriktionen bezüglich der Verifikationsobjekte gemacht, und die Verifikationsalgorithmen sind noch eher im Forschungsstadium angesiedelt. In nicht zu ferner Zukunft wird jedoch die formale Verifikation das Hilfsmittel Simulation in weiten Bereichen verdrängt haben.

5.1.2 Verifikation des Zeitverhaltens getakteter Systeme

Eine getaktete sequentielle Schaltung läßt sich wie bereits gezeigt in der Huffman-Normalform darstellen. Theoretisch muß nun lediglich die Taktfrequenz hinlänglich niedrig sein, um sicherzustellen, daß die Schaltung so wie intendiert funktioniert. In diesem Idealfall ist es auch relativ einfach, diese Frequenz zu bestimmen. Man muß lediglich den langsamsten Pfad durch den kombinatorischen Teil der Schaltung bestimmen. Nach dieser "reinen Lehre" erhält man in der Regel jedoch Schaltungen von nicht sehr guter Leistungscharakteristik. Um an die durch die jeweilige Technologie gegebenen Leistungsgrenzen heranzukommen, ist es nötig, eine Reihe das reine Konzept verletzende lokale Optimierungen vorzunehmen. Damit läßt sich die Verifikation des Zeitverhaltens aber nicht mehr durch einfache globale Berechnungen durchführen. Zunächst soll ein etwas präziseres Modell des Zeitverhaltens von Schaltelementen eingeführt werden. Bei einem kombinatorischen Schaltelement werden folgende Verzögerungswerte definiert:

t_{pxy} : Zeit, die zwischen einer auslösenden Wertänderung an einem Eingang und der reagierenden Wertänderung am Ausgang vergeht. Dabei wird im Falle nicht idealer Flanken jeweils der Zeitpunkt gewählt, an dem das jeweilige Signal den halben Potentialwert erreicht hat. Für **xy** wird dabei entweder HL oder LH eingesetzt, je nachdem, ob die resultierende Flanke am betrachteten Ausgang von "1" nach "0" oder von "0" nach "1" geht.

t_{ixy} : Zeit, die bei nicht idealen Flanken zwischen 10% Potentialänderung vom ursprünglichen Wert bis 90% Potentialänderung vergeht. Für **xy** wird wie oben entweder HL oder LH eingesetzt. Für diese Werte können auch Intervallwerte angegeben werden, um den Streubereich zwischen Maximal- und Minimalwert anzugeben. Man beachte, daß bei den meisten Technologien die Verzögerungszeiten zwischen positiven und negativen Transitionen recht unterschiedlich sind. Bei pegelgesteuerten Flipflops (Latches) sind zusätzlich sogenannte Setup- und Hold-Restriktionen zu betrachten:

t_{setup} : Zeit, die zwischen der letzten Wertänderung eines Dateneingangs des Latches und der Wertänderung des Takteingangs auf den Wert, der das Latch auf den transparenten Modus schaltet, mindestens verstreichen muß. Während das Taktsignal diesen Wert hat, muß das Datensignal stabil sein.

t_{hold} : Zeit, die zwischen der Wertänderung des Taktsignals auf den Wert, der das Latch auf den Speichermodus schaltet, und der ersten Wertänderung eines Dateneingangs danach mindestens verstreichen muß.

Diese Werte lassen sich auch für flankengesteuerte Flipflops definieren. In diesem Fall kann der Taktimpuls auf die Länge null verkürzt werden, falls man mit idealen Flanken arbeitet. Ansonsten sind die entsprechenden t_{ixy} und t_{iyx} zu addieren. Abb. 53 verdeutlicht diese Verzögerungsdefinitionen.
Aufgabe der Laufzeitüberprüfung ist nun, bei vorgegebener Taktstruktur und bei bekannten Verzögerungszeiten zu berechnen, ob die Restriktionen bzgl. Setup- und Hold-Zeiten eingehalten werden. Man unterscheidet hier zwischen pfadorientierten und knotenorientierten Verfahren. Bei pfadorientierten Verfahren werden alle Pfade bestimmt, die von irgendeinem Primäreingang oder Flipflopausgang zu einem Flipflopeingang gehen. Für jeden dieser Pfade wird nun die Gesamtlaufzeit bestimmt. Diese so gefundenen Laufzeiten werden mit den Restriktionen verglichen. Im Falle von Verletzungen kann der verletzende Pfad sofort angegeben und das Ausmaß der Verletzung quantifiziert werden. In dieser sehr feinen und einfachen Analysemöglichkeit liegt der große Vorteil dieses Verfahrens. Sein Nachteil ist das mit der Anzahl der Knoten im zu analysierenden Schaltwerk exponentielle Wachstum des Aufwandes. Dies liegt eben darin, daß alle Pfade bestimmt werden müssen. Bei knotenorientierten Verfahren beginnt man an den Primäreingängen und Flipflopausgängen der Schaltung zu einem festen (angenommenen) Zeitpunkt und rechnet nun Schaltwerkknoten für Schaltwerkknoten aus, nach welcher Zeit am Ausgang des Knotens relativ zu diesem Startzeitpunkt eine Wertänderung stattfindet. Dabei bekommt man an einem Knoten die bereits berechneten Zeitpunkte der diesen

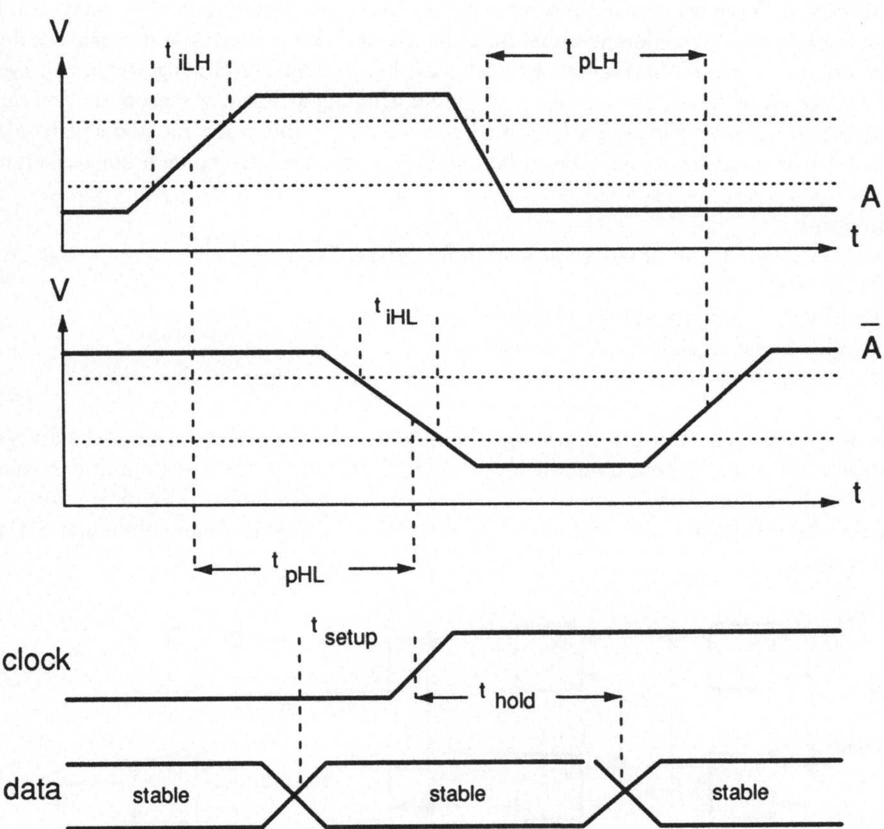

Abb. 53: Definition von Verzögerungsparametern

Knoten treibenden Knoten geliefert. Man besucht also jeden Knoten nur einmal, hat also einen Algorithmus linearer Komplexität bzgl. der Knotenanzahl. Sind an den Primärausgängen der zu analysierenden Schaltung (d.h. den Flipflopeingängen) die Zeitrestriktionen relativ zu dem angenommenen Anfangszeitpunkt bekannt, so kann man die berechneten Werte damit vergleichen. Im Falle von Verletzungen kann man nun den Differenzwert zwischen berechneter und geforderter Zeit rückwärts durch das Schaltwerk propagieren, wobei im Falle interner Verzweigungen der größere der Verletzungswerte zu betrachten ist. Ist man bei diesem Durchgang wieder an den Eingängen angelangt, so kann man an jedem Eingang ablesen, wie groß die Zeitverletzung an diesem Eingang ist. Man beachte, daß damit noch nicht der kritische Pfad selbst identifiziert ist. Dieser läßt sich dann aber relativ einfach konstruieren.

Beispiel:
Es seien folgende vereinfachende Annahmen gemacht:
- Flanken sind ideal.
- Es gibt keinen Unterschied zwischen t_{pHL} und t_{pLH}.
- Es gibt keine Unsicherheitsintervalle.
- Es ist nur nach spätestem Eintreffen von Wertänderungen zu überprüfen.

Abbildung 54 zeigt nun ein vierstufiges kombinatorisches Schaltnetz mit den Verzögerungszeiten pro Knoten, dem angenommenen Zeitpunkt 0 für den Beginn der Analyse und an den Ausgängen des Schaltnetzes den geforderten maximal erlaubten Ankunftszeitpunken von Wertänderungen relativ zu diesem angenommenen Startzeitpunkt.

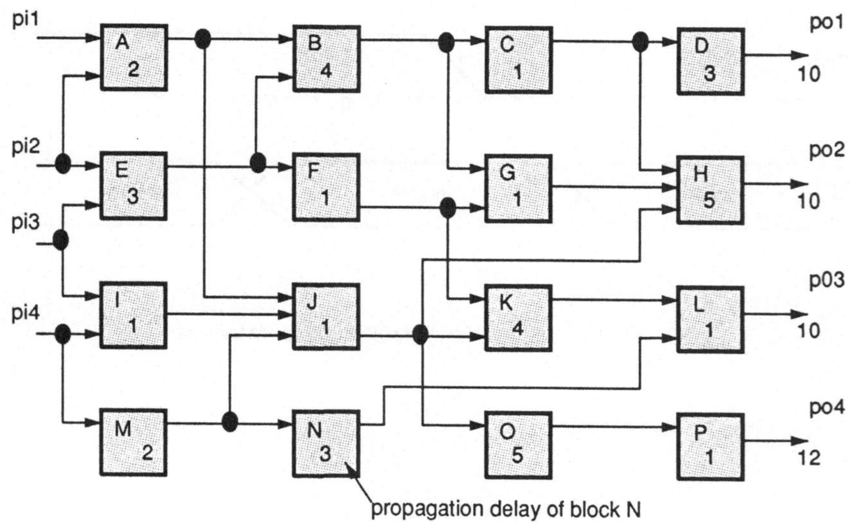

Abb. 54: Schaltnetz für Laufzeitanalyse

Abbildung 55 zeigt die berechneten Zeitpunkte von Signalwechseln pro Knoten des
Schaltwerks und damit auch an den Ausgängen. Man beobachtet an den Ausgängen
Po1 und Po2 einen negativen Schlupf von 1 bzw. 3 Zeiteinheiten, d.h. eine Verletzung um diesen Betrag. An den Ausgängen Po3 und Po4 liegt positiver Schlupf vor,
d.h. noch eventuelle Freiheitsgrade.

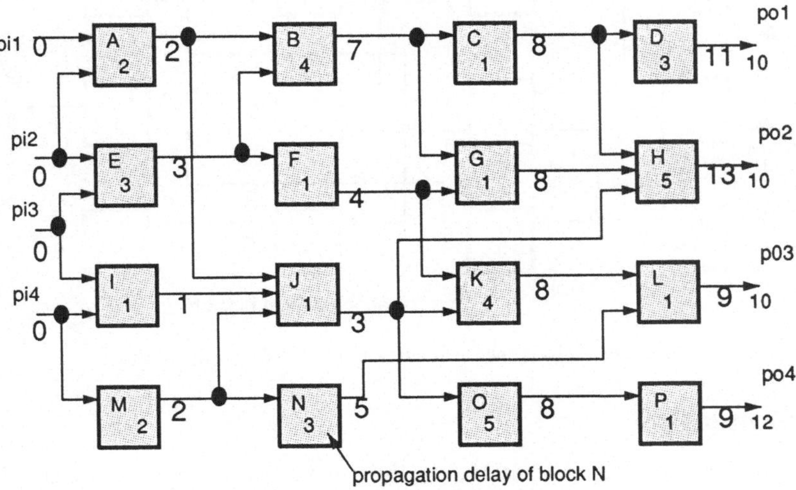

Abb. 55: Schaltnetz mit berechneten Laufzeiten

Abbildung 56 schließlich zeigt, wie die Information über den Schlupf rückwärts durch
die Schaltung gerechnet wird, wobei immer der maximale negative oder der minimale
positive Schlupf im Falle interner Verzweigungen weiter berücksichtigt wird.
Dies so skizzierte Verfahren kann nun so erweitert werden, daß sowohl Setup- wie
auch Hold-Zeiten berücksichtigt werden können. Weiterhin können unterschiedliche
Verzögerungszeiten für Aufwärts- und Abwärtstransitionen bearbeitet werden, doch
muß dann pro Gatter bekannt sein, ob es eine invertierende Charakteristik hat oder
nicht. Unsicherheitsintervalle können ebenfalls in die Verarbeitung mit eingehen. In
dem Beispiel wurde davon abstrahiert, daß Verzögerungszeiten von der von einem
Gatter zu treibenden Last, d.h. vom Verzweigungsgrad des Netzes am Gatterausgang, abhängen. Dies läßt sich jedoch ebenso in die Verarbeitung mit aufnehmen.
Algorithmen zur statischen Laufzeitanalyse gewinnen in jüngster Zeit enorm an Bedeutung. Mit ihrer Hilfe ist es möglich, die Laufzeitanalyse von der funktionalen
Überprüfung vollständig zu entkoppeln. Neben dem Vorteil, daß man bezüglich der
Laufzeitüberprüfung Ergebnisse erhält, die genereller Natur sind, d.h. nicht von bestimmten Testmustern abhängen, erlaubt dieses Vorgehen im Falle einer Simulation,
einen erheblich einfacheren und damit erheblich schnelleren Simulationsalgorithmus
zu benutzen. Da die Simulation nun nur noch der funktionellen Überprüfung dient,
kann hierfür eine Einheitsverzögerungsannahme gemacht werden, für einen Simulator der ideale Fall.

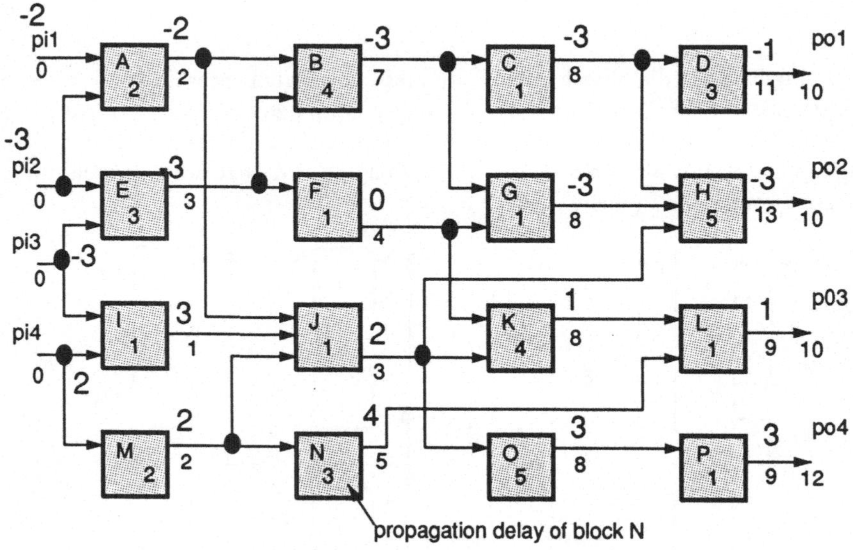

Abb. 56: Schaltnetz mit rückwärts verfolgtem Schlupf

5.2 Simulation

Grundsätzlich bedeutet Simulation, ein System zu konstruieren, das sich wie ein anderes verhält. In unserem Kontext bedeutet es, ein Modell des betrachteten Entwurfsobjekts auszuführen. D. h. durch Simulation sorgt man dafür, daß sich ein Gastrechner wie das zu simulierende Objekt verhält. Es ist weit verbreitet, Simulation als Verifikationswerkzeug zu betrachten. Jedoch ist die Simulation nur ein Datenproduzent für eine Verifikation. Die eigentliche Verifikation wird durch Untersuchung der durch den Simulator produzierten Daten durchgeführt. Dabei ist zu beachten, daß, wenn nicht autonome Systeme simuliert werden, die Simulationsergebnisse nicht nur von dem auszuführenden Modell abhängen, sondern auch von den Daten, die diesem Modell von der Umgebung angeboten werden.
Somit bedeutet Verifikation auf der Basis von Simulation letztendlich, zu analysieren, ob das Paar (Modell des Entwurfsobjekts, Daten von der Umgebung) die korrekten Ergebnisdaten produziert. Demnach besteht ein komplettes Verifikationssystem auf der Basis von Simulation aus vier Hauptkomponenten:

- Ein Generator für ausführbare Modelle von Objektumgebungen,

- ein Generator für ausführbare Modelle der zu simulierenden Objekte,

- ein Laufzeitsystem für das Modell zusammen mit seiner Umgebung und

- ein Ergebnisanalysator

In verfügbaren Simulationssystemen existieren nicht alle diese Komponenten. Es ist dabei der Trend zu beobachten, den Generator für Objektumgebungen durch den Generator für Modelle zu ersetzen. Dies erscheint sehr natürlich, da dadurch die Umgebung selbst als ein diese darstellendes Modul angesehen wird. Außerdem ist es bei diesem Ansatz sehr einfach, Umgebungen zu modellieren, die auf Ausgaben des zu simulierenden Objekts (object under simulation, OUS) reagieren. Dies kann essentiell sein, z.B wenn man verfizieren möchte, daß das OUS ein Kommunikationsprotokoll korrekt bedient. Ein Problem bei diesem Ansatz ist, daß die Modellierungssprache mächtig genug sein muß, um mit ihr Verhaltensmodelle der Umgebung bilden zu können. Ein weiteres Problem liegt darin, daß man Werte in Datenobjekte injizieren möchte, die tief in der Beschreibung des OUS geschachtelt sind. Derartige Objekte sind in wohlstrukturierten Sprachen von außen nicht zugreifbar, sodaß gewisse Techniken, die Schutzmechanismen strukturierter Sprachen zu überschreiben, notwendig sein können.

Hat man im Fall des Umgebungsgenerators den Trend, daß er durch den Modellgenerator mit überdeckt wird, so gibt es traditionell einen Mangel an Ergebnisanalysatoren. In den meisten Fällen wird die Analyse der produzierten Daten vollständig dem Benutzer des Simulationssystems überlassen. In jüngster Zeit wurden einige wenige Ansätze gemacht, diesen Mangel zu beheben.

Die Glaubwürdigkeit einer Verifikation, die auf der Basis von Simulation durchgeführt wird, hängt von allen beteiligten Komponenten und Modellen ab: Zunächst ist das OUS ein Modell eines Objekts. Alle Verifikationsaussagen, die durch das Simulationssystem gewonnen werden, sind Aussagen über dieses Modell. Modelliert es das reale System schlecht, haben die Aussagen wenig mit diesem zu tun. Hier haben die Modellierungsmöglichkeiten der benutzten Hardwarebeschreibungssprachen zwar einen gewissen Einfluß (man kann nie präziser modellieren, als es das benutzte Modellierungswerkzeug zuläßt), aber zumindest die Qualität des initialen Modells innerhalb eines Entwurfsprozesses hängt weitgehend vom Modellierungsgeschick des Entwerfers ab.

Da ein Simulationslauf nur Ergebnisse in Bezug auf die Eingabe, mit der er konfrontiert wird, produziert, hängt die Aussagekraft einer Verifikationsaussage wesentlich von diesen Eingabemustern ab. Somit ist ein Modell der Umgebung, das so präzise und vollständig wie möglich ist, wesentlich. Aus dieser Tatsache läßt sich ableiten, daß Simulation ein Werkzeug exponentieller Komplexität ist. Das ausführbare kombinierte Modell des OUS und seiner Umgebung muß nun durch ein Laufzeitsystem ausgeführt werden, das das Modell auf Abläufe auf einem Gastrechner abbildet. Diese Abbildung kann von sehr unterschiedlicher Qualität sein, mit der üblichen Balance zwischen Geschwindigkeit und Präzision.

Endlich sind die produzierten Daten nicht mehr wert, als die darauf angestellte Analyse. Hier ist das kritischste Problem zu suchen. Da in den meisten Fällen die Analyse manuell auf einer enormen Datenmenge, die zudem oft in "anti-ergonomischer" Weise dargestellt wird, ausgeführt werden muß, ist die Wahrscheinlichkeit inkorrekter Schlußfolgerungen relativ hoch. Dies ist besonders gefährlich, da der Entwerfer ein gutes Gefühl hat, weil er das Entwurfsobjekt sorgfältig simuliert hat und keine weiteren Fehler entdeckt hat.

5.2.1 Generierung ausführbarer Objektmodelle und deren Ausführung

Die Generierung ausführbarer Objektmodelle zusammen mit deren Ausführung ist der komplexeste Teil eines Simulationssystems. Daher soll dies zuerst besprochen werden. Dieser Bereich wird mit einer Vielzahl von Modellierungskonzepten in unterschiedlichen Hardwarebeschreibungssprachen auf verschiedenen Abstraktionsebenen konfrontiert. Sie können zwar direkt in geeignete, dedizierte ausführbare Äquivalente abgebildet werden (und dies geschieht natürlich bei den verschiedenen Simulationssystemen), doch werden wir hier ein internes Modellierungskonzept entwickeln, auf das alle externen einfach abgebildet werden können. Dann soll beschrieben werden, wie das interne Modell unter Benutzung unterschiedlicher Techniken ausgeführt werden kann. Dadurch werden die Prinzipien evident.

5.2.1.1 Interne Modellierungskonzepte

Im Abschnitt 2.1.2.1 wurden zeitbehaftete Interpretierte Petri-Netze als Modellierungskonzept der imperativen Sicht eingeführt. Hier soll nun das Konzept der zeitbehafteten Interpretierten Petri-Netze erweitert werden, um als einheitliches internes Modell zu dienen, das alle externen überdeckt.

Im Abschnitt 2.1.2.1 wurde nur eine Schaltregel (das a-Schalten) definiert und angenommen, daß alle Transitionen eines Netzes dieser Regel folgen. Nun soll ein heterogener Satz von Schaltregeln eingeführt werden.

Def. 5.2.1.1 (a-schaltbar und a-Schalten wiederholt, AND-Transition)

Sei $PN = ((P, T, E), m_o, R)$ ein Petri-Netz , $t \in T$.
Bezeichne $\cdot t = \{p \in P | (p, t) \in E\}$ die Eingangsstellen von t,
$t \cdot = \{p \in P | (t, p) \in E\}$ ihre Ausgangsstellen.
Die Transition t heißt a-schaltbar unter der Markierung $m :\Leftrightarrow$
$\forall p \in \cdot t : m(p) > 0.$
$f_t : M \to M$ heißt a-Schalten der Transition $t :\Leftrightarrow$
$f_t(m(p)) := m(p) - 1 :\Leftrightarrow p \in \cdot t$
$f_t(m(p)) := m(p) + 1 :\Leftrightarrow p \in t \cdot$
$f_t(m(p)) := m(p)$ sonst.

Eine Transition heißt AND-Transition, falls sie a-schaltbar ist und ein a-Schalten durchführt.
Es bezeichne A(PN) die Menge aller AND-Transitionen eines Petri-Netzes.

$\diamond$

Die AND-Transition ist genau die übliche Transition normaler Petri-Netze. Sie ist schaltbar, wenn alle ihre Eingangsstellen markiert sind. Beim Schalten entfernt sie eine Marke von jeder Eingangsstelle und legt eine auf jede Ausgangsstelle. Graphisch wird eine AND-Transition wie in Abb. 57 gezeigt dargestellt.

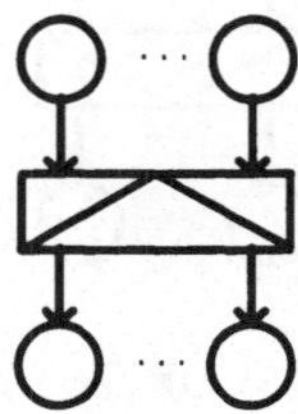

Abb. 57: AND-Transition

Def. 5.2.1.2 (o-schaltbar und o-Schalten, OR-Transition)

Sei $PN = ((P, T, E), m_o, R)$ ein Petri-Netz , $t \in T$.
Bezeichne $\,^{\cdot}t = \{p \in P | (p, t) \in E\}$ die Eingangsstellen von t,
$t^{\cdot} = \{p \in P | (t, p) \in E\}$ ihre Ausgangsstellen.

Die Transition t heißt o-schaltbar unter der Markierung $m :\Leftrightarrow$
$\quad \exists p \in\,^{\cdot}t : m(p) > 0.$
$f_t : M \to M$ heißt o-Schalten der Transition $t :\Leftrightarrow$
$\quad f_t(m(p)) := m(p) - 1 :\Leftrightarrow p \in\,^{\cdot}t$
$\quad f_t(m(p)) := m(p) + 1 :\Leftrightarrow p \in t^{\cdot}$
$\quad f_t(m(p)) := m(p)$ sonst.

Eine Transition heißt OR-Transition, falls sie o-schaltbar ist und ein o-Schalten durchführt.
Es bezeichne O(PN) die Menge aller OR-Transitionen eines Petri-Netzes.

$\diamondsuit$

Die OR-Transition ersetzt den Rückwärtskonflikt in üblichen Petri Netzen, wo mehr als eine Transition in eine gemeinsame Ausgangsstelle schalten. Wir werden diese Transition nur in sicheren Netzen benutzen. Dies sind solche, die durch ihre Topologie und initiale Markierung sicherstellen, daß zu keiner Zeit eine Stelle mehr als eine Marke trägt. Aus dieser Forderung kann abgeleitet werden, daß bei einer OR-Transition niemals mehr als eine Eingangsstelle markiert ist, weshalb dieser Fall in der Definition auch nicht berücksichtigt wurde.
Graphisch wird eine OR-Transition wie in Abb. 58 angegeben dargestellt.

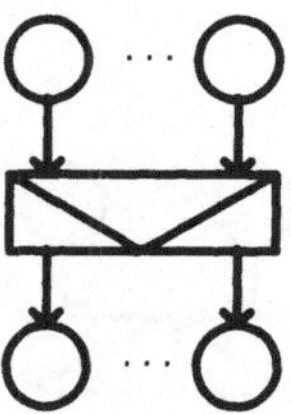

Abb. 58: OR-Transition

Def. 5.2.1.3 (d-schaltbar, d-Schalten, DECIDER-Transition)

Sei $IPN = (((P, T, E), m_o, R), I, D)$ ein Interpretiertes Petri-Netz , $t \in T$.
Sei $\cdot t = \{p_i\}$ die (einzige) Eingangsstelle von $t, t^{\cdot} = \{p_{true}, p_{false}\}$ seien die Ausgangsstellen.
Sei $i(t) : d \rightarrow d$, $i(t)(d) = d, value(d) \in \{true, false\}$
Die Transition t heißt d-schaltbar unter der Markierung $m :\Leftrightarrow m(p_i) > 0$.
$f_t : M \rightarrow M$ heißt d-Schalten der Transition $t:\Leftrightarrow$
$\quad f_t(m(pi)) := m(p_i) - 1$
$\quad f_t(m(p_{true})) := m(p_{true}) + 1 :\Leftrightarrow d = true$
$\quad f_t(m(p_{false})) := m(p_{false}) + 1 :\Leftrightarrow d = false$
$\quad f_t(m(p)) \quad := m(p) \quad$ sonst.

Eine Transition t heißt DECIDER-Transition, falls sie d-schaltbar ist und ein d-Schalten durchführt.
Bezeichne I(IPN) die Menge der DECIDER-Transitionen von IPN.

Die DECIDER-Transition ersetzt den Vorwärtskonflikt in üblichen Petri Netzen. Dabei haben mehrere Transitionen eine Eingangsstelle gemeinsam. Da wir hier die Entscheidung auf der Basis einer Bedingung, die vom Datenbereich abgeleitet wird, treffen wollen, wird zu interpretierten Petri Netzen übergegangen. Dabei wird als Interpretation eine Identitätsabbildung mit Booleschem Wertebereich benutzt, nur um eine Boolesche Variable, deren Wert getestet werden kann, anzubieten.
Graphisch wird eine DECIDER-Transition wie in Abb. 59 angegeben dargestellt.

Def. 5.2.1.4 (b-schaltbar, b-Schalten, BLKHEAD-Transition)

Sei $IPN = (((P, T, E), m_o, R), I, D)$ ein Interpretiertes Petri-Netz , $t \in T$.
Sei $\cdot t = \{enable, req_i | i = 0 : n\}$ die Menge der Eingangsstellen von t,
$t^{\cdot} = \{run, ret_i | i = 0 : n\}$ die der Ausgangsstellen.

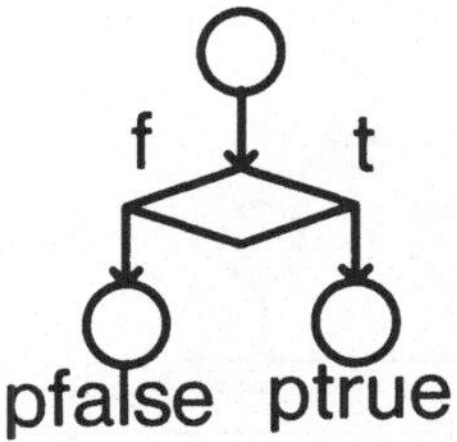

Abb. 59: DECIDER-Transition

Sei $i(t) : d \to d, i(t)(d) = d, value(d) \in \{\{reqi|i = 0 : n\} \to [0 : n] \subset I\!N_0\}$
Die Transition t heißt b-schaltbar unter der Markierung $m :\Leftrightarrow$
  $m(enable) > 0 \wedge \exists p \in \{req_i|i = 0 : n\} : m(p) > 0.$
$f_t : M \to M$ heißt b-Schalten der Transition $t :\Leftrightarrow$
  $f_t(m(enable)) := m(enable) - 1$
  $f_t(m(run)) := m(run) + 1$
  $f_t(m(req_i)) := m(req_i) - 1$
    $:\Leftrightarrow value(d)(req_i) = max\{value(d)(req_i)|m(req_i) > 0\}$
  $f_t(m(ret_i)) := m(reti) + 1$
    $:\Leftrightarrow value(d)(req_i) = max\{value(d)(req_i)|m(req_i) > 0\}$
  $f_t(m(p)) := m(p)$ sonst.

Eine Transition t heißt BLKHEAD-Transition, falls sie b-schaltbar ist und ein b-
Schalten durchführt.
Bezeichne H(IPN) die Menge der BLKHEAD-Transitionen von IPN.

$\Diamond$

Eine BLKHEAD-Transition dient als Arbiter, um nebenläufige Aufrufe an das Netz,
das sie verwaltet, zu behandeln. Die Stelle *enable* zeigt an, ob dieses gerade verfügbar
ist. Anfragen werden über die Stellen req_i gestellt. Die Interpretation dieser Transition ist eine feste Prioritätsfunktion, die die Eingangsstellen req_i auf ein Intervall
ganzer Zahlen abbildet. Diese feste Prioritätsfunktion kann durch eine dynamische ersetzt werden, falls erforderlich. Die BLKHEAD-Transition ist schaltbar, falls
enable markiert ist (d.h. das zu verwaltende Netz ist verfügbar) und mindestens
ein req_i markiert ist (d.h. es gibt mindestens einen Aufruf). Beim Schalten wird
die Marke von *enable* (das zu verwaltende Netz ist nicht mehr verfügbar) und von
dem req_i mit höchster Priorität entfernt. Sie markiert *run* (initiiere das zu verwaltende Netz) und das ret_i mit demselben Index wie das req_i, von dem eine Marke
entfernt wurde. Damit wird die Information, welcher Aufruf gerade bedient wird,
gespeichert. Graphisch wird eine BLKHEAD-Transition wie in Abb. 60 angegeben

dargestellt.

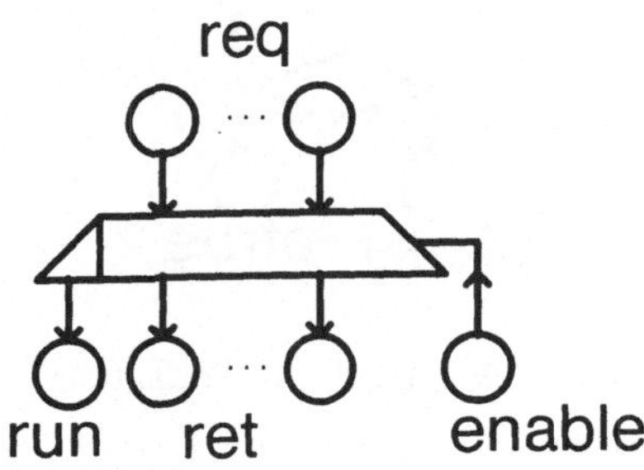

Abb. 60: BLKHEAD-Transition

Def. 5.2.1.5 (n-schaltbar, n-Schalten, BLKEND-Transition)

Sei $IPN = (((P, T, E), m_o, R), I, D)$ ein Interpretiertes Petri-Netz , $t \in T$.
Sei $\cdot t = \{finished, ret_i | i = 0 : n\}$ die Menge der Eingangsstellen von t,
$t\cdot = \{enable, back_i | i = 0 : n\}$ die der Ausgangsstellen.
Sei $i(t) : d \rightarrow d, i(t)(d) = d, value(d)B\{\{req_i | i = 0 : n\} \rightarrow [0 : n] \subset I\!N_0\}$
Die Transition t heißt n-schaltbar unter der Markierung $m :\Leftrightarrow$
$m(finished) > 0.$
$f_t : M \rightarrow M$ heißt n-Schalten der Transition $t :\Leftrightarrow$
$f_t(m(finished)) := m(finished) - 1$
$f_t(m(enable)) := m(enable) + 1$
$f_t(m(ret_i)) := m(ret_i) - 1 :\Leftrightarrow m(ret_i) > 0$
$f_t(m(back_i)) := m(back_i) + 1 :\Leftrightarrow m(ret_i) > 0$
$f_t(m(p)) \quad := m(p) \quad$ sonst.

Eine Transition t heißt BLKEND-Transition, falls sie n-schaltbar ist und ein n-Schalten durchführt.
Bezeichne N(IPN) die Menge der BLKEND-Transitionen von IPN.

$\diamond$

Die BLKEND-Transition ist genau das Komplement der BLKHEAD-Transition. Sie ist schaltbar, falls die Stelle *finished* markiert ist (d.h. das zu verwaltende Netz terminiert hat). Durch die Netzstruktur wird sichergestellt, daß zu diesem Zeitpunkt stets genau ein ret_i markiert ist. Beim Schalten entfernt es von seinen markierten Eingangsstellen eine Marke und markiert *enable* und das $back_i$ mit demselben Index wie dasjenige ret_i, das markiert war. Dadurch wird das zu verwaltende Netz wieder zur

Verfügung gestellt und die Instanz, die den soeben bedienten Aufruf ausgelöst hat, wird über die Abarbeitung informiert. Graphisch wird eine BLKEND-Transition wie in Abb. 61 angegeben dargestellt.

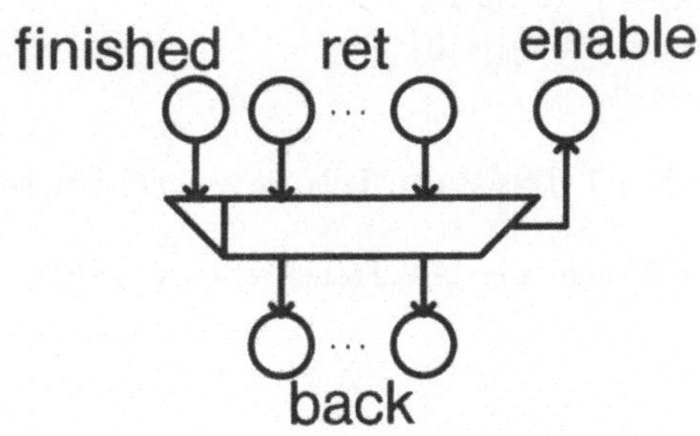

Abb. 61: BLKEND-Transition

BLKHEAD- und BLKEND-Transitionen dürfen nur paarweise benutzt werden. In einem solchen Paar werden die Stellen ret_i und *enable* identifiziert. Zwischen die Stellen *run* und *finished* wird ein beliebiges Netz mit je genau einer Eingangs- und Ausgangsstelle eingefügt. Die dadurch erhaltene Situation ist in Abb. 62 dargestellt.

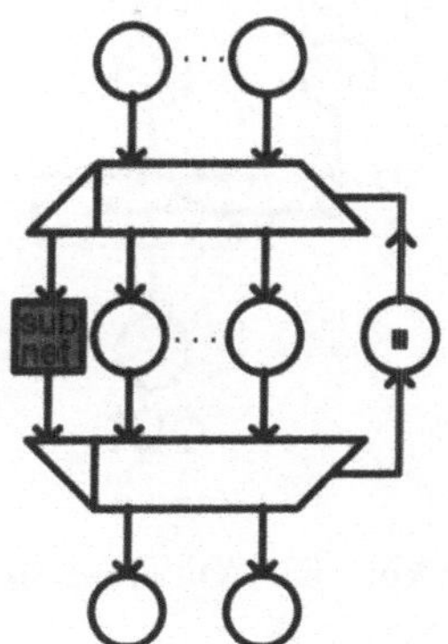

Abb. 62: Paarweises Auftreten von BLKHEAD- und BLKEND-Transitionen

Def. 5.2.1.6 (y-schaltbar, y-Schalten, AT-Transition)

Sei $IPN = (((P,T,E), m_o, R), I, D)$ ein Interpretiertes Petri-Netz , $t \in T$.
Sei $\cdot t = \{synch, ord\}$ die Menge der Eingangsstellen von t,
$t\cdot = \{out\}$ die (einzige) Ausgangsstelle.

274

Die Transition t heißt y-schaltbar unter der Markierung m :$\Leftrightarrow$
$m(synch) > 0$.
$f_t : M \rightarrow M$ heißt y-Schalten der Transition t :$\Leftrightarrow$
$f_t(m(synch)) := m(synch) - 1$
$f_t(m(ord)) := m(ord) - 1$:$\Leftrightarrow$ $m(ord)) > 0$
$_t(m(out)) := m(out) + 1$:$\Leftrightarrow$ $m(ord)) > 0$
$f_t(m(p)) := m(p)$ sonst.

Eine Transition t heißt AT-Transition, falls sie y-schaltbar ist und ein y-Schalten durchführt.
Bezeichne Y(IPN) die Menge aller AT-Transitionen von IPN.

$\Diamond$

Eine AT-Transition ist schaltbar, wenn die Eingangsstelle *synch* markiert ist. Ist dies die einzige markierte Eingangsstelle, wird die Marke entfernt, um das Schalten der Transition durchzuführen. Ist jedoch zur selben Zeit die Eingangsstelle *ord* ebenfalls markiert, dann werden beide Eingangsstellen demarkiert und eine Marke wird in die Ausgangsstelle *out* gelegt.
Graphisch wird die AT-Transition wie in Abb. 63 angegeben dargestellt.

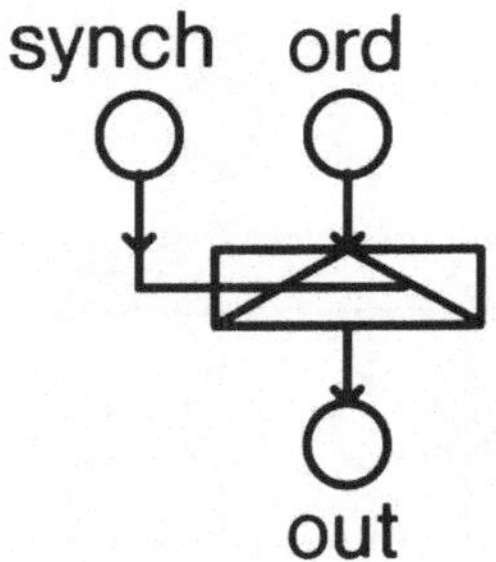

Abb. 63: AT-Transition

Def. 5.2.1.7 (Safe Restricted CAP Net)

Sei $TIPN = ((((P,T,E),m_o,R),I,D),\Delta)$ ein zeitbehaftetes Interpretiertes Petri Netz.
$TIPN$ heißt $SRCN$ (Safe Restricted CAP Net) :$\Leftrightarrow$
1)$T = A(IPN) \cup O(IPN) \cup D(IPN) \cup H(IPN) \cup N(IPN) \cup Y(IPN)$
2)$\forall p \in P : |{}^{\cdot}p| = |p^{\cdot}| = 1$
3)$\forall p \in P : \forall m \in M : m(p) \in \{0,1\}$

$$4) \forall t \in T :$$
$$(t \notin D(TIPN) \lor t \notin B(TIPN) \lor$$
$$t \notin (A(TIPN) \cap \{t \in T | \ |\dot{p}| = |\dot{p}| = 1\})) \Rightarrow i(t) = \lambda$$

$\Diamond$

SRCNs haben die Mächtigkeit, alle Modellierungsebenen, die von DACAPO III überdeckt werden, abzudecken. Betrachtet man die Beschreibungsmächtigkeit von DACAPO III, ergibt sich daraus, daß SRCNs als einheitliches internes Modell für die gesamte Bandbreite von der Systemebene hinab bis zur Schalterebene dienen können. Um dies zu zeigen, muß gezeigt werden, daß sich alle Sprachkonstrukte von DACAPO III auf SRCNs abbilden lassen.

5.2.1.1.1 Abbildung Algorithmischer Konstrukte von DACAPO III auf SRCNs

a) **seqbegin** $S_1; S_2; ...; S_n$ **end** wird modelliert durch das in Abb. 64 gezeigte Netzmuster:

Abb. 64: Netzmuster für seqbegin...end

b) **conbegin** $S_1; S_2; ...; S_n$ **end** wird modelliert durch das in Abb. 65 gezeigte Netzmuster:

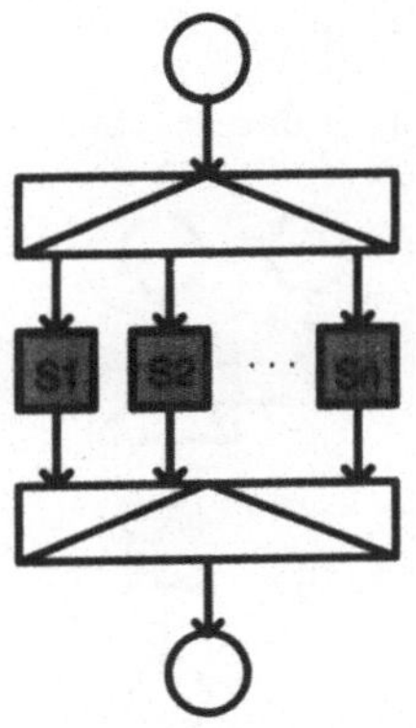

Abb. 65: Netzmuster für conbegin...end

276

c) **if** c **then** S_1 **else** $S2$ wird modelliert durch das in Abb. 66 gezeigte Netzmuster:

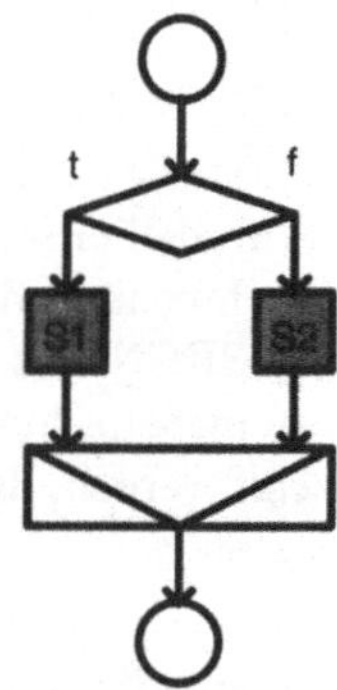

Abb. 66: Netzmuster für if...then...else

d) **while** c **do** S wird modelliert durch das in Abb. 67 gezeigte Netzmuster.

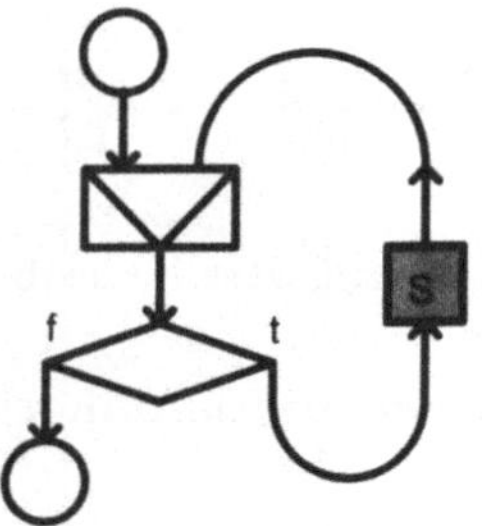

Abb. 67: Netzmuster für while...do

e) **at** c **do** S wird modelliert durch das in Abb. 68 gezeigte Netzmuster.

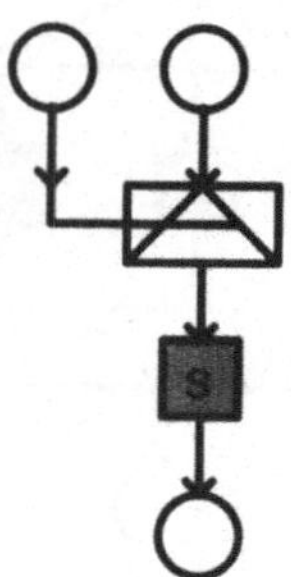

Abb. 68: Netzmuster für at...do

f) Ein Prozeduraufruf wird modelliert durch das in Abb. 69 gezeigte Netzmuster.

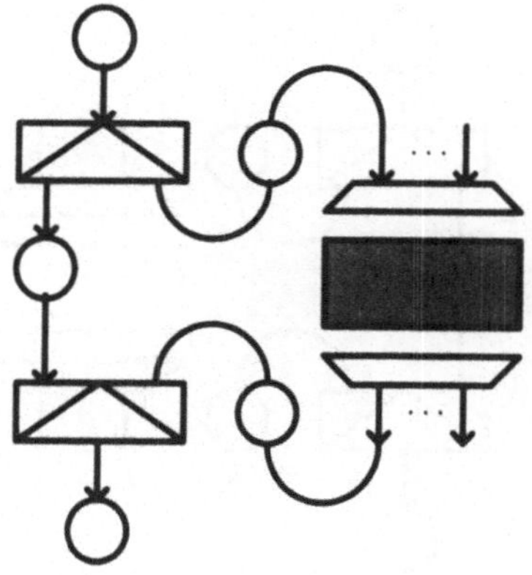

Abb. 69: Netzmuster für Prozeduraufruf

Für die **repeat** S **until** c - Anweisung und für die **when**-Anweisung wurden im Abschnitt 2.3.2 Quellsprachäquivalente angegeben. Die **case** c **of** - Anweisung kann durch eine Kaskade von **if** ... **then** ... **else** ersetzt werden. Funktionsreferenzen in Ausdrücken werden auf Prozeduraufrufe durch das folgende Prinzip zurückgeführt:

Sei a := e op f(x) eine Zuweisungsanweisung, die einen Ausdruck, bestehend aus irgendeinem Unterausdruck **e**, einem Operator **op** und einer Funktionsreferenz **f** mit Argument **x** an **a** zuweist. Dies kann ersetzt werden durch:

```
seqbegin
  proc_f(x, f_res) ;
  a := e op f_res
end.
```

Hierbei bezeichnet **proc_f** eine Prozedur, die denselben Rumpf wie **f** hat, außer der Tatsache, daß sie ihr Ergebnis dem <u>out</u>-Parameter **f_res** zuweist.

5.2.1.1.2 Abbildung von DACAPO III-Konstrukten der Systemebene auf SRCNs

Eine Prozedur wird auf das in Abb. 70 angegebene Netzmuster abgebildet.
Für jede Prozeduraufrufanweisung im Quelltext, die diese Prozedur aufruft, muß genau ein Tripel $(req_i, ret_i, back_i)$ eingerichtet werden. Eine Export-Prozedur kann durch das folgende Prinzip auf eine gewöhnliche reduziert werden:

Sei

export $(o_1, ..., o_n)$ **procedure** a ;

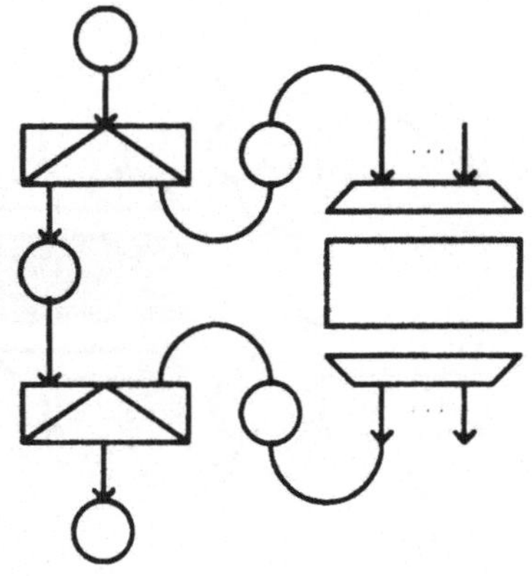

Abb. 70: Netzmuster für Prozedur

```
      ... procedure o₁ ...  procedure oₙ ...
end
```

eine Export-Prozedur. Dies kann substituiert werden durch:

```
procedure a_sub ( ...  ; in operator :  (o₁,...,oₙ)) ;
      .
      .
      .
      case operator of
      o₁ :  ...
        .
        .
        .
      o₁ :  ...
      end
end.
```

Ein Aufruf der Form $a.op_i(...)$ muß dann ersetzt werden durch einen der Form $a\_sub(...,op_i)$.

Die Abbildung des Interrupt-Konzepts ist schwieriger. Der Grund liegt darin, daß Petri-Netze einem lokalem Konzept folgen, während Interrupts von globaler Natur sind. Die Grundidee der Abbildung ist, jeder Transition, die von einem Interrupt beeinflußt werden kann, ein Netzmuster hinzuzufügen, das die Reaktion auf den Interrupt modelliert. Somit muß eine beliebige Transition durch das in Abb. 71 dargestellte Netz ersetzt werden.

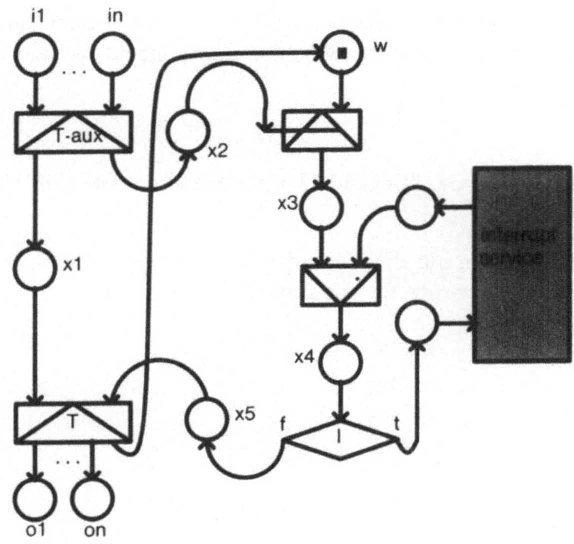

Abb. 71: Unterbrechbare Transition

Hier bezeichnen $i_1, ..., i_n$ die normalen Eingangsstellen der transformierten Transition und $o_1, ..., o_m$ ihre normalen Ausgangsstellen. Die Transition **t** ersetzt die ursprüngliche Transition mitsamt der zugeordneten Interpretation. Solange die Bedingung **I** (mit Bedeutung "es ist ein Interrupt mit Auswirkung auf diese Transition aufgetreten") den Wert "false" hat, bleibt das ursprüngliche Verhalten der Transition unverändert: Das Schalten von **t_aux** führt zu Marken in x_1 und x_2. Die Marke in x_2 zusammen mit der "wartenden" Marke in der Stelle **w** resultiert darin, daß nach Schalten der AT-Transition x_3 markiert wird. Da zu diesem Zeitpunkt kein Interrupt anliegt, führt das Schalten der DECIDER-Transition zu einer Markierung von x_5. Damit aber kann **t** schalten. Als Ergebnis werden die Stellen $o_1, ..., o_m$ markiert. Falls ein Interrupt anliegt, wenn die Transition initiiert wird, wird die auf Stelle **w** "wartende" Marke auf die Stelle **serve_interrupt** "geleitet", nachdem **t_aux** geschaltet hat. Ist die Interrupt-Behandlungs-Routine beendet, so markiert sie die Stelle **interrupt_served**. Da nun die Variable **I** wieder den Wert "false" hat, wird endlich die Transition **t** geschaltet. Tritt ein Interrupt auf, während die Transition **t** aktiv ist, so hat dies auf **t** keine Wirkung. Somit wird ihre Interpretation, die laut DACAPO-Semantik nicht unterbrechbar ist, abgeschlossen. Allerdings werden die Transitionen, die durch die Markierung von $o_1, ..., o_m$ schaltbar werden, verzögert, bis die Interrupt-Behandlungs-Routine beendet ist, da sie natürlich in derselben Weise wie **t** erweitert werden.

Alle Anweisungen, die zur Implementierung des Modul-Konzepts dienen, haben keine Auswirkung auf das interne Modellierungskonzept, da sie auf Quellsprach-niveau behandelt werden.

5.2.1.1.3 Abbildung von DACAPO-Konstrukten auf der Registertransfe-rebene auf SRCNs

Auf dieser Ebene müssen nur die "Guarded Commands" betrachtet werden. Wie in Abschnitt 2.3.4 erklärt wurde, ist ein **impdef**-Teil der Form:

```
impdef
      at up (event₁) do action₁ ;
      at up (event₂) do action₂ ;
      .
      .
      .
      at up (eventₙ) do actionₙ ;
```

vollständig äquivalent (d.h. nur eine Kurzschreibweise) zu:

```
conbegin
      while true do
         at up (event₁) do action₁ ;
      while true do
         at up (event₂) do action₂ ;
      .
      .
      .
      while true do
         at up (eventₙ) do actionₙ ;
end ;
```

Für diese Struktur jedoch wurde das SRCN-Äquivalent bereits eingeführt. Da in diesem Fall jedoch der größte Teil des Netzes ohne Bedeutung ist, wird ein **impdef**-Teil einfach durch eine Menge isolierter Subnetze modelliert, je eines für jedes "Guarded Command". Jedes Subnetz hat die in Abb. 72 dargestellte Form.

5.2.1.1.4 Abbildung von DACAPO-Konstrukten auf der Gatter/Schalter-ebene auf SRCNs

Die kontinuierliche Zuweisung eines Ausdrucks an eine implicit-Variable ist das letzte noch zu untersuchende Sprachkonstrukt. Es sei eine Zuweisung eines Ausdrucks über

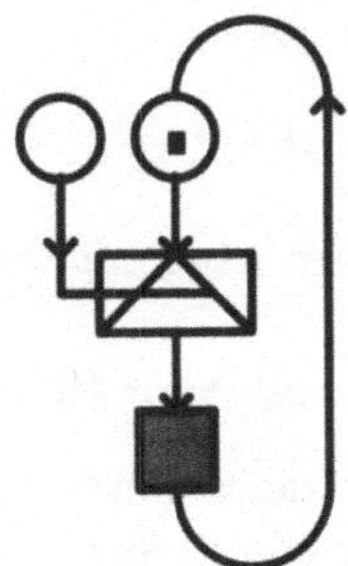

Abb. 72: Petri Netz für "Guarded Command"

Variablen $x_1, ..., x_n$ an eine Variable **y** angenommen:

$$y := exp \, (x_1, ..., x_n)$$

Dies ist äquivalent zu einem "Guarded Command" der Form:

<u>on</u> <u>change</u> $(x_1|...|x_n)$ <u>do</u> $y := exp \, (x_1, ..., x_n)$.

Die SRCN-Darstellung davon ist bereits diskutiert worden. Der Verzögerungsmechanismus von DACAPO ist genau der Zeitmechanismus, der in Abschnitt 2.1.2.1 für zeitbehaftete Interpretierte Petri-Netze eingeführt worden ist. Einfachere Zeitmodellierungsmethoden, wie sie in anderen Hardwarebeschreibungssprachen benutzt werden, können leicht auf dieses allgemeine Modell abgebildet werden.

5.2.1.2 Simulationstechniken

Es ist Aufgabe eines Simulationsalgorithmus, ein internes Modellierungskonzept des Modellierungssystems, das er zu unterstützen hat, auf die Architektur des Gastrechners abzubilden. Die effizienteste Simulation liegt vor, wenn die Architektur des Gastrechners identisch mit dem internen Modellierungskonzept oder zumindest ähnlich ist. Dies ist die Grundidee einer Klasse von dedizierten Simulationsmaschinen (Hardwareakzeleratoren). Eine andere Klasse derartiger Maschinen benutzt Pipelining, um sequentielle Algorithmen zu beschleunigen.
In den meisten Fällen muß ein konventioneller v.Neumann-Rechner als Gastarchitektur dienen. Daher wird in diesem Abschnitt dieser Fall behandelt. Das Hauptproblem der Abbildung auf eine strikt sequentielle Maschine ist der hohe Grad an Parallelismus, der üblicherweise in den Modellierungskonzepten zu finden ist.
Es gibt drei Haupttechniken, dieses Problem zu lösen:

- Streamline Code Simulation (SCS),

- Equitemporal Iteration (EI) und

- Critical Event Scheduling (CES).

Alle drei Ansätze werden in diesem Abschnitt behandelt werden.

5.2.1.2.1 Streamline Code Simulation (SCS)

Diese Klasse von Simulatoren ist auch unter der Bezeichnung "Compiled Mode"-Simulator bekannt. Die Idee ist, unmittelbar ausführbaren Code des Gastrechners aus der Schaltungsbeschreibung zu generieren. SCS kann nur unter gewissen Beschränkungen angewandt werden:

- Das Modellierungskonzept ist kontinuierliche Auswertung,
- das zu simulierende Objekt ist entweder kombinatorisch oder strikt synchron und
- es besteht kein Bedarf an Zeitinformation.

Die klassische Anwendung ist Simulation auf der Gatterebene für kombinatorische Schaltungen. Daher wird dieses Beispiel zuerst behandelt. Ein kombinatorisches Schaltnetz kann als "Directed Acyclic Graph" (**dag**) dargestellt werden. Dabei werden die Gatter als die Knoten des **dag** dargestellt, und jede Verbindung eines Gattereingangs mit einem Ausgang eines anderen wird zu einer Kante im **dag**.

Beispiel
Abb. 73 zeigt ein kombinatorisches Schaltnetz und seine Darstellung als **dag**.

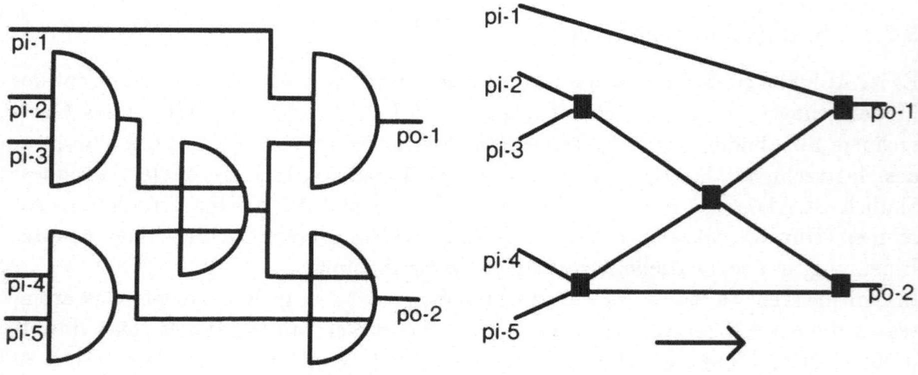

Abb. 73: Ein kombinatorisches Schaltnetz und seine Darstellung als **dag**

Die Knoten eines **dag** können sehr einfach bezüglich des längsten Pfades von Knoten zu Primäreingängen halbgeordnet werden. Diese Technik wird "Levelizing" genannt. Dabei erhält ein Primäreingang in_i $level(in_i) = 0$ und jeder andere Knoten n_j erhält $level(n_j) = (1 + max\{level(n_k)|$ Es gibt eine Kante von n_k zu $n_j\})$. Abb. 74 zeigt das obige Beispiel nach dem "Levelizing".

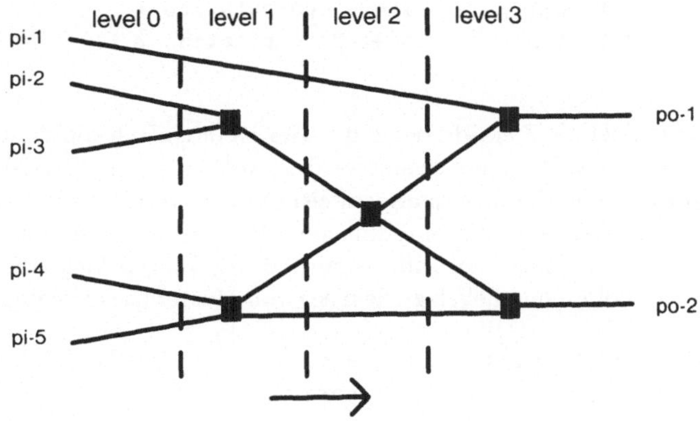

Abb. 74: Leveling angewandt auf ein **dag**

Die Ebenen können nun wie folgt interpretiert werden:

- (i) Kein Knoten auf einer höheren Ebene kann einen solchen auf einer niedrigeren beeinflussen,

- (ii) Knoten auf derselben Ebene beeinflussen sich gegenseitig nicht,

- (iii) Ein Knoten auf einer niedrigeren Ebene kann jeden Knoten auf einer höheren beeinflussen.

Somit wird durch das "Levelizing" eine Abhängigkeitsrelation auf der Schaltung eingeführt. Dies ist eine weitere Abstraktion der Abhängigkeitsstruktur, wie sie durch den **dag** dargestellt wird. Diese Abhängigkeitsrelation ist präzise genug, um eine Sequenz von Berechnungen der einzelnen Knoten aufzustellen. Der Code für die Knoten muß lediglich in Bezug auf aufsteigende Ebenen angeordnet werden. Die Sequenz der Codesegmente für Knoten gleicher Ebene ist beliebig, da sie sich gegenseitig nicht beeinflussen.
Im Fall der Simulation auf der Gatterebene besteht der Code, der für ein Gatter benötigt wird, aus sehr wenigen Instruktionen der Zielmaschine. Die Netze der Schaltung werden als Variable dargestellt (Speicherzellen im virtuellen Speicher des Gastrechners). Das obige Beispiel kann zu folgendem Code führen:

284

```
var pi_1, pi_2, pi_3, pi_4, pi_5 : word ;
    in_1, in_2, in_3            : word ;
    po_1, po_2                  : word ;
begin
    in_1  := pi_2 & pi_3 ;    { level 1 computation }
    in_2  := pi_4 & pi_5 ;    { level 1 computation }
    in_3  := in_1 | in_2 ;    { level 2 computation }
    po_1  := pi_1 & in_3 ;    { level 3 computation }
    po_2  := in_2 & in_3 ;    { level 3 computation }
end ;
```

Hier wurde DACAPO als Zielcode benutzt. Dies kann einfach durch den Maschinencode eines beliebigen Rechners ersetzt werden, wobei die Variablendeklarationen als Speicheradressen und die Zuweisungsanweisungen als ausführbare Instruktionen des Rechners anzusehen sind. Dieses rudimentäre Programm beschreibt die Berechnung auf der Basis eines einzelnen Eingabemusters. Es kann jedoch sehr einfach so erweitert werden, daß es eine beliebige Sequenz von Mustern verarbeitet:

```
var pi_1, pi_2, pi_3, pi_4, pi_5 : word ;
    in_1, in_2, in_3            : word ;
    po_1, po_2                  : word ;
    last_pattern                : bit ;
repeat
  begin
      read (pi_1, pi_2, pi_3, pi_4, pi_5, last_pattern);
      in_1  := pi_2 & pi_3 ;    { level 1 computation }
      in_2  := pi_4 & pi_5 ;    { level 1 computation }
      in_3  := in_1 | in_2 ;    { level 2 computation }
      po_1  := pi_1 & in_3 ;    { level 3 computation }
      po_2  := in_2 & in_3 ;    { level 3 computation }
  end
until last_pattern ;
```

Hier wurde angenommen, daß jedes Eingabemuster die Information enthält, ob es das letzte ist, oder nicht. Alle Variable, die Netze des Schaltnetzes repräsentieren, wurden vom Typ **word** deklariert. Dies steht für die Wortlänge des Zielcomputers. Die meisten Rechner führen logische Operationen auf ganzen Worten für jedes Bit des Wortes individuell aus. Zwei Haupttechniken nutzen dies aus:

- Im Fall der Fehlersimulation (siehe Abschnitt 6.2) können n verschiedene Einfachfehler gleichzeitig eingefügt werden, falls n die Wortlänge ist,

- in jedem Fall können n Eingabemuster gleichzeitig verarbeitet werden.

Bei einem typischen Rechner mit Wortlänge 32 bedeutet dies jeweils einen "Speedup"-Faktor von 32. Das Verfahren kann auch auf strikt synchrone sequentielle Schaltwerke angewandt werden. Solche Schaltwerke können normalisiert in der Huffman-Form dargestellt werden, wie in Abb. 75 dargestellt.

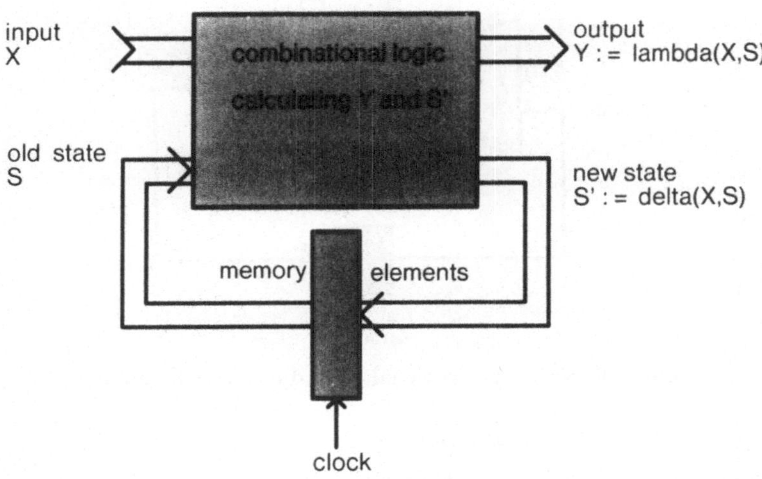

Abb. 75: Schaltwerk in Huffmann-Normalform

Damit wird sichtbar, daß zwei Funktionen berechnet werden müssen:

- $\lambda(X, S)$, um die aktuellen Werte der Primärausgänge zu berechnen (Mealy-Modell),

- $\delta(X, S)$ um den Folgezustand zu bestimmen.

Dabei wird angenommen, daß dieses sequentielle Schaltwerk im "fundamental mode" betrieben wird. D. h. ein neues Eingabemuster wird erst eingegeben, nachdem das vorausgegangene verarbeitet ist. Nimmt man weiterhin an, daß das Zustandsregister durch einen Takt fester Frequenz getaktet wird, so ist der einzige essentielle zu simulierende Teil des Schaltwerks der kombinatorische. Somit erhält man das geeignete sequentielle Simulationsteil durch Identifikation der primären Ein- und Ausgänge des kombinatorischen Teils, die die Zustandsvariablen darstellen.

Beispiel:
Es sei angenommen, daß in der obigen Schaltung po_2 den neuen Zustand und pi_5 den bisherigen Zustand repräsentieren. Somit erhält man ein Schaltwerk wie in Abb. 76 dargestellt.
Dieses Schaltwerk kann durch das folgende Modell simuliert werden:

286

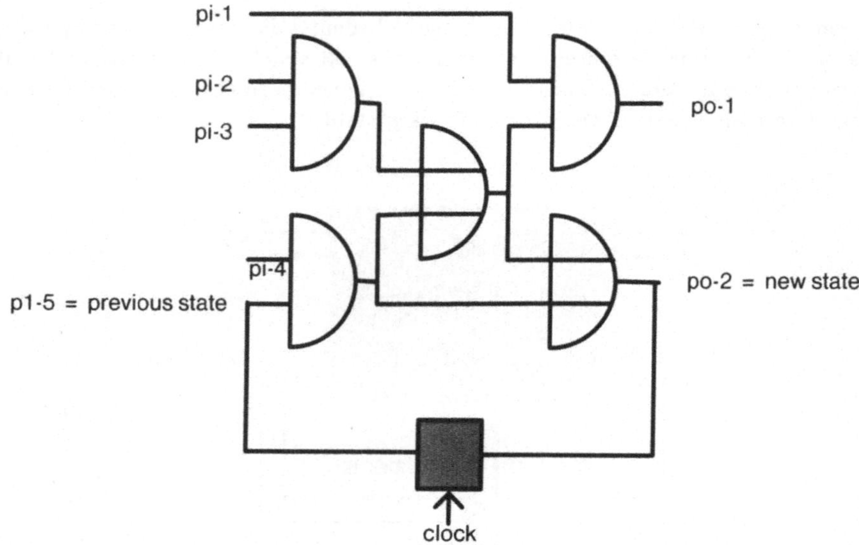

Abb. 76: Sequentielles Schaltwerk durch Rückkopplung

```
var pi_1, pi_2, pi_3, pi_4 : word ;
    in_1, in_2, in_3        : word ;
    po_1                     : word ;
    state                    : word := "X" ;
    last_pattern             : bit ;
repeat
   begin
      read (pi_1, pi_2, pi_3, pi_4, last_pattern)
      in_1  := pi_2 & pi_3  ; { level 1 computation }
      in_2  := pi_4 & state ; { level 1 computation }
      in_3  := in_1 | in_2  ; { level 2 computation }
      po_1  := pi_1 & in_3  ; { level 3 computation }
      state := in_2 & in_3  ; { level 3 computation }
   end
until last_pattern ;
```

Das Zeitverhalten wird durch SCS nur sehr grob dargestellt. Man kann nur annehmen, daß man die Zykluszeit des zu simulierenden Schaltwerks den Simulationszyklen gleichsetzen kann. SCS wurde in jüngster Zeit für die Fehlersimulation untersucht, wo es ein sehr sinnvolles Verfahren ist, und für Richtigsimulation auf der Gatterebene. In letzterem Fall werden zwar extrem schnelle Simulationszeiten erreicht, doch bleibt zu fragen, für welche Anwendungen eine derartige Simulation tatsächlich benötigt wird. Dies scheint ein recht eigentümlicher Entwurfsstil zu sein, bei dem nicht bekannt ist, welch eine Funktion zu implementieren ist. Denn falls die

Funktion bekannt ist, kann durch einfache algebraische Methoden überprüft werden, ob eine gegebene Implementierung tatsächlich diese Funktion realisiert, oder nicht.

5.2.1.2.2 Äquitemporale Iteration (EI)

Äquitemporale Iteration ist eine einfache tafelgetriebene Simulationstechnik. Wie bei SCS findet iterativ ein Überstreichen des gesamten zu simulierenden Systems statt. Nach jedem Überstreichen wird die globale Zeit um eine Schrittweite erhöht. Diese Schrittweite kann von Iteration zu Iteration variieren, ist aber stets für alle besuchten Komponenten gleich (daher der Begriff "Äquitemporal"). EI nimmt an, daß das zu simulierende System durch eine Menge von Komponenten beschrieben ist. Jede Komponente i wird durch ein Tripel (c_i, a_i, d_i) modelliert. Hier bedeutet c_i die Ausführbarkeitsbedingung der Komponente, a_i ihre Aktion und d_i die Zieldatenobjekte, die durch diese Aktion beeinflußt werden. Da Ausführbarkeitsbedingungen vorgesehen sind, kann EI auch einfach "triggered evaluation" behandeln.
Es sei nun angenommen, daß die Bedingung c_i einer bestimmten Komponente i während einer Iteration wahr ist. Als Konsequenz wird die Aktion a_i ausgeführt. Diese Aktion kann von gewissen Argumenten abhängen. Es wird angenommen, daß diese Argumente in einem globalen Speicher residieren. Als Auswirkung der Ausführung von a_i erhalten einige Zielvariable d_i neue Werte. Doch wird diese Wertzuweisung nicht direkt auf die Zielvariable ausgeführt, sondern auf dedizierte Puffer. Dadurch werden die Komponenten, die beim aktuellen Durchgang nachfolgend besucht werden, von diesen Wertänderungen nicht berührt. Somit hat die Sequenz, in der Komponenten besucht werden, keinen Einfluß auf das Verhalten des Simulators. Nach einem vollständigen Durchgang werden alle Puffer in die Zielvariablen, die im globalen Zustand gespeichert sind (gemeinsamer Speicher), kopiert. Ein Gerüst eines derartigen Algorithmus sieht wie folgt aus:

```
begin
    time := 0 ;
    final_time := stop_time ; {stop_time to be supplied externally }
    while time <= final_time do
        begin
            for i := 1 to component_number do
                if c(i) then d_buffer[i] := a(i) ;
            time := time + increment ;
            for i := 1 to component_number do
                d[i] := d_buffer[i]
        end
end .
```

Beispiel:
Es sei angenommen, daß dieselbe kleine sequentielle Schaltung wie im letzten SCS-Beispiel simuliert werden soll. Nun soll aber eine individuelle Verzögerung von 3

288

Zeiteinheiten bei jedem AND-Gatter, von 4 Zeiteinheiten bei jedem OR-Gatter und 7 Zeiteinheiten zum Speichern des neuen Zustands angenommen werden. Die so erhaltene Schaltung wird in Abb. 77 angedeutet.

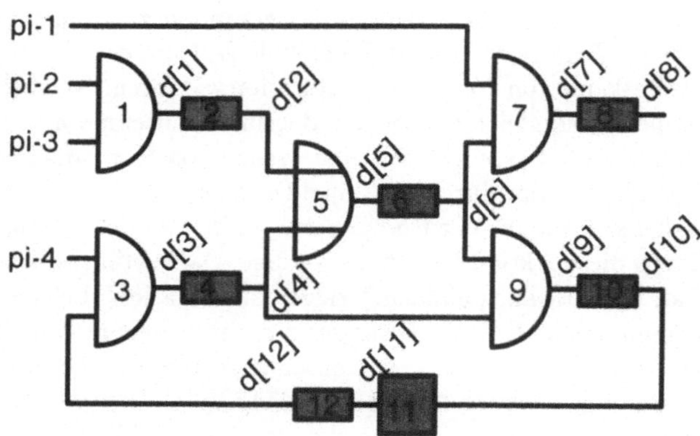

Abb. 77: Schaltwerk mit individuellen Verzögerungswerten

Im Fall von EI ist nun der Simulationsalgorithmus fest, sodaß nur die Struktur der Schaltung durch eine geeignete Datenstruktur dargestellt werden muß. Diese mag wie folgt aussehen:

```
definition module circuit ;
   const component_number = 12        ;
   type  word               = bit(32)  ;
   var   d : array [1 : 12] of word   ;
         increment, stop_time : integer;
   function c(in_i : integer) : bit    ;
   function a(in_i : integer) : word    ;
end circuit ;

implementation module circuit ;
   const component_number = 12        ;
   type  word               = bit(32);
   var   d : array [1 : 12] of word;
         gate_time : array [1 : 12] of integer ;
         increment, stop_time : integer ;
         clock : bit ; {assumed to be set externally,
                        value "1" only for 1 time unit}
```

```
function delayer ( in index : integer ;
                   in value : word )  : word ;
   var shifter array [1 : 6] of array [0 : 4] of word ;
   begin
     case index of
        1 : begin
               delayer := shifter [1, 0] ;
               shifter [1, 0] := value
            end ;
        3 : begin
               delayer := shifter [2, 0] ;
               shifter [2, 0] := value
            end ;
        5 : begin
               delayer := shifter [3, 1] ;
               shifter [3, 1] := shifter [3, 0] ;
               shifter [3, 0] := value
            end ;
        7 : begin
               delayer := shifter [4, 0] ;
               shifter [4, 0] := value
            end ;
        9 : begin
               delayer := shifter [5, 0] ;
               shifter [5, 0] := value
            end ;
       11 : begin
               delayer := shifter [6, 4] ;
               shifter [6, 4] := shifter [6, 3] ;
               shifter [6, 3] := shifter [6, 2] ;
               shifter [6, 2] := shifter [6, 1] ;
               shifter [6, 1] := shifter [6, 0] ;
               shifter [6, 0] := value
            end ;
end ;

function c (in i : integer) : bit;
   begin
     c := if i = 11 then clock
                    else "1"
end ;

function a(in i : integer) : word ;
```

```
      begin
        case i of
          1 : begin
                a := pi_2 & pi 3
              end ;
          2 : begin
                a := delayer ( 1, d[1] )
              end ;
          3 : begin
                a := pi_4 & d [12] ;
              end ;
          4 : begin
                a := delayer ( 3, d[3] )
              end ;
          5 : begin
                a := d [2] | d [4] ;
              end ;
          6 : begin
                a := delayer ( 5, d[5] )
              end ;
          7 : begin
                a := pi_1 & d[6] ;
              end ;
          8 : begin
                a := delayer ( 7, d[7] )
              end ;
          9 : begin
                a := d[4] & d[6] ;
              end ;
         10 : begin
                a := delayer ( 9, d[9] )
              end ;
         11 : begin
                a := d[10]
              end ;
         12 : begin
                a := delayer ( 11, d[11] )
              end ;
      end ;
  end circuit ;
```

Das Gerüst des Simulationsalgorithmus sieht nun wie folgt aus:

```
module main ;
```

```
from circut import component_number, word, increment,
                  stop_time, d, c, a ;
var time, final_time : integer ;
    d_buffer         : array [1 : component_number] of  word ;
begin
   time := 0 ;
   final_time := stop_time ; {stop time to be supplied externally }
   while time <= final_time do
      begin
         for i := 1 to component_number do
            if c(i) then d_buffer[i] := a(i) else ;
         time := time + increment ;
         for i := 1 to component_number do
            d[i] := d_buffer[i]
      end
   end
end main .
```

Einige Kommentare:

In diesem Beispiel ist ein Modul für jedes Gatter in der beschreibenden Datenstruktur vorgesehen worden. Zusätzlich wurde für jedes Gatter ein weiteres Modul eingeführt, um die dem Gatter zugewiesene Verzögerung zu beschreiben. Die Ausführbarkeitsbedingung für alle Komponenten außer dem Zustands-Flipflop ist immer erfüllt, da das zugrundeliegende Modell für Gatter kontinuierliche Auswertung ist. Die Ausführbarkeitsbedingung für das Flipflop ist, daß das Signal clock (das extern vorzusehen ist) den Wert "1" während eines Zyklus des Simulationsalgorithmus hat. Die auszuführenden Aktionen sind die einfachen Gatterfunktionen, falls Gatter zu modellieren sind. Für die Verzögerungselemente wird ein Shifter-Modell benutzt. Neu berechnete Werte fließen durch eine "Röhre", wobei die Länge der Röhre die zu modellierende Verzögerung bestimmt. In diesem Fall wurde ein lokaler Ansatz verfolgt, bei dem die "Röhren" für die verschiedenen Verzögerungselemente individuell verwaltet werden. Eine Alternative stellt eine globale Verwaltung der "Röhren" als Teil des Puffer-Kopier-Prozesses dar. Abbildung 78 skizziert diesen Algorithmus.

Es wird angenommen, daß es einen weiteren Prozeß gibt, der die Eingabemuster für die primären Eingänge der Schaltung liefert. Diese Eingabestimuli können zu beliebigen Zeitpunkten anliegen. Die technische Implementierung dieses Beispiels ist natürlich nicht typisch. Üblicherweise werden (passive) Datenstrukturen benutzt, um die zu simulierende Schaltung zu modellieren, anstelle des mehr objektorientierten Ansatzes, wie er hier verfolgt wurde. In jedem Fall ist der eigentliche Simulationsalgorithmus fest und unabhängig von der jeweilig zu simulierenden Schaltung. Deren Beschreibung wird in eine geeignete Datenstruktur übersetzt, die dann zu dem Simulationsalgorithmus dazu gebunden wird.

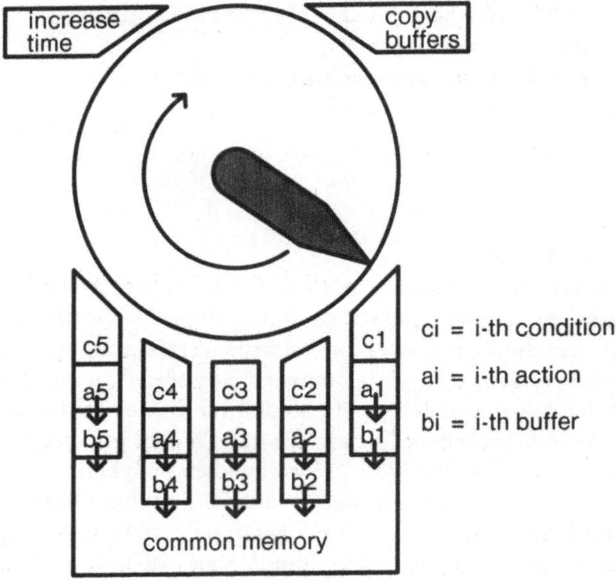

Abb. 78: EI-Algorithmus

Der EI-Simulationsalgorithmus ist sehr einfach und leicht zu implementieren. Daher war er lange Zeit zur Gattersimulation sehr beliebt und wird immer noch häufig zur Simulation auf der RT-Ebene benutzt. Leider ist er in den meisten Fällen sehr ineffizient, weil typischerweise zu einem bestimmten Zeitpunkt mehr als 95% aller Komponenten stabil sind. Dies bedeutet, daß Operationen ungleich der Berechnung der Identitätsfunktion mit Wahrscheinlichkeit unter 0,05 ausgeführt werden. Somit erscheint EI nur dann sinnvoll, wenn hochgradig instabile Systeme zu simulieren sind. Offensichtlich nimmt die Stabilität bei größer werdendem Wertebereich der Datenvariablen ab. Damit neigen analoge Modelle zu extremer Instabilität und EI scheint hierfür eine besonders geeignete Methode zu sein. Tatsächlich benutzen fast alle Analogsimulatoren diese Technik.

5.2.1.2.3 Critical Event Scheduling (CES)

Diese Simulationstechnik ist ein Versuch, die Effizienzprobleme von EI dadurch zu lösen, daß man sich auf nichttriviale Berechnungen beschränkt. Critical Event Scheduling (CES) ist auf Modellierungskonzepte anwendbar, die den folgenden Restriktionen genügen:

(i) Der Zeitpunkt des nächsten Auftretens eines Ereignisses ist vorhersagbar,

(ii) Falls der Zeitpunkt des nächsten Auftretens eines bestimmten Ereignisses nicht vorhersagbar ist, findet dieses Ereignis nicht statt, bevor es nicht durch das Stattfinden anderer Ereignisse vorhersagbar geworden ist.

Diese Restriktionen werden durch das in diesem Abschnitt betrachtete interne Modellierungskonzept erfüllt:

(i) Angenommen, daß $n >= 1$ zeitbehaftete interpretierte Transitionen zu einem Zeitpunkt aktiviert sind, dann ist zu diesem Zeitpunkt bekannt, wann sie schalten werden und der nächste Schaltzeitpunkt kann bestimmt werden.

(ii) Ein interpretiertes Schalten kann nur stattfinden, nachdem diese Transition aktiviert wurde. Damit eine Transition aktiviert wird, muß zuvor eine Markierungsänderung auf den Eingangsstellen stattgefunden haben. Diese Markierungsänderung jedoch kann nur durch das Schalten von Transitionen stattfinden, also durch ein Ereignis.

Damit ist CES in unserem Kontext ein universeller Algorithmus. Der CES-Algorithmus nimmt an, daß das zu simulierende System zur Compile-Zeit in Komponenten zerteilt wird und eine Abhängigkeitsbeziehung auf diesen Komponenten bestimmt wird. Ist Komponente B direkt abhängig von Komponente A (in dieser Abhängigkeitsbeziehung), so wird A Beeinflußer von B und B Beeinflußter von A genannt. Im Fall von zeitbehafteten IPN wird diese Abhängigkeitsbeziehung direkt durch die Netztopologie und Referenzen auf gemeinsame Datenobjekte gegeben. Auf der Basis dieser Abhängigkeitsbeziehung kann der CES-Algorithmus bestimmen, welche Komponenten durch die Zuweisung eines neuen Wertes an ein Datenobjekt beeinflußt werden. Und mit der entsprechenden Zeitinformation kann der Algorithmus auch präzise vorhersagen, wann dies stattfinden wird. Nur diese Teile der Schaltung werden nun weiter verfolgt. Somit ist CES im Gegensatz zu EI und SCS ein lokaler Ansatz. Das folgende Gerüst illustriert den Algorithmus:

```
module main ;
  from circuit import
          circuit_size, word, data, influenee_nr, influencee,
                        executable, action, elapses ;
  const empty = 0 ;
  type  event = record
                    component_id  : integer;
                    event_time    : integer;
                    new_value     : word
                  end;
  var   current_event, new_event : event  ;
        current_time, queue_fill : integer;
        changed                  : bit   ;

  export (insert, remove, test) procedure event_queue ;
    const queue_length = ... ;
    var queue          : array [0 : queue_length] of event ;
        top_of_queue : integer   := 0 ;
    procedure insert ( in item : event ) ;
      begin
        sort_in (item) ;
        {assume that sort_in (item) inserts item properly
                keeping queue sorted in ascending order with
                respect to event_time }
        top_of_queue := top_of_queue + 1
    end ;
    function remove : event ;
      begin
        remove := queue[top_of_queue] ;
        top_of_queue := top_of_queue - 1
    end ;
    function test : integer ;
      begin
        test := top_of_queue
    end ;
  end ; {event queue}
```

```
begin
  time := 0 ;
  final_time := stop_time ; {stop_time to be supplied externally }
  while time <= final_time & queue_fill <> empty do
    begin
      current_event := event_queue . remove
      current_time  := current_event . event_time ;
      changed       := data [current_event . component_id] <>
                       current_event . new_value ;
      data [current_event . component_id] :=
                       current_event . new_value ;
      if changed & influencee_nr [current_event . component_id] > 0
then begin
          for i := 1 to influencee_nr[current_event . component_id]
             do
               begin
                 component :=
influencee [current_event . component_id,i];
                     if executable ( component ) then
                     begin
                       new_event . component_id := component ;
                       new_event . new_value := action (component) ;
                       new_event . event_time :=
                                current_time + elapses (component) ;
                       event_queue . insert ( new_event )
                     end
                                                     else
                 end
             end
    else;
       queue_fill := event_queue . test
    end
  end ;
end main .
```

Abbildung 79 illustriert den Warteschlangenansatz.

Einige Kommentare:

Dieser Algorithmus beinhaltet die Verwaltung einer Ereignisschlange (`event_queue`), die in aufsteigender Reihenfolge bezüglich der Ereigniszeitpunkte (`event_time`) sortiert ist. Diese Verwaltung wird durch die Exportprozedur `event_queue` durchgeführt. Der Hauptalgorithmus setzt zunächst die initialen Werte der Zeitsteuerungsvariablen

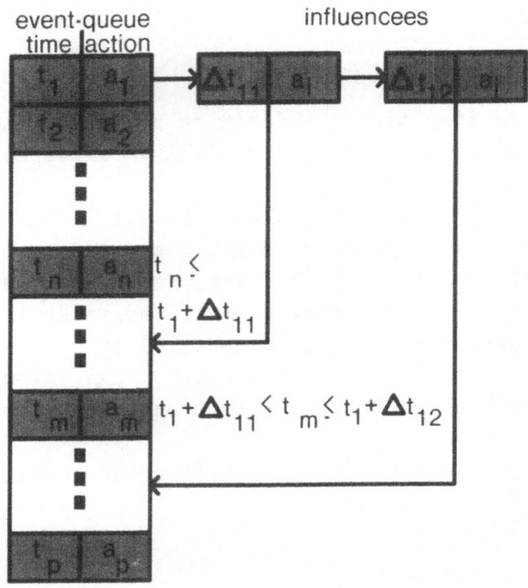

Abb. 79: Dynamische Datenstruktur des CES-Algorithmus

```
( time := 0 ;
final_time := stop_time ; )
```

und startet dann mit der Hauptschleife

```
( while time <= final_time & queue_fill <> empty do ).
```

Man beachte, daß die Simulation beendet wird, wenn es keine Ereignisse mehr gibt, d.h. die Schaltung stabil geworden ist. Zunächst wird das Ereignis am Anfang der Ereignisschlange behandelt

```
(current_event := event_queue . remove ;
 current_time   := current_event . event_time ;
 changed := data [current_event . component_id] <>
                 current_event.new_value;
 data [current_event . component_id] := current_event . new_value ;).
```

Man beachte, daß es kein festes Zeitinkrement gibt, sondern daß die Zeit zu dem Zeitpunkt, an dem das nächste Ereignis stattfindet, fortgeschaltet wird. Es wird nun überprüft, ob es eine Wertänderung als Effekt des Ereignisses gibt. Falls nicht, müssen die Beeinflußten nicht bearbeitet werden. Diese Technik wird "selective trace" genannt. Falls es eine Wertänderung gibt und es existieren Beeinflußte der gerade bearbeiteten Komponente, dann müssen alle diese Beeinflußten bearbeitet werden.

```
( if changed & influencee_nr [current_event . component_id] > 0 then
  begin
    for i := 1 to influencee_nr [current_event . component_id] do )
```

Falls die Beeinflußte unter der neuen Situation ausführbar ist, muß ein Ereignis mit der entsprechenden Identifikation, Aktion und Ereigniszeit erzeugt werden und in die Ereignisschlange eingefügt werden.

```
( if executable ( component ) then
    begin
      new_event . component_id := component ;
      new_event . new_value :=  action (component) ;
      new_event . event_time :=
        current_time + elapses (component, new_event . new_value) ;
      event_queue . insert ( new event )
    end
                        else )
```

Wie im Falle von EI muß dieser Algorithmus mit einer Schaltungsbeschreibung kombiniert werden, die in eine geeignete Datenstruktur übersetzt wurde. Diese Information ist für die zu simulierende Schaltung spezifisch, während der oben angegebene Algorithmus fest bleibt.

Beispiel:
Es sei angenommen, daß die gleiche Schaltung wie im EI-Beispiel simuliert werden soll, wobei in diesem Fall die Verzögerung der AND- Gatter (up 3, down 4) und das von OR-Gattern (up 5, down 4) beträgt. Hier ist es nun nicht mehr notwendig, die Verzögerung durch spezielle Verzögerungselemente zu modellieren, da deren Wirkung standardmäßig im CES-Algorithmus enthalten ist. Daher können wir eine Datenstruktur auf der Basis des in Abb. 80 angegebenen Schaltungsmodells benutzen.
Die Datenstruktur kann beispielsweise wie folgt aussehen:

```
definition module circuit ;
    const circuit_size    = 6 ;
    type  word            = bit(32) ;
    var   data            : array [ 1 : 6 ] of word ;
          influencee_nr : array [ 1 : 6 ] of integer ;
          influencee    : array [ 1 : 6 ] of array [ 1 : 2 ] of integer ;
    function executable ( in component : integer ) : bit  ;
    function action      ( in component : integer ) : word ;
```

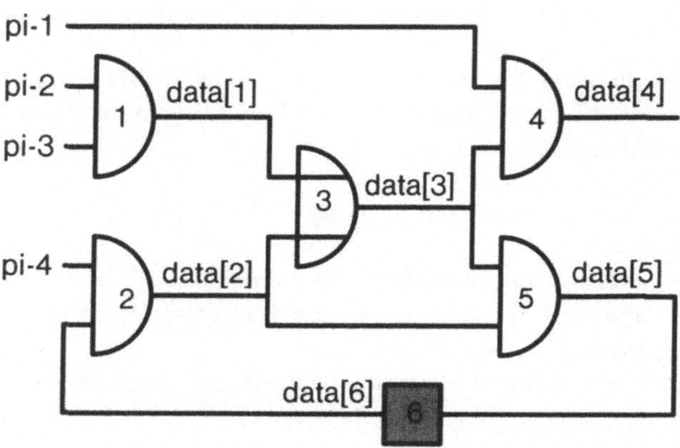

Abb. 80: Schaltungsmodell für CES-Algorithmus

```
    function elapses      (  in component : integer
                             in new_value : word )      : integer ;
end circuit ;

implementation module circuit ;
   const circuit_size = 6 ;
   type  word         = bit(32) ;
   var   data : array [ 1 : 6 ] of word ;
         pi_1, pi_2, pi_3, pi_4 : word   ;
         influencee_nr : array [ 1 : 6 ] of integer := 1, 2, 2, 0, 1, 1
         influencee    : array [ 1 : 6 ] of array [ 1 : 2 ] of integer
                         := 3, 0,
                            3, 5,
                            4, 5,
                            0, 0,
                            6, 0,
                            2, 0 ;

   function executable (  in component : integer ) : bit ;
      begin
        executable := if component = 6 then clock else "1"
```

```
  end ;

  function action (  in component : integer ) : word ;
    begin
      action := case component of
                1 : pi_2 & pi_3 ;
                2 : pi_4 & data [6] ;
                3 : data [1] | data [2] ;
                4 : pi_1 & data [3] ;
                5 : data [3] | data [2] ;
                6 : data [5]
              end
  end ;

  function elapses (  in component : integer
                      in new_value : word ) : integer ;
    begin
      elapses := case component of
                 1,2,4,5 : if new_value then 3 else 4 ;
                 3       : if new_value then 5 else 4 ;
                 6       : 7
               end
  end ;
end circuit ;
```

Wie EI nimmt auch der CES-Algorithmus an, daß es einen weiteren Prozeß gibt, der
Eingabemuster an die Primäreingänge liefert. Wieder können diese Eingabestimuli
zu beliebigen Zeitpunkten auftreten. Der CES-Algorithmus ist auch relativ einfach.
In den meisten Fällen ist er recht effizient, da er keine Zeit mit unnötigen Aktionen
verschwendet. Doch muß man damit bezahlen, daß die Ereignisschlange stets sortiert
gehalten werden muß. Sortieren ist ein Algorithmus der Komplexität $=O(n*log(n))$
wobei n die Anzahl der zu sortierenden Elemente angibt. Dies ist nicht zu übel,
besonders wenn man beachtet, daß die Ereignisschlange typischerweise recht kurz
ist, weil immer nur sehr wenige Komponenten zu einem Zeitpunkt instabil sind, typische Komponenten nicht sehr viele Beeinflußte haben und die Verzögerungszeiten
nicht zu sehr variieren.

Will man dennoch die Sortierzeit weiter verringern, so kann die oben beschriebene
Ereignisschlangenverwaltung durch einen Zeitscheibenalgorithmus ersetzt werden.
Die Idee hinter diesem Ansatz ist die Existenz einer zirkulären Datenstruktur mit
einer festen Anzahl n von Plätzen. Jeder solche Platz i enthält alle zukünftigen
Ereignisse, die zu den Zeitpunkten

```
(Startzeit des aktuellen Zyklus + i) mod n
```

stattfinden.

Jedem dort eingetragenen Ereignis wird ein Zyklenzähler zugeordnet, der angibt, wieviele Zyklen vergehen müssen, bis dieses Ereignis bearbeitet werden muß. Allerdings müssen die Ereignisse innerhalb eines Platzes in aufsteigender Reihenfolge bezüglich ihres Zyklenzählers sortiert gehalten werden. Der Sortieraufwand dafür ist jedoch extrem niedrig, da in den meisten Fällen nur ein Ereignis pro Platz eingetragen ist. Ist die Größe der Zeitscheibe eine Zweierpotenz, $n = 2**i$, so können sowohl der jeweils richtige Platz wie auch der Zyklenzähler durch sehr einfache Maskierungsoperationen berechnet werden:

Angenommen, ein Ereignis soll eingefügt werden, das nach **del** Zeiteinheiten stattfinden soll. Dann definieren die i rechtesten Bits von **del** den Platz in der Zeitscheibe und die restlichen den Zyklenzähler. Obiger Algorithmus kann sehr einfach zu einem Zeitscheibenalgorithmus umgeschrieben werden. Nur die Exportprozedur **event_queue** muß geändert werden:

```
export (insert, remove, test) procedure event_queue ;
  const queue_length = ... ;
  var   time_wheel : array [0 : 2**time_wheel_size] of
                             array [0 : queue_length ] of
                                record
                                   component_id : integer ;
                                   new_value    : word    ;
                                   cycle_count  : integer
                                end ;
        empty : bit := "1" ;
  procedure insert ( in item : event ) ;
    var position, cycle_count : integer ;
    begin
      position     := item . event_time mod 2**time_wheel_size ;
      cycle_count := item . event_time  /  2**time_wheel_size ;
      sort_in
      (position, item . component_id, item.new_value, cycle_count) ;
        {assume that sort_in inserts properly into queue for slot at
        position keeping queue sorted in ascending order with respect
        to event_time }
  end ;

  function remove : event ;
    var found, no_event : bit ;
        position, position_advance, base_time : integer := 0;
    begin
      repeat
        begin
```

```
        found := "0"
        position :=
         ( position + position_advance )  mod 2**time_wheel_size ;
        if position = 0 then
          begin
            if no_event then empty := "1"
                        else ;
            no_event := "1" ;
            base_time := base_time + 2**time_wheel_size
          end
                        else ;
        if time_wheel [position, 0] <> 0
          then
            begin
              no_event := "0" ;
              if cycle_count <> 0
                then cycle_count := cycle_count - 1
                else
                  begin
                    remove . component_id :=
                        time_wheel [position, 0] . component_id ;
                    remove . new_value    :=
                        time_wheel [position, 0] . new_value ;
                    remove . event_time   :=
                        base_time + position ;
                    shift_down (position) ;
                        {assume that  shift_down shifts down queue
                         for slot at position properly so that
                         closest event becomes event with index 0}
                    found := "1" ;
                    position_advance := 0
                  end
            end
          else position_advance := 1
      end
    until found or empty
end ;


function test : integer ;
  begin
    test := if empty then 0 else 1
end ;
```

end ; {event queue}

Abbildung 81 illustriert den Zeitscheibenansatz.

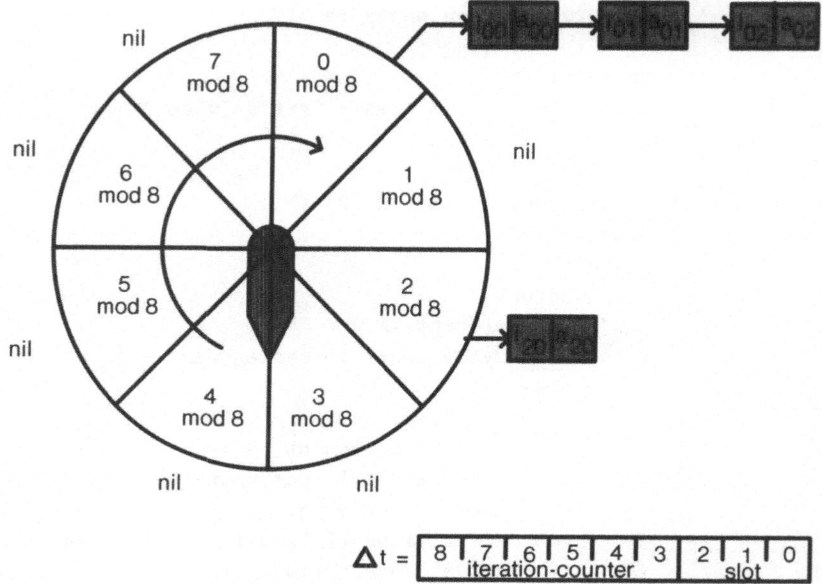

Abb. 81: Zeitscheibenmethode

Einige Kommentare:

Betrachtet man die **insert**-Operation, so ist die Zeitscheibenmethode nichts anderes als ein Warteschlangenverfahren mit mehr als einer Warteschlange. Nachdem also der richtige Platz und die Anzahl der bis zur Bearbeitung zu verstreichenden Zyklen berechnet sind, findet eine normale Einsortieroperation statt.

Die **remove**-Operation ist vollständig anders. Anstatt zum nächsten Zeitpunkt eines Ereignisses zu springen, wird hier in einer bestimmten Auflösung jeder Zeitpunkt besucht.

```
position := ( position +1 ) mod 2**time wheel size ;
```

Immer wenn der Platz 0 besucht wird, muß die Basiszeit des neuen Zyklus gesetzt werden. Zusätzlich wird überprüft, ob während des gesamten verstrichenen Zyklus mindestens ein Ereignis entdeckt worden ist.

```
if position = 0 then
                begin
```

```
        if no_event then empty := "1"
                    else ;
        no_event := "1" ;
        base_time := base_time + 2**time_wheel_size
    end
```

Ein inspizierter Platz kann leer sein. Dann findet keine Aktion statt. Ist er nicht
leer, so kann es geschehen, daß die notwendige Basiszeit für dieses Ereignis noch
nicht erreicht ist. In diesem Fall wird der Zyklenzähler dieses Eintrags einfach um
eins verringert.

```
if cycle_count <> 0
    then cycle_count := cycle_count - 1
```

Ist der Zyklenzähler bereits 0, so muß das Ereignis bearbeitet werden. D.h. es muß
aus der Zeitscheibe entfernt werden und die Schlange dieses Platzes muß nachge-
schoben werden.

```
remove . component_id := time_wheel [position, 0] . component_id ;
remove . new_value    := time_wheel [position, 0] . new_value    ;
remove . event_time   := base_time + position ;
shift_down (position) ;
```

Die Variable `position_advance` wird in diesem Fall auf 0 gesetzt, um sicherzustellen, daß derselbe Platz nach möglicherweise weiteren Ereignissen für denselben Zeitpunkt durchsucht wird. Nach Besuch eines leeren Platzes wird `position_advance`
auf 1 gesetzt.
Eine typische Größe einer Zeitscheibe ist 1024. In diesem Fall ist die Wahrscheinlichkeit, daß ein Platz mehr als ein Ereignis enthält, sehr gering. Somit findet defacto
überhaupt kein Sortieren statt. Man bezahlt dafür dadurch, daß man gezwungen
ist, die Zeitscheibe für jeden Zeitpunkt zu inspizieren, statt direkt zum nächsten
essentiellen vorzurücken. Dies ist jedoch immer noch besser als im EI-Fall, wo man
jede Komponente zu jedem Zeitpunkt inspizieren muß.

5.2.2 Simulationsszenarios

Ein alleinstehender Simulator macht wenig Sinn. In den meisten Fällen gilt es nicht,
ein autonomes System zu simulieren, sondern eines, das mit seiner Umwelt intera-
giert. Auf der anderen Seite müssen die von einem Simulationslauf erzeugten Simulationsergebnisse in jedem Fall analysiert werden. Daher enthält ein Simulationssystem außer den Kernbestandteilen (d.h. dem eigentlichen Simulator) mindestens
Komponenten, die es erlauben, die Umgebung des zu simulierenden Objekts zu modellieren und die Ergebnisse auszuwerten. Dies zusammen wird Simulationsszenario
genannt.

5.2.2.1 Modellierung der Umgebung

Im einfachsten Fall kann die Interaktion des Simulationsobjekts (OUS) mit seiner Umgebung durch einen unidirektionalen Datenfluß von der Umgebung des OUS zum OUS modelliert werden. Dies ist der Ansatz, der von den Simulationssystemen, die eine spezielle Stimulisprache anbieten, verfolgt wird. Derartige Stimulisprachen unterstützen üblicherweise zwei Hauptklassen von Stimulispezifikationen:

- Periodische,

- nicht periodische.

Eine nichtperiodische Spezifikation kann wie folgt aussehen:

```
Zielvariable := Wert at Zeitpunkt ;
```

Dabei können auch verschiedene Kurzschreibweisen erlaubt sein, z.B. um Folgen von Werten über einen gewissen Zeitraum hinweg an eine Variable zuzuweisen oder um einen identischen Wert einer Menge von Variablen zuzuweisen. In jedem Fall ist die Semantik, daß die Zielvariable den zugewiesenen Wert solange behält, bis er durch eine weitere Zuweisung zu einem späteren Zeitpunkt überschrieben wird. Eine periodische Spezifikation mag folgende Form haben:

```
Zielvariable := from Startzeit to Stopzeit :
                Wert at Zeitpunkt1 ;
                      .
                      .
                      .
                Wert at Zeitpunktn periodically ;
```

Wieder sind verschiedene Kurzschreibweisen möglich. Die Bedeutung ist hier, daß periodisch die angegebene Folge von Wertzuweisungen auszuführen ist. In jeder Iteration ist der effektive Zeitpunkt, zu dem die Zuweisung auszuführen ist, der in der Anweisung angegebene plus einer Basiszeit. Diese ist bei der ersten Iteration die Startzeit, während es in der i-ten Iteration der letzte effektive Zeitpunkt der i-1-ten Iteration ist. Die Iteration wird solange durchgeführt, bis der effektive Zeitpunkt einer Zuweisung einen angegebenen Endzeitpunkt überschreitet.
Für Taktsignale wird meist eine etwas modifizierte Notation angeboten. Diese Art der Stimulispezifikation wird in fast allen existierenden Simulationssystemen benutzt. Sie hat jedoch eine Reihe schwerwiegender Nachteile:
Zunächst ist es ein unidirektionaler Ansatz. Der Entwerfer eines Experiments muß eine feste Folge von Eingabemustern planen, womit er das OUS konfrontieren will. Dies mag im Fall von kombinatorischen Schaltnetzen , falls Prozessoren auf der Instruktionssatzebene simuliert werden sollen, adäquat sein. Es wird jedoch äußerst

schwierig, die Eingabemuster vorherzusagen, wenn das OUS ein bestimmtes Kommunikationsprotokoll zu bedienen hat. In diesem Fall sind die Eingabemuster typischerweise teilweise eine Reaktion auf das Verhalten des OUS. Das zweite Problem liegt darin, daß ein OUS im Laufe des Tests mit verschiedenen Stimulisequenzen konfrontiert werden soll. Daher müssen diese Beschreibungen getrennt übersetzt werden. Dies wiederum macht eine relativ komplizierte Kreuzprüfung notwendig, um sicherzustellen, daß nur solche Variablen stimuliert werden sollen, die im Modell auch vorhanden sind, und daß dabei Typkompatibilität vorliegt.

Soll eine Hardwarebeschreibungssprache unterstützt werden, die ein Modul-Konzept beinhaltet (wie DACAPO III), so erscheint es viel sinnvoller, die Umgebung des OUS durch ein weiteres Modul, beschrieben in derselben Sprache, zu spezifizieren. Das normale Compilationssystem prüft dann, ob diese Umgebung mit dem OUS kompatibel ist oder nicht. Somit wird durch einen einfachen Trick das Problem auf die Simulation autonomer Systeme zurückgeführt, und ein weiterer Schritt in Richtung Vereinheitlichung ist erreicht. Das einzige verbleibende Problem ist, daß man in vielen Fällen nicht gewillt ist, die zu stimulierenden Variablen auf die der Schnittstellenbeschreibung des äußersten Moduls zu beschränken. Um Werte tief in innere Module des OUS unter Ignorierung aller Gültigkeitsbereichsregeln eingeben zu können, müssen für die Spezifikation von Stimuli einige zusätzliche Sprachregeln eingeführt werden. Im DACAPO III-System wird dieses Problem durch die Einführung spezieller Stimuli-Module gelöst. Sie haben keine zugeordneten Definitions-Module und dürfen Objekte von beliebigen Implementations- Modulen importieren, statt auf Definitions-Module beschränkt zu sein.

Beispiel:
Man betrachte das CPU-Beispiel aus dem Abschnitt 2.3.3.6. Dieses Modell mag durch die folgenden beiden Stimuli-Module mit Stimuli versorgt werden:

```
stimuli module set_memory ;
   from inout import mm ;
   begin
      inout . mm [0]  :=  "(4) 0010",
                          "(4) 1010",

                              .

                              .

                              .
                          "(4) 1110" ;
   end
end set_memory .

stimuli module init_pc ;
   from cpu import pc ;
   begin
      cpu . pc := "(4) 1110"
```

```
  end
end init_pc .
```

Beide Stimuli-Module beziehen sich auf Objekte, die nicht durch die entsprechenden Definitions-Module exportiert werden, sondern intern in den dazugehörigen Implementationsmodulen sind.

5.2.2.2 Ergebnisanalyse

Typischerweise produziert ein Simulationslauf eine sehr große Datenmenge. Diese Simulationsergebnisse müssen nun in jedem Fall analysiert werden. Wird die Analyse "manuell" durch den Entwurfsingenieur durchgeführt, ist es essentiell, daß das Ergebnis in wohlstrukturierter ergonomischer Weise dargestellt wird. Da es keine alleinige Lösung hierfür gibt, erscheint ein Ansatz, der dem Benutzer die Möglichkeit bietet, den von ihm bevorzugten Darstellungsstil zu wählen, am geeignetsten zu sein. Simulatoren werden entweder (selten) interaktiv benutzt, wobei der Benutzer Teil der Umgebung des OUS wird, oder in einer batch-artigen Weise, wobei der Simulator einen Packen von Simulationsergebnissen produziert, die dann, auch interaktiv, inspiziert werden können. Bei einer interaktiven Simulation ist es sinnvoll, die Simulationsergebnisse direkt in der Quellbeschreibung des Modells (textuell oder graphisch) darzustellen. Das Simulationssystem arbeitet dann wie ein Debugger, wobei der Entwurfsingenieur Schritt für Schritt bestimmte Variable stimulieren und die Resultate analysieren kann. Ein derartiges System ist ein nettes Spielzeug, dessen Benutzung außer im Fall punktueller Fehlersuche aber nicht zu empfehlen ist.
Die typische Anwendung eines Simulationssystems ist ein wohlgeplanter Simulationslauf mit einer sorgfältig entworfenen Umgebung des OUS. In diesem Fall müssen die produzierten Ergebnisse nach Beendigung der Simulation analysiert werden. Hierbei sind sowohl Darstellungen in Form von Kurvenverläufen wie auch in textueller Form möglich. Es bleibt dem Geschmack des Benutzers überlassen, was er bevorzugt. Typischerweise scheinen Ergebnisse auf niedrigen Abstraktionsebenen (hoch bis zur Gatterebene) leichter als Kurvenverläufe lesbar zu sein, während auf höheren Ebenen textuelle Darstellungen schnellen Zugang zu den relevanten Informationen erlauben. Obwohl die Simulation vollständig abgeschlossen ist, erlauben es fortschrittliche Ergebnisdarstellungssysteme dem Benutzer dennoch, die Simulationsergebnisse in gewissem Rahmen interaktiv zu manipulieren. Er kann Zeitintervalle auswählen, an denen er besonders interessiert ist, und die Gruppierung von Variablen in der Darstellung verändern. Zeitbereiche können ausgewählt werden, indem beliebige Wertekombinationen als "Trigger" benutzt werden. Natürlich bietet das Ergebnisdarstellungssystem diese Unterstützung nur durch reine Inspektion der Simulationsergebnisse, wie sie der Simulator geliefert hat, und durch Transformation einer geeigneten Teilmenge daraus in der vom Benutzer gewünschten Weise.

Die manuelle Analyse von Simulationsergebnissen ist eine ermüdende und fehlerträchtige Tätigkeit. Daher werden Versuche unternommen, diesen Prozeß zumindest teilweise zu automatisieren. Eine erste Lösung ergibt sich durch "assertions" innerhalb der Modellbeschreibungen. Dieser Ansatz wird beispielsweise durch CONLAN, DACAPO und VHDL unterstützt. Da ein Benutzer wissen sollte, wonach er ein Simulationsergebnis untersuchen will, kann er diese Eigenschaften auch formulieren und dem Simulator diese Suche überlassen.

Beispiel:
Statt das Simulationsergebnis sorgfältig nach Verletzungen von **setup**- Bedingungen an einer bestimmten Speicherzelle zu untersuchen, kann der Benutzer die folgende **assertion** (DACAPO-Notation) formulieren. Daraufhin wird der Simulator die angegebene Fehlermeldung zusammen mit der Identifikation des Zeitpunktes des Fehlverhaltens produzieren:

```
clock = "1" & (uptime(clock) - changetime(data_in) < setup_time)
    -> error('setup time violation at memory cell blabla') ;
```

Die eingebauten Funktionen **uptime**, **downtime** und **changetime** liefern zu jedem Zeitpunkt den letzten, zu dem sich die angegebene Wertänderung ereignet hat. Der **assertions**-Mechanismus (im Falle von DACAPO mächtig genug, um eine allgemeine Ausnahmebehandlung zu unterstützen, da beliebige DACAPO- Aktivitäten durch Bedingungen angestoßen werden können) ist nur ein erster Schritt in Richtung auf eine automatische Analyse. Das Problem ist, daß nur globale Invarianten auf statischen Bedingungen formuliert werden können. Weiterhin erscheint es erstrebenswert zu sein, die Analysespezifikation von der Schaltungsbeschreibung getrennt zu halten. Somit erscheinen separate Analysemodule, wobei die zu überprüfenden Eigenschaften in temporaler Logik formuliert werden, der richtige Ansatz zu sein.
Die Situation ist etwas einfacher, wenn es bereits ein "golden device" gibt. Dies ist ein Modell des Entwurfsobjekts, das als korrekt angesehen wird. In einem wohlorganisierten Entwurfsprozeß mit schrittweiser Verfeinerung existieren derartige "golden devices" in vielen Fällen einfach als die bereits abgenommenen Modelle auf höheren Abstraktionsebenen, die gerade ersetzt werden. In diesem Fall läßt sich die Frage, ob das OUS eine korrekte Ersetzung des "golden device" ist, dadurch beantworten, daß man die beiden Modelle mit denselben Stimuli simuliert und die Ergebnisse vergleicht. Allerdings ist eine einfache Vergleichsoperation auf den Ergebnisdateien kaum sinnvoll, da sie in den meisten Fällen verschieden sein werden, obwohl die Ersetzung korrekt ist. Daher muß der Benutzer die essentiellen Eigenschaften eines Entwurfsobjekts, die erhalten bleiben müssen, und auf der anderen Seite die erlaubten Toleranzen spezifizieren. Basierend auf dieser Spezifikation kann nun der Vergleich, eingeschränkt auf Objekte, die in beiden Modellen enthalten sind, ausgeführt werden. Eine weitere durchzuführende Analyse betrifft die Frage, ob die Menge der Eingabestimuli adäquat ist, oder nicht. Dieses Problem ist verwandt mit dem, vollständige Testmengen für fabrizierte Hardware zu finden. Hierfür wird von

heutigen Simulationssystemen sehr wenig Unterstützung geboten. Die DACAPO-Option TESEV mag ein Schritt in diese Richtung sein. TESEV erlaubt dem Benutzer innnerhalb seines Modells, Cluster von Beschreibungsteilen zu spezifizieren, die in einer bestimmten, vom Benutzer angebbaren Weise durch einen gegebenen Stimulisatz aktiviert werden müssen. Der Simulator prüft nun, ob diese Aktivierung stattgefunden hat, oder nicht. Der Ansatz ist mit Fehlersimulation verwandt, allerdings mit vom Benutzer formulierten Fehlermodellen.

5.2.3 Mehrebenensimulation

Der traditionelle Ansatz, für jede Abstraktionsebene einen dedizierten Simulator anzubieten, ist problematisch, falls komplexe Systeme zu behandeln sind. Das erste Problem ist, daß während des Entwurfsprozesses verschiedene Simulatoren zu benutzen sind. Somit muß der Benutzer mit einer Reihe recht komplexer Softwaresysteme vertraut sein und die Entwurfsdaten müssen mehrfach transformiert werden.
Der wesentliche Nachteil jedoch ist, daß stets das gesamte Entwurfsobjekt auf einer Abstraktionsebene modelliert und simuliert werden muß. Der typische Entwurfsstil der stückweisen Verfeinerung wird dadurch überhaupt nicht unterstützt. Für einen derartigen Entwurfsstil muß es möglich sein, ein Modul in einem Simulationsmodell durch eine andere Beschreibung desselben Moduls auf einer niedrigeren Abstraktionsebene zu ersetzen und das gesamte System zu simulieren, d.h. das Modul auf niedrigerer Ebene, das gerade von Interesse ist, zusammen mit seiner auf höheren Ebenen formulierten Umgebung. Daher rührt die Forderung nach Vielebenensimulatoren. Dabei versteht man unter "Multi Level"-Simulation ein Simulationssystem, das mehr als eine Abstraktionsebene überdeckt. Derartige Systeme unterstützen nicht notwendigerweise Beschreibungen, die gleichzeitig mehrere Ebenen überdecken. Falls auch solche Beschreibungen unterstützt werden, spricht man von "Mixed Level"-Simulation. Es gibt zwei Hauptansätze für die "Multi Level/Mixed Level"-Simulation:
Entweder wird ein Satz von dedizierten Simulatoren zu einem mehr oder weniger integrierten System gekoppelt (Multisimulatoransatz), oder ein Breitbandsimulator wird angeboten.

5.2.3.1 Multisimulatoransatz

Der einfachste Ansatz einer Mehrebenensimulation scheint die Kopplung existierender dedizierter Simulatoren zu sein. In diesem Fall sind drei Hauptprobleme zu lösen:

(i) Der Datenaustausch zwischen den beteiligten Simulatoren,

(ii) die Synchronisation der Aktivitäten der verschiedenen Simulatoren,

(iii) Eine Benutzerschnittstelle, die eine uniforme Kommunikation mit dem gesamten Simulationssystem erlaubt.

5.2.3.1.1 Datenaustausch

Aus Einfachheitsgründen soll angenommen werden, daß nur zwei Simulatoren zu koppeln sind. Somit existieren zwei Modelle:

$Modell_1$ auf $Ebene_1$ und $Modell_2$ auf $Ebene_2$.

Sei p_{i1} die Menge der Primäreingänge von $Modell_1$ und p_{i2} die von $Modell_2$. Ähnlich bezeichnet p_{o1} die Menge der Primärausgänge von $Modell_1$ und p_{o2} die von $Modell_2$. Mit $po_1 \rightarrow pi_2 = po_1 \cap pi_2$ sei die Menge der Verbindungen von $Modell_1$ zu $Modell_2$ und mit $po_2 \rightarrow pi_1 = po_2 \cap pi_1$ die der Verbindungen von $Modell_2$ zu $Modell_1$ bezeichnet. Neben diesen Verbindungsleitungen können beide Module Primäreingänge und Primärausgänge haben, die direkt mit der Simulationsumgebung verbunden sind (Primärein- und -ausgänge des Gesamtmodells). Die Situation wird in Abb. 82 dargestellt.

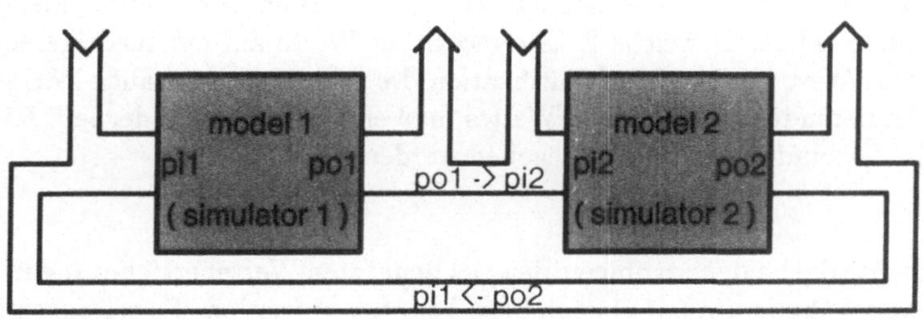

Abb. 82: Zwei gekoppelte Modelle

Bezeichne *connect* $\in (po_1 \rightarrow pi_2 \cup po_2 \rightarrow pi_1)$ eine interne Verbindungsleitung. Die einfachste Situation ist im Fall identischer Wertebereiche und identischer Datendarstellungen gegeben. Diese Situation tritt im gegebenen Kontext jedoch selten auf, da typischerweise auf verschiedenen Abstraktionsebenen verschiedene Wertebereiche für die Variablen benutzt werden und außerdem unterschiedliche Simulatoren oft auch unterschiedliche Datendarstellungen benutzen. Falls sich nur die Darstellung unterscheidet, muß bei jedem Datenaustausch eine einfache Konversion vorgenommen werden.

In den meisten Fällen jedoch liegen verschiedene Wertebereiche vor. Typischerweise werden auf niedrigeren Abstraktionsebenen Wertebereiche höherer Kardinalität benutzt. Gewisse Teilmengen dieser Wertebereiche werden dann auf höheren Ebenen als gewisse Werte interpretiert. Die Situation ist relativ einfach, falls es eine Partition auf dem Wertebereich der niedrigeren Ebene derart gibt, daß die Repräsentanten der verschiedenen Klassen gerade den Wertebereich auf der höheren Ebene bilden.

Beispiel:
Man betrachte den 7-wertigen Wertebereich
seven = {0, 1, X, L, H, Y, Z} auf der niedrigeren Ebene und einen 3-wertigen
three = {0, 1, X} auf der höheren. Falls es legal ist, **seven** in die drei folgenden
Teilmengen zu partitionieren:
logical_one = {1, H} ⊂ seven ,
logical_zero = {0, L} ⊂ seven ,
logical_unknown = {X, Y, Z} ⊂ seven
so erhält man durch die einfach Codekonvertierung
(logical_one → 1, logical_zero → 0, logical_unknown → X)
den Ziel-Wertebereich.

Dies zeigt, daß es relativ einfach ist, Daten von einem Simulator auf niedrigem Abstraktionsniveau zu einem auf hohem zu übergeben. In den meisten Fällen kann die Partitionierung durch eine einfache Schwellwertfunktion definiert werden.
Die umgekehrte Richtung ist erheblich schwieriger. Hier wird vom Sender nur die Information geliefert, in welche Klasse möglicher Werte auf der niedrigeren Ebene der gelieferte Wert gehört. Die Identifikation des vom Simulator auf niedriger Ebenen zu selektierenden individuellen Wertes muß entweder global oder individuell für jede solche Verbindungsleitung angegeben werden.

Beispiel:
Man betrachte die beiden im obigen Beispiel benutzten Wertebereiche, **seven** um auf Schalterebene, **three** um auf Gatterebene benutzt zu werden. Es sei angenommen, daß **connect** eine unidirektionale Leitung von einem Modell (Simulator) auf Gatterebene zu einem auf Schalterebene ist. Eine allgemeine Annahme wie " Es werden nur Gatter mit Ausgangstreibern benutzt" resultiert in einer Abbildung **three** → **seven** mit 1 ∈ **three** → 1 ∈ **seven**, 0 ∈ **three** → 0 ∈ **seven**, X ∈ **three** → X ∈ **seven**. Eine individuelle Annahme über diese Leitung wie "connect ist der Ausgang einer Speicherzelle ohne Lesepuffer" mag die folgende Abbildung **three** → **seven** implizieren:

1 ∈ three → H ∈ seven,
0 ∈ three → L ∈ seven,
X ∈ three → Y ∈ seven.

Die Situation ist besonders kompliziert, falls diskrete Wertebereiche in kontinuierliche, wie sie bei der elektrischen Simulation benutzt werden, abgebildet werden müssen. In diesem Fall muß ein Modell des Treibers, dessen Existenz angenommen werden kann (obwohl er auf der höheren Ebene nicht explizit genannt wird), durch das Kopplungssystem angegeben werden. Hier scheint es sinnvoller zu sein, für die verschiedenen vorkommenden Leitungen individuelle Abbildungen vorzusehen.

5.2.3.1.2 Synchronisation

Die verschiedenen Simulatoren eines Multisimulatorsystems zusammen modellieren
das Gesamtsystem. Daher müssen sie synchron gehalten werden. Allerdings ist es
nicht notwendig, sie vollständig synchron zu halten, sodaß zu jeder Zeit jeder Simulator den Zustand seines Teils zu genau demselben simulierten Zeitpunkt darstellt.
Doch müssen die Simulatoren mindestens so weit synchronisiert werden, daß jeder
Datenaustausch zur korrekten Zeit für den Sender wie auch den Empfänger stattfindet. Es gibt zwei Hauptansätze, die beteiligten Simulatoren zu synchronisieren.
Entweder wird ein zentraler Supervisor über den beteiligten Simulatoren angeordnet,
oder die Synchronisation wird verteilt zwischen relativ frei laufenden Simulatoren
durchgeführt. Beide Ansätze resultieren in einer geringfügigen Modifikation der involvierten Simulatoren.

Im Fall eines zentralisierten Supervisors muß jeder Simulator die Kontrolle an den
Supervisor abgeben, bevor er eine Zeitfortschaltung vornimmt. Der Supervisor identifiziert nun den Simulator, der die am wenigsten entfernte Zukunft behandeln will,
und übergibt die Kontrolle an diesen Simulator. Jeder Simulator kann nun als zy-
klischer Prozeß folgender Form gesehen werden:

```
procedure simulator (in  permission : implicit bit;
                     out next_time  : implicit integer) ;

  while true do
    seqbegin
      next_time := advance_time ;
      at up (permission) do simulate
    end ;
```

Der Supervisor hat folgende allgemeine Form:

```
procedure supervisor
      (in  next_time  : array [1 : no_of_simulators] of integer ;
       out permission : array [1 : no_of_simulators] of bit     );
  while true do
    seqbegin
        event := event_queue . remove ;
        simulator_id := event . component_id ;
        permission [simulator_id] := "1" ;
        at change(next_time [simulator_id] ) do
          seqbegin
            parbegin
              event . component_id := simulator_id ;
              event . event_time   := next_time [simulator_id]
            end ;
            event_queue . insert (event) ;
```

```
                permission [simulator_id] := "0"
        end
    end ;
```

Event Scheduling scheint durch seine Flexibilität die am besten geeignete Methode
für den Supervisor zu sein. Die einzelnen Simulatoren jedoch sind nicht auf diesen Typ eingeschränkt. Es wird nur gefordert, daß der, wie immer auch geartete,
Hauptzyklus für eine Kommunikation mit dem Supervisor aufgeschnitten werden
kann. Der geeignete Aufschneidepunkt liegt im Falle von Event Scheduling unmittelbar hinter dem Ort, an dem das nächste Ereignis aus der Ereignisschlange extrahiert
wurde. In den Fällen SCS und EI sollte der Zyklus unmittelbar vor Start eines neuen
Zyklus aufgeschnitten werden. Der Supervisor-Ansatz "übersynchronisiert" die Simulatoren, da kein gegenseitiges Überholen der Simulatoren möglich ist, selbst dann
nicht, wenn in der Überlappungsperiode keine Kommunikation stattfinden würde.
Ein weiterer Nachteil ist, daß stets nur ein Simulator zu einem Zeitpunkt aktiv sein
kann. Somit ist diese Methode für Multiprozessorsysteme weniger geeignet.

Ist der Supervisor-Ansatz das übersynchronisierende Extrem, so ist der "Time-
warp"- Ansatz das untersynchronisierende. In diesem Fall werden vollständig frei
laufende Simulatoren ohne jegliche Synchronisation angenommen. Allerdings muß
nun ein Simulator, der eine Nachricht bezüglich eines Zeitpunkts erhält, der vor
seinem aktuellen liegt, auf diesen früheren Zeitpunkt zurückgesetzt werden.
Es sei angenommen, es existieren die Simulatoren S_1, derzeit an dem lokalen simulierten Zeitpunkt (LST) ts_1 und S_2 an LST ts_2. Es sei weiter angenommen, daß S_1
eine Nachricht $m = (data, t_m)$ an S_2 sendet, wobei t_m den simulierten Zeitpunkt
der Nachricht angibt. In jedem Fall wird gelten: $t_m \geq ts_1$. Es gibt nun zwei
Möglichkeiten:

$(i) t_m > ts_2,$
$(ii) t_m \leq ts_2.$

Im Fall (i) wird m wie ein normaler Eingabestimulus behandelt. Ist der empfangende Simulator S_2 ein CES-Algorithmus, so wird dieses Ereignis einfach in die
Ereignisschlange von S_2 einsortiert.
Im Fall (ii) ist der Fall komplizierter. Wir müssen nun annehmen, daß S_2 in
einen Zustand vollständig vor t_m restauriert (zurückgerollt) werden kann. Eine
Möglichkeit dafür ist im Fall eines CES-Algorithmus, periodisch den aktuellen Zustand der Simulation, einschließlich der Ereignisschlange, zu speichern. Zusätzlich
müssen alle Nachrichten, die von einem Stimuligenerator oder von anderen Simulatoren kommen, gespeichert werden, und ein gespeicherter Zustand muß eine Referenz
auf diese Information beinhalten. Damit können alle einlaufenden Nachrichten nach
einem derartigen "Checkpoint" identifiziert werden.
In der ersten Phase der Behandlung von Fall (ii), genannt "Rückroll-Phase", wird
der am nächsten liegende gespeicherte Zustand von S_2 zu LST $t_r < t_m$ geladen. Nun

kann jedoch S_2 im Zeitraum zwischen t_r und ts_2 Nachrichten zu anderen Simulatoren gesandt haben. Diese Nachrichten sind nun aber illegal. In der zweiten Phase, genannt "Rücknahme-Phase", werden all diese Nachrichten zurückgenommen, einfach dadurch, daß man sie nochmals sendet, jedoch mit einem "Rücknahme-Marker" versehen. Der Erhalt einer solchen Nachricht bewirkt beim empfangenden Simulator, daß die entsprechende Nachricht aus der Nachrichtenschlange gelöscht wird und daß ansonsten auf diese Nachricht wie auf eine normale Nachricht reagiert wird. D.h., falls seine LST bereits den Zeitpukt der zurückzunehmenden Nachricht passiert hat, muß er Fall (ii) ebenfalls durchführen. Dadurch kann sich der Rücknahmeprozeß für eine gewisse Zeit durch das gesamte Multiprozessorsystem fortsetzen. Weil aber durch den Rücknahmeprozeß Einträge in Schlangen endlicher Länge gelöscht werden und keine neuen Einträge entstehen, ist der Prozeß endlich. In der letzten Phase, genannt "Vorrück-Phase", muß S_2 bis zum LST t_m simulieren.

Die "Time-warp"-Methode ist sehr allgemein. Sie macht keinerlei Annahmen über die zu simulierenden Systeme über solche hinaus, die für jede Simulation notwendig sind. Alle Typen von Simulationsalgorithmen können so modifiziert werden, daß sie in einer "Time-warp"-Umgebung funktionieren. Die involvierten Simulatoren können nebenläufig laufen, sodaß die Methode für Multiprozessor-Umgebungen ideal geeignet ist. Der Nachteil der Methode rührt von der optimistischen Annahme her, daß die beteiligten Simulatoren zu keiner Zeit durch "verzögerte" Nachrichten gestört werden. Dies ist mit der optimistischen Annahme in "Demand paging"-Systemen, daß ein referenziertes Datenobjekt im lokalen Speicher liegt, vergleichbar. Solange der Optimismus bestätigt wird, sind derartige Ansätze sehr effizient. Falls nicht, muß eine gewisse "Strafe" bezahlt werden (Nachladen einer Seite im "Demand paging"-Fall, Zurückrollen im "Time-warp"-Fall). Ein System wird wohlverhaltend genannt, wenn die Summe der Strafen geringer ist als die Summe der Vorteile. In Systemen, die nicht wohlverhaltend sind, können üble Situationen auftreten. Dies ist in unserem Beispiel der Fall, falls Simulatoren sehr unterschiedlicher Geschwindigkeit beteiligt sind und die Konnektivität der auf verschiedenen Simulatoren zu simulierenden Modellen sehr hoch ist. Natürlich ist die Situation nicht ganz so übel, wenn die Sender von Nachrichten tendenziell schneller als die Empfänger sind.

5.2.3.1.3 Benutzerschnittstelle

Wenn verschiedene Simulatoren zu koppeln sind, haben diese üblicherweise jeweils eine eigene vollständige Benutzerschnittstelle. Dies beinhaltet:
- Beschreibung des zu simulierenden Objekts,
- Beschreibung von Stimuli,
- Simulationssteuerung,
- Darstellung der Simulationsergebnisse.
Diese Benutzerschnittstellen tendieren dazu, vollständig inkompatibel zu sein. Da

aber Multisimulatorsysteme dazu gedacht sind, von Entwurfsingenieuren benutzt
zu werden, die mit einem bestimmten Simulationsystem vertraut sind, ist es nicht
ratsam, einfach eine neue Benutzeroberfläche zu konstruieren, die die vorhandenen
verdeckt. Die unmittelbare Kommunikation mit einem dedizierten Simulator muß
eine mögliche Option einer gemeinsamen Benutzerschnittstelle sein.

Betrachtet man die Modellbeschreibung, so scheint ein Modulkonzept wie das von
MODULA II oder DACAPO III eine gute Lösung zu sein. Benutzt man "definition modules", um die Kommunikation zwischen den verschiedenen Komponenten
zu beschreiben, so können innerhalb der dazugehörigen "implementation modules"
verschiedene dedizierte Hardwarebeschreibungssprachen benutzt werden. Die Sti-
mulibeschreibung kann auf die gleiche Art und Weise behandelt werden. Die Simulationssteuerung ist kein Problem, da nur relativ wenige Steueranweisungen zu den
individuellen Simulatoren geführt werden müssen. Bezüglich der Ergebnisdarstellung scheint die eleganteste Lösung zu sein, die Ergebnisdarstellung aller Simulatoren
für jeden Simulator anzubieten. Da diese Formate in der Regel nur unterschiedliche
Darstellungen derselben Information sind, sind die notwendigen Transformationen
nicht zu kompliziert.

5.2.3.2 Breitbandsimulatoren

Hat man eine Breitbandsprache wie DACAPO oder VHDL, so scheint der natürlichste
Ansatz ein Breitbandsimulator zu sein, um eine derartige Sprache unmittelbar zu
unterstützen. Dieser Ansatz hat eine Reihe von Vorteilen. Zunächst wird die gesamte Simulation durch eine einzige Umgebung durchgeführt. Das zu simulierende
Objekt kann, wie es beschrieben ist, behandelt werden, ohne es zu transformieren
oder auf verschiedene Simulatoren zu verteilen. Es werden auch keine trickreichen
Beschreibungen notwendig, um Restriktionen bestimmter Simulatoren zu umschif-
fen. Stückweise Verfeinerung ist hier auch kein Problem, da man stets innerhalb
einer Umgebung bleibt.

Natürlich gibt es auch bei diesem Ansatz Nachteile. Zunächst ist die von Sprachen
wie DACAPO überdeckte Bandbreite sehr groß (VHDL, welches die algorithmische
Ebene nicht überdeckt, ist etwas einfacher zu behandeln). Somit muß ein recht
komplizierter Simulationsalgorithmus, der eine Reihe von Modellierungskonzepten
in einer heterogenen Menge von Wertebereichen unterstützt, implementiert werden.
Derartige allgemeine Algorithmen tendieren dazu, weniger effizient zu sein, als dedizierte. Dies liegt daran, daß dedizierte Algorithmen bekannte Restriktionen des
Bereichs, den sie abdecken müssen, ausnutzen können, während Breitbandalgorith-
men mit einer Reihe möglicher Situationen rechnen müssen. Im Fall von DACAPO
III wurde dieses allgemeine Problem durch zwei Hauptansätze gelöst:

Zunächst gibt es, wie in Abschnitt 5.2.1 dargestellt, ein einziges internes Modellierungskonzept für die gesamte Bandbreite von DACAPO. Somit kann ein DACAPO-
Breitbandsimulator als Simulator für zeitbehaftete Interpretierte Petri-Netze entworfen werden, ein Konzept, das sich auf die CES-Methode sehr effizient abbilden

läßt. Dies ist die konzeptionelle Methode, die in der Praxis natürlich etwas verletzt wird, um eine weitere Leistungssteigerung zu erreichen. Da zeitbehaftete Interpretierte Petri-Netze ein sehr allgemeines Konzept darstellen, sollten sich Simulatoren für andere Breitbandsprachen auf der gleichen Basis implementieren lassen.

Der zweite verfolgte Ansatz ist, so viel wie möglich in unmittelbar ausführbaren Code zu übersetzen. Nur der elementarste Scheduling- Algorithmus existiert als hochoptimierter Interpretationsalgorithmus. Die restlichen Teile werden für jedes zu simulierende Modell individuell in ausführbaren Code des Gastrechners übersetzt. Somit wird im Vergleich zu dedizierten Simulatoren nahezu kein Overhead produziert. Dieser Ansatz wurde durch die modernen Compilergeneriermethoden möglich, die es erlauben, automatisch hochoptimierende Codegeneratoren relativ einfach und portabel zu generieren.

Daß bei der heutigen Technologie Breitbandsimulatoren den zu bevorzugenden Ansatz darstellen, bedeutet nicht, daß Multisimulatorsysteme überhaupt keinen Sinn mehr haben. Es gibt sehr wohl Situationen, in denen diese Methode vorzuziehen ist. Eine typische solche Situation ist gegeben, falls ein Halbleiterhersteller nur Simulationsergebnisse eines bestimmten Herstellers akzeptiert. Eine ähnliche Situation ist gegeben, falls es Modelle von Komponenten, die in einem Entwurf benutzt werden sollen, nur in einer bestimmten Sprache gibt. Schließlich scheint dieser Ansatz am besten geeignet zu sein, um gemischte Digital/Analog-Simulatoren zu bauen.

5.3 Literatur

Auf dem Gebiet der formalen Verifikation von Hardware wird aktuell recht intensiv gearbeitet. Als Überblick ist [05] hervorragend geeignet. Eine der ersten Veröffentlichungen ist die von Wagner [36]. Ein Schwerpunkt der Forschung liegt in Großbritannien, wo aus der Tradition formaler Verfahren zur Software-Verifikation heraus eine Reihe von Arbeiten entstanden sind [12], [14], [25]. Hier finden sowohl höhere Logiken [14] wie auch Derivate von CCS [12], [25] Anwendung. In [31] wird ein induktiver Ansatz beschrieben, während [26] als Beispiel für die zahlreichen Ansätze auf der Basis temporaler Logik dienen soll. Es gibt bereits lauffähige Systeme, z.B. [03], und in [17] wird die Verifikation eines vollständigen Prozessors beschrieben. In verschiedenen Ansätzen wird auf eine Kooperation von Verifikation und Simulation gesetzt [09], [25].

Auf dem Gebiet der Timing-Analyse sind die Arbeiten von Hitchcock [15], [16] richtungsweisend. In [32] findet sich eine Weiterentwicklung, die hierarchisch vorgeht. Ein vergleichbarer Ansatz wird in [08] verfolgt. Weite Verbreitung fanden auch simulationsorientierte Ansätze zur Timing-Analyse, wie beispielsweise in [37] beschrieben. Als Einführung in das Gebiet der Simulation sind besonders [10] und [38] zu empfehlen. Das Problem der Vielebenensimulation wird in [11], [24] und [28] behandelt, während [35] (elektrische Ebene), [04], [21] und [23] (Schalterebene), [19] (Gatterebene) dedizierte Simulationssysteme beschreiben. Die parallele Fehlersimulation geht auf Szygenda zurück [33], die deduktive Methode auf Armstrong [02] und die "concurrent" Methode auf Ulrich [34]. In [18] und [22] werden Beispiele für den SCS-Ansatz vorgestellt. Um den enormen Zeitbedarf von Simulatoren zu mindern, wurden zahlreiche Simulationsmaschinen vorgeschlagen [01], [07] und [13]. In [29] wird ein derartiger Ansatz für einen Mehrebenensimulator vorgestellt. Eine Verteilung auf verschiedene Prozessoren (Multisimulatoransatz) beschreiben [06], [20] und [27].

[01] M. Abramovici et al. :
A Logic Simulation Machine
IEEE T o CAD of Integrated Circuits and Systems, Vol. CAD-2, No. 2

[02] D. B. Armstrong:
A Deductive Method for Simulating Faults in Logic Circuits
IEEE ToC, Vol. C-21, No.5, 1972

[03] H. G. Barrow :
VERIFY: a program for proving correctness of digital hardware designs
Artificial Intelligence, Vol. 24, 1984

[04] R.E. Bryant :
MOSSIM : A Switch Level Simulator for MOS- LSI
in : Proceedings of 18th DAC, 1981

[05] P. Camurati, P. Prinetto :
Formal Verification of Hardware Correctness: An Introduction in Proceedings
IFIP CHDL'87, North Holland, 1987

[06] K.M. Chandy, J. Misra :
Asynchronous Distributed Simulation via a Sequence of Parallel Computations
Comm. ACM 24, 11, Apr. 1981

[07] M.M. Dennau :
The Yorktown Simulation Engine : Architecture and Hardware Description
in : Proceedings of 19th DAC, 1982

[08] H. Eveking :
VERTICO: An Expert System for the Verification of Timing Conditions
TH Darmstadt, Institut für Datentechnik, Bericht RO 84/6, 1984

[09] H. Eveking :
Verification, Synthesis and Correctness-preserving Transformations - Cooperative Approaches to Correct Hardware Design
in: Proceedings IFIP 10.2 Working Conference "From HDL Descriptions to Gua-

ranteed Correct Circuit Designs",
North Holland, 1986

[10] **G.S. Fishman :**
Principles of Discrete Event Simulation
John Wiley & Sons, 1978

[11] **M. Gonauser, F. Egger, D. Frantz :**
SMILE - A Multilevel Simulation System
in : Proceedings of ICCD'84, 1984

[12] **M. Gordon :**
Proving a Computer Correct
University of Cambridge(UK), Computer Laboratory, TR n.42, 1983

[13] **W. Hahn, K. Fischer :**
High Performance Computing for Digital Design Simulation
in : Proceedings IFIP VLSI'85, North Holland, 1985

[14] **F. K. Hanna, N. Daeche :**
Specification and Verification Using Higher Order Logic
in: Proceedings IFIP CHDL'85, North Holland, 1985

[15] **R. B. Hitchkock, G. L. Smith, D. D. Cheng :**
Timing Analysis of Computer Hardware
IBM Journal of R&D, Vol.26, No.1, 1982

[16] **R. B. Hitchcock:**
Timing Verification and the Timing Analysis Program
in: Proceedings 19th DAC, 1982

[17] **W. A. Hunt :**
FM8501: A Verified Microprocessor
in: Proceedings IFIP 10.2 Working Conference "From HDL Descriptions to Guaranteed Correct Circuit Designs",
North Holland, 1986

[18] **N. Ishiura et al. :**
High-Speed Logic Simulation Using a Vector Processor
in : Proceedings IFIP VLSI'85, North Holland, 1985

[19] **U. Jaeger :**
Logik- und Fehlersimulation in dem Programmsystem DISIM

in : Seminarunterlagen Praxis der Grossintegration,
FB Elektrotechnik, Univ. Dortmund, 1983

[20] **D. Jefferson, H. Sowizral :**
Fast Concurrent Simulation Using the Time Warp Mechanism, Part I : Local Control
Rand Corporation, Rand Note N-1906-AF, 1982

[21] **M. Kawai, J.P. Hayes :**
An Experimental MOS Fault Simulation Program CSASIM
in : Proceedings of 21th DAC, 1984

[22] **S. Koepper, C. Starke :**
Logiksimulation komplexer Schaltungen fuer sehr grosse Testlaengen
in: NTG Fachberichte, Band 87, 1985

[23] **K.D. Lewke, F.J. Rammig :**
Description and Simulation of MOS Devices in Register Transfer Languages
in : Proceedings IFIP VLSI'83, North Holland, 1983

[24] **J. Mermet :**
The CASCADE Hierarchical Multilevel Mixed Mode (HM3) Simulator
in : Proceedings EUROMICRO'85, 1985

[25] **G. J. Milne :**
Simulation and Verification: Related Techniques for Hardware Analysis
in: Proceedings IFIP CHDL'85, North Holland, 1985

[26] **B. Moszkowski :**
A Temporal Logic for Multi-level Reasoning about Hardware
IEEE Computer, Vol.18, No.2, 1985

[27] **J.K. Paecock, E.G. Manning, J.W. Wong :**
Synchronization of Distributd Simulation Using Broadcast Algorithms
Computer Networks 4, 1, Feb. 1980

[28] **F.J. Rammig :**
Multilevel Simulation Techniques
in : Proceedings COMPEURO'87, 1987

[29] **F. J. Rammig, M. Schrewe, G. Vorloeper :**
A Transputer-Based Accelerator for Multilevel Digital Simulation
in: Proceedings EUROMICRO'88, North Holland, 1988

[30] **W. Reisig :**
Petri Nets : An Introduction
Springer, 1985

[31] **R. E. Shostak :**
Formal Verification of Circuit Designs
in: Proceedings IFIP CHDL'83, North Holland, 1983

[32] **J. Strathaus :**
Laufzeitanalyse digitaler Schaltkreise
Diplomarbeit Universität-GH Paderborn, FB17, 1986

[33] **S. A. Szygenda :**
TEGAS 2 - Anatomy of a general purpose test generation and simulation system
for digital logic
in: Proceedings ACM Design Automation Workshop, 1972

[34] **E. G. Ulrich, T. Baker :**
The Concurrent Simulation of Nearly Identical Digital Networks
in: Proceedings 10th DAC, 1973

[35] **A. Vladimirescu, S. Liu :**
The Simulation of MOS Integrated Circuits Using SPICE 2
Memo VBC/ERLM 80/7, Univ. of Calif. Berkeley, 1980

[36] **T. J. Wagner :**
Verification of Hardware Designs thru Symbolic Manipulation
Int. Symposium on Design Automation and Microprocessors,
Palo Alto CA (USA), 1977

[37] **T. M. McWilliams :**
Verification of Timing Constraints on Large Digital Systems
in: Proceedings 17th DAC, 1980

[38] **B. Zeigler :**
Theory of Modelling and Simulation
John Wiley & Sons, 1976

6. Testmethoden

6.1 Begriffsbestimmungen

Grundsätzlich ist unter Testen stets ein experimentelles Verfahren zu verstehen, mit dem sichergestellt werden soll, daß ein Objekt nicht von seiner Spezifikation abweicht. Im vorliegenden Umfeld sind zunächst zwei Hauptklassen an Tests zu unterscheiden: Entwurfstests und Fertigungstests. Mit Hilfe von Entwurfstests soll sichergestellt werden, daß Entwurfsdokumente korrekt sind. Darunter kann sowohl Korrektheit in sich (interne Konsistenz) als auch Korrektheit in Bezug auf andere Dokumente (externe Konsistenz) verstanden werden. Testen als experimentelles Verfahren versucht diese Konsistenz nicht durch statische Analyse sicherzustellen, sondern durch Durchführung hinreichend vieler Experimente und deren Auswertung. Als Experimentierumgebung dient hierbei ein Simulator.

Der Fertigungstest dient dazu, sicherzustellen, daß ein Objekt, von dem unterstellt wird, daß es korrekt entworfen ist, auch korrekt gefertigt wurde. Gibt es beim Entwurfstest noch Alternativen zum Testen (insb. die an Bedeutung zunehmende formale Verifikation), so ist man beim Fertigungstest fast ausschließlich auf Experimente, d.h. das Testen, angewiesen.

In diesem Abschnitt soll unter Testen nur der Fertigungstest verstanden werden. Der naheliegendste Ansatz für das Testen scheint zunächst zu sein, die Funktionsweise des zu testenden Objekts komplett durchzuspielen und mit der intendierten zu vergleichen. Vom Prinzip her ist dies auch die einzige "korrekte" Testmethode, da genau das sichergestellt wird, was von Interesse ist, nämlich ob das gefertigte Objekt korrekt funktioniert. Man nennt dieses Verfahren funktionales Testen. Leider ist funktionales Testen in der Praxis meist nicht anwendbar. Bereits bei kombinatorischen Schaltnetzen, wo nur für jede mögliche Wertekombination an den primären Eingängen überprüft werden muß, ob der korrekte Wert an den primären Ausgängen vorliegt, erreicht man eine nicht zu bewältigende Komplexität. So wären für einen simplen 32-Bit-Addierer 2**64 verschiedene Testmuster anzulegen, wofür selbst unter Annahme einer Testmusterfrequenz von 100 MHZ 2**35 sec notwendig wären, was der zu erwartenden Lebensdauer des Prüflings bereits nahekommt. Man verzichtet daher in der Praxis meist auf einen funktionalen Test und beschränkt sich darauf, sicherzustellen, daß kein Fehler aus einer vorher festgelegten Menge von als vorstellbar angesehenen Fehlern vorliegt. Um diese Menge sinnvoll definieren zu können, muß die interne Struktur des zu testenden Objekts vorliegen. Man spricht in diesem Fall daher von strukturorientiertem Testen. Die Menge der als möglich angesehenen Fehler wird als Fehlermodell bezeichnet.

Die Qualität des Tests hängt somit bei diesem Verfahren weitgehend von der Qualität des Fehlermodells ab. Es ließen sich aber Fehlermodelle finden, von denen es empirisch erwiesen ist, daß eine sehr hohe Korrelation zwischen der Abwesenheit eines Fehlers dieses Modells und der Korrektheit des Objekts besteht. Funktionale Testverfahren werden in abgeänderter Form ebenfalls in der Praxis eingesetzt.

Entweder ist die Anzahl an Primäreingängen bei kombinatorischen Schaltnetzen hinreichend klein, oder man versucht durch verschiedene Methoden aus einer relativ kleinen Anzahl von Stichproben dennoch eine Korrektheitsaussage hoher Wahrscheinlichkeit abzuleiten.

6.2 Strukturorientierte Testverfahren

6.2.1 Fehlermodelle

In diesem Zusammenhang sollen nur permanente Fehler betrachtet werden. Intermittierende Fehler (Wackelkontakte) stellen zwar ein erhebliches Problem dar, sind systematisch aber nur sehr schwer zu fassen. Hat man nun ein Strukturmodell einer Schaltung vor Augen, so kann man Fehler sowohl in den Knoten (Schaltelementen) wie auf den Kanten (Verbindungsleitungen) annehmen. Beschränkt man sich weiter auf Fehler auf Verbindungsleitungen, so erscheinen Leitungsbrüche und Kurzschlüsse am wahrscheinlichsten. Ein Leitungsbruch hat zur Folge, daß "hinter" der Unterbrechungsstelle je nach Technologie entweder ständig ein Wert "1" oder ein Wert "0" angenommen wird. Von allen Kurzschlüssen ist ein Kurzschluß mit der Stromversorgung am wahrscheinlichsten. Ein solcher Kurzschluß aber wirkt sich ebenfalls so aus, daß auf dem entsprechenden Netz ständig ein Wert "1" oder ein Wert "0" anliegt. Beschränkt man sich auf diese Fälle, hat man das Haftfehlermodell (stuck-at) erhalten. Dieses Fehlermodell ist auf der Gatterebene weit verbreitet und zeigt eine sehr hohe Korrelation mit der Funktionsfähigkeit von Objekten.
Geht man der Einfachheit halber weiterhin davon aus, daß bei einem zu testenden Objekt höchstens ein Fehler vorliegt, so liegt die Einzelfehlerannahme vor. Gibt man diese Annahme auf, spricht man von der Mehrfachfehlerannahme. Letztere erscheint zwar realistischer, ist in der Praxis aber wegen der erheblich höheren Komplexität meist nicht einsetzbar. Dies wird am Beispiel eines beliebigen logischen Gatters mit n Eingängen und einem Ausgang deutlich. Hier sind 2(n+1) Einzelhaftfehler aber (3**n+1)-1 verschiedene Mehrfachhaftfehler möglich. Die Mehrfachfehlerannahme mag zwar realistischer sein, doch führt die Einfachfehlerannahme neben der besseren Praktikabilität meist auch zu guten Ergebnissen, da von wenigen Ausnahmen abgesehen von den Testmustern zur Aufdeckung von Einfachfehlern die einzelnen Fehler, die einen Mehrfachfehler konstituieren, ebenfalls aufgedeckt werden oder zumindest die Existenz eines (möglicherweise falsch lokalisierten) Fehlers angezeigt wird.
Beim Kurzschlußfehlermodell wird die Einschränkung, daß Kurzschlüsse nur zwischen der Stromversorgung und anderen Leitungen vorkommen, aufgegeben. Allerdings kann der triviale Fall, daß ein Kurzschluß zwischen den beiden Polen der Stromversorgung vorliegt, auch hier ignoriert werden, da dieser Fall durch einfach zu beobachtende Phänomene aufgedeckt wird. Das Haftfehlermodell ist somit ein Spezialfall des Kurzschlußfehlermodells. Ein beliebiger Kurzschluß kann auf Gatterebene einfach dadurch modelliert werden, daß an der Kurzschlußstelle ein Gatter angenommen wird, und zwar ein Oder-Gatter, falls in der unterliegenden Technologie der Wert "1" dominant ist, und ein Und-Gatter, falls der Wert "0" dominant

ist. Fehlen dominante Werte, kann dieser einfache Trick nicht angewandt werden. Wichtig bei der allgemeinen Kurzschlußannahme ist eine Beschränkung auf mögliche oder gar wahrscheinliche Kurzschlüsse, da sonst eine zu hohe Anzahl möglicher Kurzschlüsse angenommen würde. Derartige Aussagen sind jedoch nur mit Kenntnis des endgültigen Layouts möglich. Wieder beschränkt man sich hier meist auf die Einfachfehlerannahme. Doch auch damit können sehr üble Effekte auftreten, da sich durch Kurzschlüsse Rückkopplungen bilden können, was zur Bildung asynchroner Automaten führen kann.

Auf der Schalterebene sind diese Fehlermodelle nicht mehr ausreichend. Hier sind insbesondere zusätzlich die Fehler "stets leitend" (stuck-closed) und "stets sperrend" (stuck-open) zu betrachten. In der CMOS-Technologie führt besonders der stuck-open zu Effekten, die mit dem klassischen Haftfehlermodell nicht zu beschreiben sind. Als Beispiel diene die in Abb. 83 dargestellte CMOS-Schaltung für ein NOR-Gatter.

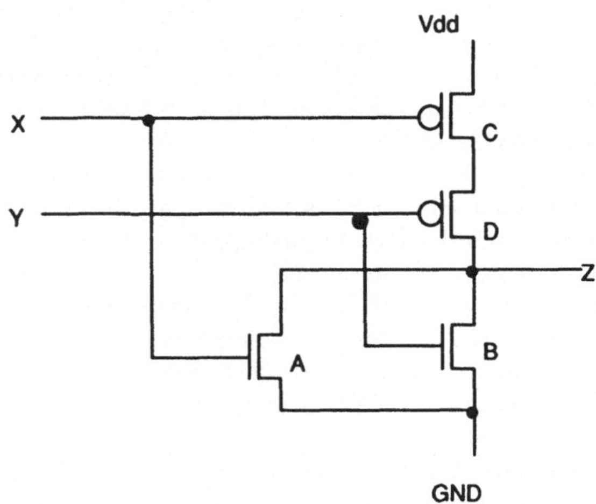

Abb. 83: CMOS-Realisierung eines NOR-Gatters

Es sei nun angenommen, daß der Transistor **A** stets sperrend sei. Das korrekte und das fehlerhafte Verhalten ergeben sich dann aus der folgenden Tabelle:

x	y	z(fehlerfrei)	z(fehlerhaft)
"0"	"0"	"1"	"1"
"0"	"1"	"0"	"0"
"1"	"0"	"0"	z(t-1)
"1"	"1"	"0"	"0"

Bei der Eingabe x = "1" und y = "0" sind weder das Pullup-Netzwerk (p-Kanal-

Transistoren) noch das Pulldown-Netzwerk (n-Kanal-Transistoren) leitend. Am Ausgang z bleibt daher der Wert bestehen (für eine gewisse Zeit), der zuvor dort angelegen hat, allerdings nur als gespeicherte Ladung (high impedance). Der stuck-open-Fehler an Transistor A ist also nur durch die Testmustersequenz ("00","10") aufdeckbar. Analog benötigt man die Sequenz ("00","01") um einen stuck-open-Fehler an Transistor B aufzudecken.

Grundsätzlich beobachtet man, daß sich durch stuck-open-Fehler sequentielle Schaltwerke ergeben können.

6.2.2 Testmustererzeugung für das Haftfehlermodell

Bezeichnung 6.2.2.1

Die Fehler 'Leitung x stets auf 1' bzw. 'Leitung x stets auf 0' werden mit $x@1$ bzw. $x@0$ bezeichnet. $T(x@i)$ bezeichnet die Menge der Testmuster, die den Fehler $x@i$, $i \in \{0,1\}$ aufdecken, d.h. beim Vorliegen des Fehlers zu einem anderen Ergebnis des Schaltnetzes führen als im korrekten Fall.

Beispiel:
Sei gegeben ein Und-Gatter mit zwei Eingängen x und y. Dann gilt: $T(x@0) = \{"11"\}$

Definition 6.2.2.2

Zwei Fehler $x@i$ und $y@j$, $i,j \in \{0,1\}$ heißen testäquivalent $(x@i \leftrightarrow y@j)$
$:\Leftrightarrow$
$t \in T(x@i) \Leftrightarrow t \in T(y@j)$.

Ein Fehler $x@i$ dominiert einen Fehler $y@j$ $(x@i \rightarrow y@j)$
$:\Leftrightarrow$
$t \in T(x@i) \Rightarrow t \in T(y@j)$.

$\Diamond$

Beispiel:
Gegeben ein NAND-Gatter mit drei Eingängen A,B,C und Ausgang D. Dann gelten folgende Äquivalenzen:
$A@0 \leftrightarrow B@0 \leftrightarrow C@0 \leftrightarrow D@1$
$A@1 \leftrightarrow D@0$
$B@1 \leftrightarrow D@0$
$C@1 \leftrightarrow D@0$
Man erhält also folgende Tabelle von Fehlerklassen:

A	B	C	D	Fehlerklasse
1	1	1	0	A@0, B@0, C@0, D@1
0	1	1	1	A@1, D@0
1	0	1	1	B@1, D@0
1	1	1	1	C@1, D@0

Man beobachtet, daß mit nur vier Testvektoren (statt aller 8 möglichen) alle Fehler entdeckt werden können.

Allgemein gilt für ein NAND-Gatter mit n Eingängen $x_i, i = 0 : n - 1$ und einem Ausgang z:

$\forall i : x_i @0 \leftrightarrow z @1$

$\forall i : T(x_i @0) = T(z @1) = \{"11...1" | \forall i : x_i = 1\}$

$\forall i : x_i @1 \rightarrow z @0$

$i <> j \Rightarrow T(x_i @1) \cap T(x j @1) = \emptyset$

$\forall i : T(x_i @1) = \{"t_{n-1}...t_i...t_0" | t_i = 0 \text{ und } t_j = 1 \text{ für } j <> i\}$

$T(z @0) = \{"t_{n-1}...t_0" | \exists t_i : t_i = 0\}$

Ähnliche Beziehungen lassen sich für alle anderen Gatter auch aufstellen. Damit lassen sich dann für die einzelnen Gatter eines Schaltnetzes die notwendigen Testvektoren bestimmen.

Def. 6.2.2.3

Der Fehler **x@i** überdeckt den Fehler **y@j** (**x@i** [→ **y@j**)
: ⇔
x@i ↔ **y@j** oder **x@i** → **y@j**
Gilt **x@i** [→ **y@j** so muß nur noch ein Testvektor für **x@i** konstruiert werden, da dieser dann den Fehler **y@j** ebenfalls aufdeckt. Man kann somit den folgenden Faltungsoperator definieren:
x@i ([→) **y@j** := **x@i** falls **x@i** [→ **y@j**, undef. sonst

◇

Natürlich ist ([→) assoziativ.

Def. 6.2.2.4

Eine Menge **M** von Testvektoren heißt vollständig für eine Menge **F** von Fehlern
: ⇔
$\forall f \in F : \exists t \in M : t \in T(f)$.
Sei **F(G)** die Menge aller Haftfehler eines kombinatorischen Schaltnetzes **G**.

Eine Menge F von Fehlern heißt ausreichend für F(G)
:⇔
M vollständig für F ⇒ M vollständig für F(G).

◇

Man wird nun versuchen, für ein gegebenes Schaltnetz eine minimale Fehlermenge
F zu finden, die ausreichend ist. Hierzu werden zunächst zwei Klassen von Schaltnetzen betrachtet: Rekonvergente und nicht rekonvergente.

Def. 6.2.2.5

Gegeben ein Schaltnetz G und seine Darstellung als dag D(G). G heißt rekonvergent
(RFO)
:⇔
in D(G) gibt es mindestens zwei Knoten g1 und g1 mit es gibt mehr als einen Weg
von g1 nach g2.
G heißt nicht rekonvergent (NRFO) sonst.
G heißt redundant
:⇔
Es gibt eine Leitung S in G und es gibt weder einen Testvektor t, der S@1 noch einen
Testvektor t', der S@0 aufdeckt.

◇

In der obigen Definition nimmt man in der Regel an, daß sich Primäreingänge beliebig vervielfachen lassen, sodaß Verzweigungen an Eingangsknoten (d.h. Knoten
mit Eingangsgrad 0) im Sinne der Definition nicht betrachtet werden. Man sieht
sofort, daß nicht rekonvergente Schaltnetze mit nur einem Ausgang einen Baum als
dag haben.

Satz 6.2.2.6

Sei G ein NRFO-Schaltnetz, F(G) die Menge aller Fehler von G und P(G) die Menge
aller Fehler an Eingängen von G. Dann gilt:
(i) P(G) ist ausreichend für F(G),
(ii) (f ∈ P(G) und ∀ f' ∈ P(G), f' <> f : nicht f' ↔ f) ⇒
P(G) ∩ {f} nicht ausreichend für F(G).

◇

Der vollständige Test von NRFO-Schaltnetzen reduziert sich also darauf, eine minimale Menge von Klassen von Fehlern an den Eingängen zu finden, sodaß alle Fehler

an Eingängen überdeckt werden, und hierfür Testmuster anzugeben.

Satz 6.2.2.7

Sei G ein irredundantes RFO-Schaltnetz, $F(G)$ die Menge aller Fehler von G,
$P(G)$ die Menge aller Fehler an Eingängen von G und $V(G)$ die Menge aller Fehler
an Verzweigungen von G. Dann gilt:
$P(G) \cup V(G)$ ist ausreichend für $F(G)$.

$\diamond$

Damit läßt sich nun zwar eine ausreichende Menge von Fehlern finden, doch wird
damit zunächst weder die Frage beantwortet, ob das Schaltnetz irredundant ist (Vor-
raussetzung!), noch sind die notwendigen Testmuster konstruiert. Hierfür werden
zwei grundsätzlich unterschiedliche Verfahren benutzt:

- Entweder man versucht, die erforderlichen Testmuster konstruktiv zu gewinnen. Hierzu dienen Testmustergeneratoren (TPG), die in der Regel Pfadsensitivierungen vorzunehmen versuchen.

- Oder man erzeugt Testmuster zufällig und überprüft, ob sie die als ausreichend
  erkannte Fehlermenge aufdecken. Ist dies der Fall, ist man fertig, wenn nicht,
  muß man eben weitere Muster erzeugen und überprüfen.
  Dieses Verfahren wird Fehlersimulation genannt.

Hier soll zunächst das Verfahren der konstruktiven Testmustererzeugung verfolgt
werden. Die Fehlersimulation wird in Abschnitt 6.2.3 behandelt werden.
Zunächst stellt sich die Frage, wie man in einem Testmuster-Generierungs- Algorithmus Fehler geschickt darstellen kann. Besonders elegant geschieht dies durch
den sogenannten D-Kalkül. Darin werden Fehler wie folgt repräsentiert:

fehlerfreier Fall	fehlerhafter Fall	beschrieben durch
0	0	0
0	1	$\hat{D}$
1	0	D
1	1	1

Durch vier Werte ist also sowohl der Wert im Normalfall wie auch die Abweichung
im Fehlerfall dargestellt. Alle Fehlerklassen an Booleschen Gattern lassen sich nun
einfach durch Zuweisung der Werte D und $\hat{D}$ an die Gatterausgänge darstellen.

Beispiel:

Fehlerklassen an NAND-Gatter mit 2 Eingängen x,y und Ausgang z

x	y	z	$\stackrel{\wedge}{=}$ Fehler an	x	y	z
0	1	D		@1	-	@0
1	0	D		-	@1	@0
1	1	$\hat{D}$		@0	@0	@1

Will man nun ein Testmuster für einen Fehler irgendwo in einem Schaltnetz konstruieren, so geschieht dies in drei Hauptschritten:

1) Lokales Aufdecken des Fehlers,
2) Sichtbarmachen an Schaltnetzausgängen,
3) Erzeugen eines Testmusters, das den Restriktionen aus 1) und 2)genügt.

Schritt 1 ist sehr einfach. Es sei unterstellt, daß für jeden Gattertyp, der in der Schaltung vorkommt, eine Tabelle, wie im obigen Beispiel für das NAND angegeben, vorhanden ist. In dieser Tabelle kann nachgeschlagen werden, wodurch die Fehlerklasse, zu der der zu entdeckende Fehler gehört, dargestellt wird. Dies muß nicht eindeutig sein, ist es aber im Falle eines NAND-Gatters. So wird im obigen Beispiel x@1 eindeutig durch D am Ausgang dargestellt. Für die Schritte 2) und 3) müssen nun Pfade sensitiviert werden. Es müssen also Werte oder Wertedifferenzen gezielt über Pfade weitergeschaltet werden. Dazu benötigt man für die benutzten Gattertypen eine weitere Tabelle, die jeweils angibt, wie Werte weitergegeben werden. Für die Weiterschaltung der "normalen" Werte ist dies bereits durch die normale Funktionstabelle gegeben. Diese wird nun so erweitert, daß auch abzulesen ist, wie Werte D und $\hat{D}$ weitergeschaltet werden.

Beispiel:

Nimmt man wieder das 2-stellige NAND, so hat man die Funktionstabelle:

x	y	z	
0	b	1	
b	0	1	hier steht b für einen beliebigen Wert aus $\{0,1\}$
1	1	0	

Für eine gezielte Fehlerfortschaltung kommt offensichtlich nur die Situation $x = y = 1$ im fehlerfreien Fall in Frage. Hier erhält man nun:

x	y	z
$\hat{D}$	1	D
1	$\hat{D}$	D
D	1	$\hat{D}$
1	D	$\hat{D}$

Schritt 2 wird nun so durchgeführt, daß man vom Fehlerort vorwärts durch das Schaltnetz geht, bis man einen Ausgang des Schaltnetzes erreicht hat. Bei jedem Knoten wird in der zugehörigen Tabelle nachgeschlagen, wie die restlichen Eingänge zu beschalten sind, damit am Gatterausgang ein Wert D oder $\hat{D}$ erscheint. Diese Werte werden für diese Gattereingänge notiert.

Diese "Restbeschaltung" ist nicht notwendigerweise eindeutig. Ist sie es nicht, so werden alle Alternativen notiert. Am Ende von Schritt 2) weiß man für jedes Gatter auf dem Pfad vom Fehlerort zum Schaltnetzausgang, wie die jeweils anderen Gattereingänge zu beschalten sind, damit der Fehler am Schaltnetzausgang sichtbar wird. Gibt es mehrere Pfade vom Fehlerort zu Schaltnetzausgängen, so wird diese Information für alle diese Pfade gespeichert.

In Schritt 3) muß nun ein Testmuster an den Eingängen des Schaltnetzes gefunden werden, das all die in Schritt 2) gefundenen Beschaltungen zur Folge hat. Hierzu verfolgt man nun von den Beschaltungspunkten Pfade rückwärts zu den Schaltnetzeingängen und wählt bei jedem Gatter auf diesen Pfaden an den Gattereingängen solche Werte, daß der geforderte Ausgangswert berechnet wird. Auch hier kann es eine Reihe von Freiheitsgraden geben, die dann ausgenutzt werden müssen, wenn widersprüchliche Anforderungen an Eingabewerte berechnet werden. In solch einem Fall muß ein Backtracking durchgeführt und versucht werden, mit einer anderen Alternative eine widerspruchsfreie Belegung zu finden. Läßt sich überhaupt keine widerspruchsfreie Belegung finden, handelt es sich um einen nicht aufdeckbaren Fehler in einem redundanten Schaltnetz.

Beispiel:
Gegeben sei das in Abb. 84 gezeigte Schaltnetz. Es sei ein Testmuster für den Fehler f◉1 zu generieren.

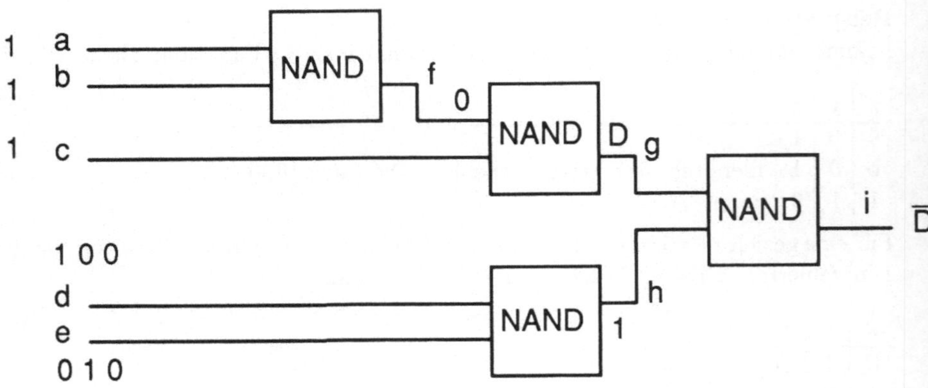

Abb. 84: Schaltnetz, für das Testmuster zu generieren sind

Schritt 1)

In der Tabelle für ein NAND-Gatter mit zwei Eingängen liest man ab, daß dieser Fehler durch den Wert D am Gatterausgang dargestellt wird. Weiterhin entnimmt man der Tabelle, daß hierfür der Gatter-Eingang f mit dem Wert 0 und der Gattereingang c mit dem Wert 1 zu belegen ist.

Schritt 2)
Um den Wert D auf Leitung g am Schaltnetzausgang i sichtbar zu machen, muß, wie in der Tabelle für ein NAND-Gatter mit zwei Eingängen abzulesen ist, am Eingang h dieses Gatters der Wert 1 anliegen. Der Schaltnetzausgang trägt dann den Wert $\bar{D}$, zeigt also im Fehlerfall den Wert 1 und im fehlerfreien Fall den Wert 0.

Schritt 3)
Nun sind die in Schritt 1) und 2) festgelegten Werte rückwärts zu verfolgen. Ein Wert 0 auf der Leitung f läßt sich laut Funktionstabelle eines NAND-Gatters mit 2 Eingängen nur dadurch erzeugen, daß die Schaltnetz- Eingänge a und b beide den Wert 1 haben.
Für den Schaltnetzeingang c liegt der Wert 1 bereits fest. Für die Leitung h wurde in Schritt 2) der Wert 1 notiert. Um diesen Wert zu erzeugen, gibt es drei Alternativen an den Schaltnetzeingängen d und e: 1,0 oder 0,1 oder 0,0. In diesem Fall kann man frei wählen. Wäre aber beispielsweise der Schaltnetzeingang d mit c identifiziert, so wäre nur die erste Alternative möglich. Abb. 85 zeigt das Schaltnetz mit der gefundenen Wertebelegung.

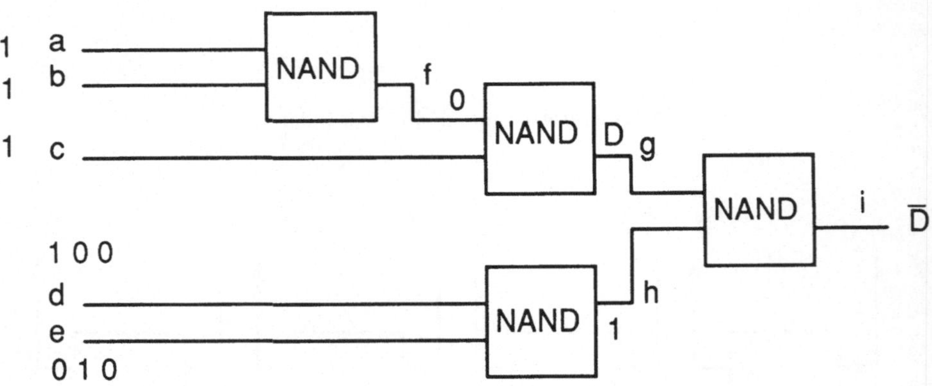

Abb. 85: Schaltnetz mit Testmuster

Es gibt eine Anzahl geringfügig unterschiedlicher Ausprägungen des D-Algorithmus. Die Unterschiede beziehen sich insbesondere darauf, in welcher Reihenfolge Alternativen verfolgt werden und welche Backtracking- Strategie gewählt wird. In jedem Fall ist der D-Algorithmus in der Lage, bei kombinatorischen Schaltnetzen für alle aufzeigbaren Fehler ein Testmuster zu generieren und gleichzeitig nicht aufdeckbare

330

Fehler anzuzeigen. Er läßt sich durch einen einfachen Trick auch auf sequentielle Schaltwerke anwenden. Jedes synchrone sequentielle Schaltwerk kann bekanntlich nach der Huffman-Normalform aus einem kombinatorischen Schaltnetz und einem Zustandsregister bestehend dargestellt werden (Abb. 75). Diese Darstellung kann man sich nun aufgerollt vorstellen, wobei man ebensoviele Kopien der Kombinatorik hintereinanderschalten muß, wie das Zustandsregister Werte annehmen kann. Für die Testmustergenerierung kann das jeweils dazwischengeschaltete Zustandsregister im wesentlichen ignoriert werden. Man muß sich lediglich merken, daß jeder Wertetransfer durch dieses Register einer Taktung entspricht. Somit hat man wieder die alte, bereits gelöste Aufgabe vor sich, für ein kombinatorisches Schaltnetz Testmuster für alle Einfachhaftfehler zu konstruieren. Abb. 86 zeigt ein Schaltwerk mit einem 2-Bit-Zustandsregister und Abb. 87 die aufgerollte Form.

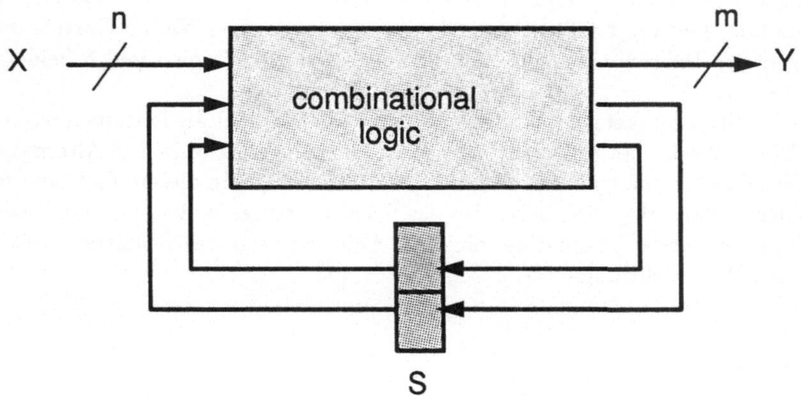

Abb. 86: Schaltwerk mit 2-Bit-Zustandsregistern

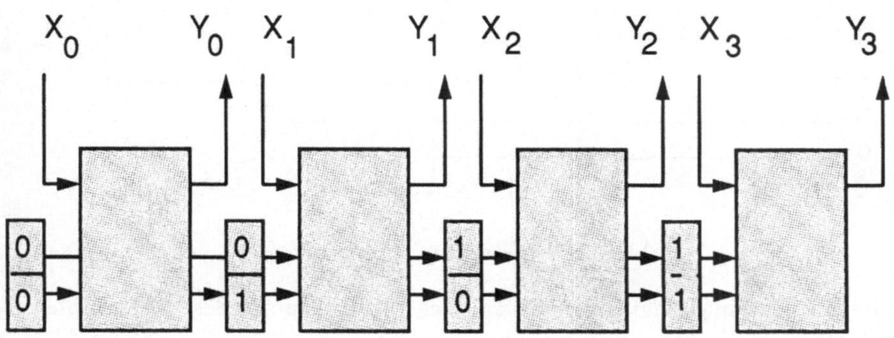

Abb. 87: Aufgerollte Version von Abb. 86

6.2.3 Fehlersimulation

Im Gegensatz zur konstruktiven Testmustergenerierung stellt die Testmustergenerierung über Fehlersimulation ein "Rate-und-Teste"-Verfahren dar. Das Grundprinzip ist wie folgt (dargestellt zunächst am Beispiel kombinatorischer Schaltnetze):
Man erzeugt zwei Simulationsmodelle des Schaltnetzes, eines ohne Fehler und eines mit einem Fehler. Dann konfrontiere man beide Modelle mit einem zufällig gewählten Testmuster. Unterscheiden sich die Werte an den Ausgängen der beiden Modelle, so hat man ein Testmuster für den eingebauten Fehler gefunden, falls nicht, so versucht man es mit anderen zufällig gewählten Mustern, bis man einen Werteunterschied erreicht. Im Falle nicht aufdeckbarer Fehler in redundanten Schaltnetzen bricht das Verfahren allerdings erst ab, wenn man alle Muster ausprobiert hat und immer noch keinen Wertunterschied beobachten konnte. Man ist in der Praxis daher gezwungen, nach einer vorher festgelegten Anzahl von Versuchen abzubrechen. Hat man bereits Testmuster für Fehler gefunden und fügt einen weiteren Fehler ein, so ist es angebracht, zunächst mit den bereits gefundenen Testmustern zu versuchen, den neu eingefügten Fehler aufzudecken. Dies liegt darin begründet, daß aufdeckende Testmuster nicht gleichverteilt über der Menge aller möglichen Testmuster sind und daß man eine möglichst kleine Menge von Testmustern erhalten will. Es ist dabei allerdings zu bedenken, daß durch diese Strategie die Fehlerdiagnosemöglichkeiten eingeschränkt werden.
Fehlersimulation ist mit allen in Abschnitt 5.2 beschriebenen Simulationsalgorithmen möglich. Da nun aber keine Entwurfsverifikation mehr erforderlich ist, da bereits sichergestellt ist, daß alle zeitlichen Zusammenhänge korrekt sind, kann auf eine präzise Zeitmodellierung verzichtet werden. Andererseits muß besonderer Wert auf die Geschwindigkeit gelegt werden, da die zu betrachtende Schaltung nun sehr oft durchgerechnet werden muß.

6.2.3.1 Fehlersimulation mit dem SCS-Algorithmus

Der SCS-Algorithmus erscheint zunächst in idealer Weise für die Fehlersimulation geeignet, da die ihm unterliegenden Restriktionen im Falle der Fehlersimulation alle erfüllt sind und er beim Vorliegen dieser Restriktionen außerordentlich leistungsfähig ist. Die einzige Schwierigkeit liegt darin, daß es sich bei diesem Verfahren um eine compilierende Methode handelt, d.h. aus der Schaltungsbeschreibung wird in ausführbaren Code fest übersetzt. Zum Zwecke der Fehlersimulation muß die Schaltung jedoch dynamisch verändert werden. Nichts anderes bedeutet das Einfügen von Fehlern. Hierzu gibt es nun eine Reihe von Lösungen:
Die naheliegendste Lösung scheint zu sein, innerhalb des Paradigmas der Gattersimulation zu bleiben und in jede Leitung des Schaltnetzes in Serie je ein Und- und ein Oder-Gatter mit je zwei Eingängen einzufügen (siehe Abb. 88). Wenn ae den freien Eingang des Und-Gatters und oe den des Oder-Gatters bezeichnet, so modelliert man die verschiedenen Fehlerfälle auf dieser Leitung wie folgt:

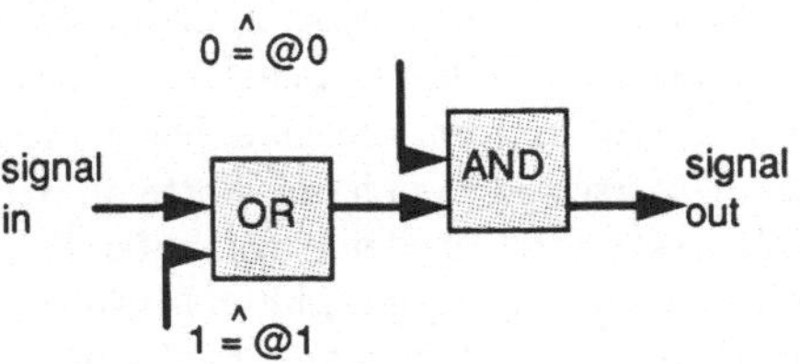

Abb. 88: Programmierbare Fehlerinjektoren

ae	oe	Bedeutung
”0”	”0”	@0
”0”	”1”	@0
”1”	”0”	kein Fehler
”1”	”1”	@1

Der Nachteil dieses Verfahrens ist offensichtlich: Die zu simulierende Schaltung wird rund gerechnet verdreifacht. Dieser Aufwand kann verringert werden, wenn man dasselbe Verfahren nicht auf der Ebene der Gatterschaltungen, sondern auf der des Programmcodes durchführt. Bei vielen Prozessoren macht es keinen Unterschied, ob man in ein Zuweisungsziel einfach zuweist oder ”hineinundet” bzw. ”hineinodert”. Ist dies der Fall, so kann man die Zuweisungsziele einfach lt. obiger Tabelle vorbesetzen und erweitert damit das Simulationsmodell nur um eine Instruktion pro Leitung. Man kann auch zwei Modellvarianten bei der Übersetzung erzeugen, eine für @0-Fehler (Und-Zuweisungen) und eine für @1-Fehler (Oder- Zuweisungen). In diesem Fall hat man erhöhten Übersetzungsaufwand und zusätzlichen Speicherbedarf (auf dem Hintergrundspeicher), aber keinerlei Modellerweiterung mehr. Das Verfahren ist, um die volle Effizienz zu erreichen, allerdings nur durchführbar, falls man direkt in den Maschinencode eines geeigneten Rechners übersetzt. Bedauerlicherweise sind gerade ”Load/Store”- Architekturen (RISC-Architekturen) hierfür nicht so gut geeignet.

Eine dritte Möglichkeit ist es, für jede Leitung einen bedingten Sprung vorzusehen, der im Fehlerfall durchgeführt wird. Am Sprungziel wird der fehlerhafte konstante Wert eingesetzt und unbedingt zur danach durchzuführende Instruktion gesprungen. Hier kann man nun das Wissen ausnutzen, daß pro Durchlauf genau einmal der bedingte Sprung ausgeführt wird. Bei einer Reihe von Pipeline-Architekturen wird nämlich die Pipeline unter der Fiktion, daß (nicht) gesprungen wird, weitergeführt, so daß bei geschickter Ausnutzung die Pipeline fast nie unterbrochen wird. Allerdings erhöht sich die Anzahl der Instruktionen. Bei diesem Verfahren empfiehlt es sich auch, die Schachtelung der beiden Hauptschleifen der Fehlersimulation umzukehren und pro Testmuster alle einzustreuenden Fehler durchzuprobieren. Da man in der Regel wortorientiert arbeitet (d.h. meist 32-bit-weise), bedeutet dies ein Ausprobieren aller einzustreuenden Fehler pro 32-bit-Paket. Die Fehler wird man auch streng nach Codesequenz geordnet entweder von hinten oder von vorn einstreuen, um bereits ausgerechnete Teile mitbenutzen zu können.

6.2.3.2 Fehlersimulation mit dem CES-Algorithmus

6.2.3.2.1 Parallele Fehlersimulation

Für diesen Ansatz muß gelten, daß ein Einheitsverzögerungsmodell vorliegt und daß der Gastrechner alle Instruktionen, die den Zustand der Variablen, die die zu simulierende Schaltung darstellen, verändern, wortweise, aber bit-individuell ausführt. Dies ist natürlich auch eine Voraussetzung für ein wortorientiertes Arbeiten beim SCS-Algorithmus. Sie wird bei dedizierten Simulatoren auf der Gatterebene meist erfüllt. Nun kann man ähnlich wie unter 6.2.3.1 beschrieben arbeiten, nur daß hier nicht n Testmuster, sondern n Fehler parallel bearbeitet werden. Die Fehler werden wieder dadurch dargestellt, daß in die Zuweisungsziele nicht einfach zugewiesen wird, sondern "geundet" und "geodert", wobei im Fehlerfall eine Wertvorbesetzung vorgenommen wird. Parallele Fehlersimulatoren können sehr einfach implementiert werden, weshalb sie auch relativ weit verbreitet sind.

6.2.3.2.2 Deduktive und Concurrent-Fehlersimulation

Die parallele Fehlersimulation erlaubt es, n-1 Fehler gleichzeitig zu simulieren, wenn n die Wortbreite des Gastrechners ist. Liegen mehr als n-1 mögliche Fehler vor (was natürlich die Regel ist, wenn man beachtet, daß n selten größer als 32 ist), so muß dennoch iteriert werden. Die Idee der deduktiven Fehlersimulation ist nun, alle möglichen Fehler auf einmal mit einem Testmuster zu konfrontieren und simulativ zu berechnen, welche dieser Fehler sich an Primärausgängen bei diesem Testmuster bemerkbar machen. Hierzu ist es nötig, für Leitungen nicht nur den logischen Wert unter dem aktuellen Testmuster im fehlerfreien Fall zu halten, sondern auch die Liste aller Fehler, die diesen Wert invertieren. Weiterhin muß jedem Gattertyp neben der Berechnung eines logischen Wertes auch die Berechnung einer Fehlerliste am Ausgang zugeordnet werden. Hierzu sei zunächst angenommen, daß an den Eingängen eines Gatters noch leere Fehlerlisten anliegen (z.B. weil die Eingänge Primäreingänge der Schaltung sind). Dann wird geprüft, welche Fehler an diesem Gatter den Ausgangswert des Gatters invertieren würden. Diese Fehler werden mit ihrer Identifikation (z.B. fortlaufender Nummer) als Fehlerliste dem Ausgang des Gatters zugeordnet, wobei dies zu lesen ist als: "Liegt einer dieser Fehler vor, so weicht der beobachtbare Wert vom Wert im Richtigfall ab". Nimmt man nun an, daß den Eingängen eines Gatters bereits Fehlerlisten zugeordnet sind, dann muß zusätzlich zum oben skizzierten Vorgehen noch berechnet werden, welche dieser Fehler sich unter der aufgrund des anliegenden Testmusters im Richtigfall vorliegenden

Wertebeschaltung auf den Gatterausgang auswirken (durch einen vom Richtigwert verschiedenen Wert). Diese Fehler sind ebenfalls in die Fehlerliste dieser Leitung aufzunehmen. Die Menge aller Fehler, die unter einem gegebenen Testmuster einen primären Schaltungsausgang erreichen, ist dann die von diesem Muster aufdeckbare Fehlermenge. Sie kann aus der Menge aller möglichen Fehler gestrichen werden, bevor das nächste Testmuster angelegt wird. Dieses Grundprinzip gilt sowohl für die deduktive wie auch für die Concurrent-Fehlersimulation. Der wesentliche Unterschied besteht in der Berechnung der Fehlerlisten. In der deduktiven Methode wird eine spezielle Fehlerlistenalgebra entwickelt. Dies ist eine einfache Mengenalgebra. So lautet die Fehlerfortschaltungsregel für ein Oder-Gatter:

(i) Sind alle Eingänge des Gatters im Richtigfall mit 0 belegt, so werden alle Fehler durchgeschaltet, die in einer der Fehlerlisten an den Eingängen des Gatters enthalten sind.

(ii) Sind ein oder mehrere Eingänge des Gatters im Richtigfall mit 1 belegt, so werden all die Fehler durchgeschaltet, die in den Fehlerlisten aller mit 1 belegten Eingänge und in keiner Fehlerliste eines mit 0 belegten Eingangs enthalten sind.

Diese Ausdrücke lassen sich als mengenalgebraische Ausdrücke darstellen, die sich aus den Booleschen Wertetabellen der Gatter einfach ableiten lassen.

Beispiel:
Gegeben ein Oder-Gatter mit vier Eingängen a,b,c,d mit folgender Belegung:
a: Wert im Richtgfall : 1, Fehlerliste : $L(a) = \{1,2,3,5\}$
b: Wert im Richtigfall: 1, Fehlerliste : $L(b) = \{1,2,4\}$
c: Wert im Richtigfall: 0, Fehlerliste : $L(c) = \{2,3\}$
d: Wert im Richtigfall: 0, Fehlerliste : $L(d) = \{4,6\}$
Am Ausgang wird damit der Wert im Richtigfall 1 und die Fehlerliste $L(o)$ berechnet. Diese enthält alle originären im vorliegenden Fall aufdeckbaren Fehler (z.b. o0o) vereinigt mit $L'(o) = L(a) \cap L(b) \cap \overline{L(c)} \cap \overline{L(d)} = \{1\}$.

Bei der Concurrent Methode wird auf eine gesonderte Fehlerfortpflanzungsalgebra verzichtet. Stattdessen wird für jeden Fehler eine Kopie des auslösenden oder fortpflanzenden Gatters angelegt, die den abweichenden Wert als Haftfehler eingetragen bekommt. Wieder wird an den Leitungen neben dem Wert im Richtigfall die Liste der Fehler eingetragen. Alle Fehler, die in einer Kopie eines Gatters, dessen Ausgang ein primärer Schaltungsausgang ist, resultieren, sind dann unter dem vorliegenden Testmuster beobachtbar.
Es sollte noch bemerkt werden, daß sich alle Fehlersimulationsverfahren einfach auf sequentielle Schaltwerke fortsetzen lassen.

6.3 Funktionsorientierte Testverfahren

Bei aller eingangs skizzierten Problematik sind funktionsorientierte Testverfahren
dennoch von Bedeutung. Da es sich um die zunächst korrektere Art des Testens handelt, Testmuster sich zudem extrem einfach erzeugen lassen, bietet sich ein Durchtesten aller möglichen Testmuster immer dann an, wenn diese Anzahl tolerabel ist. Davon kann ausgegangen werden, solange der Wert eines Schaltungsausgangs von nicht
mehr als etwa 16 Eingängen abhängt. Dies kann sehr wohl auch dann der Fall sein,
wenn eine Schaltung insgesamt mehr Eingänge hat, jedoch alle Ausgänge jeweils nur
von einer nicht zu großen Teilmenge der Eingänge funktional abhängig sind. Das eingangs benutzte Beispiel eines Addierwerkes ist ein besonders ungünstiger Fall. Hier
hängen zwar weiter rechts stehende Ausgänge nur von weniger Eingängen funktional
ab, der am weitesten links stehende aber eben von allen. Neben dem Anlegen der
Testmuster ist die Auswertung des Ergebnisses ein weiteres Problem. Man möchte
natürlich nicht $2^{**}n$ Ausgabemuster mit dem Sollwert vergleichen. Eine relativ einfache Lösung für dieses Problem stellt der Syndromtest dar. Unter dem Syndrom
einer Booleschen Funktion versteht man den Quotienten "Anzahl ihrer Minterme
durch Anzahl aller möglichen Eingabemuster." Nimmt man nun das Syndrom als
Indiz für die Korrektheit einer Schaltung, so muß man beim Anlegen aller Eingangsmuster nur zählen, wie oft der Wert 1 an einem Ausgang erscheint. Ergibt sich aus
dieser Anzahl das Syndrom, so gilt die Schaltung als korrekt. Zu beachten ist hier
natürlich, daß sich eventuelle Mehrfachfehler maskierend auswirken können. Ist die
Anzahl der notwendigen Testmuster für einen vollständigen funktionalen Test zu
groß, so kann man funktional nur über Stichproben testen. Hierfür sind Testverfahren mit Hilfe linear rückgekoppelter Schieberegister(LFSR) am weitesten verbreitet.
Unter einem LFSR versteht man ein Schieberegister, in das eine lineare Funktion
des externen Eingabewerts und der im Schieberegister gespeicherten Werte eingegeben wird. Derartige Schaltwerke lassen sich auf verschiedene Weise realisieren,
die Abbildungen 89 und 90 sind zwei Beispiele dafür. Betrachtet man nun solch
ein LFSR ohne Eingabe, also ein autonomes LFSR (ALSFR), so hat man relativ
preisgünstig einen relativ guten Zufallsgenerator gebaut. Diese Schaltung läßt sich
als Testmustergenerator benutzen. Man beachte, daß dabei stets dieselbe Folge von
Werten erzeugt wird, falls man vom selben Initialwert des ALFSR ausgeht. Dies
ist für die Auswertung essentiell. Legt man nun an eine zu testende Schaltung die
so erzeugten Testmuster an, so ergibt sich eine Folge von Ergebnismustern. Diese
müßte man mit abgespeicherten korrekten Mustern vergleichen, um zu entscheiden,
ob die Schaltung korrekt ist, oder nicht. Um dies zu vermeiden, kann man wieder
mit Hilfe eines LFSR eine Datenreduktion vornehmen, indem man die Ergebniswerte in ein LFSR eingibt und den so erhaltenen Wert mit dem ebenso berechneten
Sollwert vergleicht. Hier ist natürlich zu beachten, daß sich nicht nur verschiedene
Fehler gegenseitig maskieren können, sondern sogar verschiedene Ergebnisfolgen. Es
ist eine notwendige Eigenschaft der Datenkompression, daß verschiedene Ergebnisfolgen auf denselben gleichen Wert des LFSR abgebildet werden ("Aliasing"). Alle

Folgen, die einen Fehlerwert beinhalten, aber auf denselben Wert abgebildet werden wie die korrekte Ergebnisfolge, machen dann den Fehler nicht sichtbar.

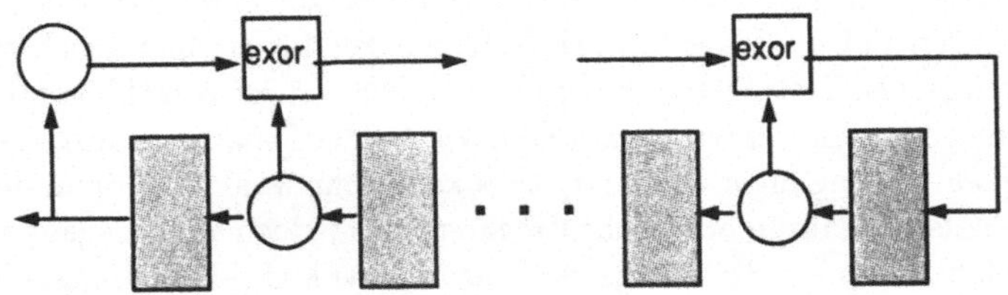

Abb. 89: Realisierung eines LFSR

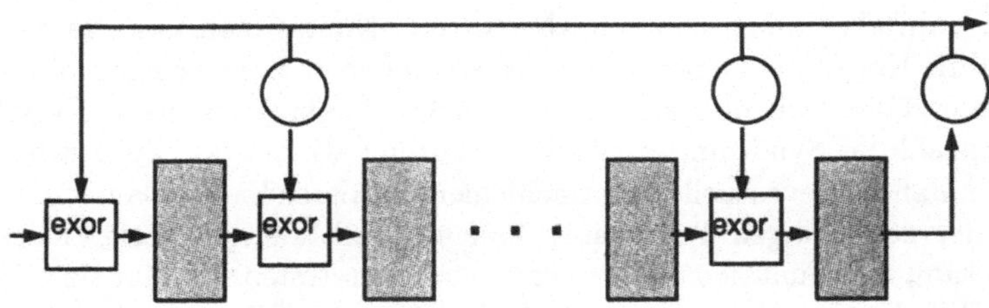

Abb. 90: Alternative Realisierung eines LFSR

6.4 Testfreundlicher Entwurf

Die Testkosten stellen sich mehr und mehr als die dominierenden Kosten im Bereich der Digitaltechnik heraus. Damit werden sie aber auch der bestimmende Optimierungsparameter, d.h. eine Schaltungsvariante ist i.d.R. dann am "billigsten", wenn sie mit den geringsten Kosten zu testen ist, auch wenn sich andere Kosten dadurch erhöhen. Einfach zu testende Schaltungen erhält man entweder dadurch, daß es einfach ist, die Schaltung extern zu testen, oder dadurch, daß sich die Schaltung selbst testet. Beide Verfahren finden in der Praxis Anwendung.

6.4.1 Strukturelle Maßnahmen zur Erhöhung der Testbarkeit

Die bisherige Diskussion hat gezeigt, daß der Testbarkeit hauptsächlich sequentielle Schaltwerke und Schaltnetze mit zu vielen Eingängen oder rekonvergierenden internen Verzweigungen entgegenstehen. Da derartige Strukturen nicht vollständig zu vermeiden sind (insb. sequentielle Schaltwerke nicht), sehen strukturelle Maßnahmen

zur Erhöhung der Testbarkeit i.d.R. zwei verschiedene Modi vor: Einen Normalmodus und einen Testmodus. Im Normalmodus liegt das unveränderte Verhalten
zusammen mit möglichen testfeindlichen Eigenschaften vor. Im Testmodus wird
weiterhin die gesamte Schaltung aktiviert, und zwar unter dem Gesichtspunkt der
Testfreundlichkeit; die in diesem Modus erbrachte Leistung kann von der im Normalmodus erbrachten verschieden sein, ist aber unerheblich. Die einfachste Methode
zur strukturellen Erhöhung der Testbarkeit ist das Einfügen von Testmultiplexern.
Überall dort, wo man im Testmodus eine interne Leitung von außen direkt setzen möchte, fügt man einen Multiplexer ein, dessen zusätzlicher Eingang zu einem
zusätzlichen Primäreingang der Schaltung geführt wird. Mit dem Selektionseingang
wird nun ausgewählt, ob im Normalmodus die substituierte Leitung durchgeschaltet
wird oder im Testmodus der Primäreingang einen Wert liefert (siehe Abbildung 91).

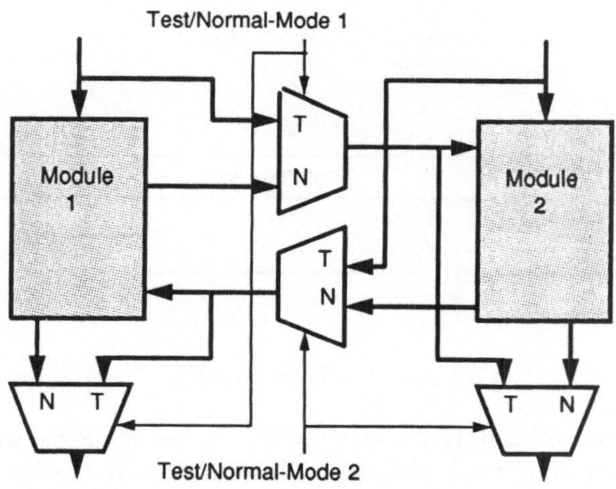

Abb. 91: Einsatz eines Testmultikomplexers

Testmultiplexer können in sequentielle Schaltungen eingefügt werden, um die sequentielle Tiefe zu verringern, oder in kombinatorische, um die Komplexität funktionaler Abhängigkeiten zu vermindern. Es handelt sich um eine relativ wenig strukturierte Ad-hoc-Maßnahme, die dennoch zu sehr guten Ergebnissen führen kann.
Eine Spezialform stellt der "Boundary Scan" dar. Auch hier handelt es sich im
wesentlichen um einzufügende Multiplexer, die nun aber an den Anschlußpunkten
von integrierten Schaltkreisen eingefügt werden. Sie erlauben, evtl. zusammen mit
einem seriell ladbaren Register, das auf einer Platine montierte IC unabhängig von
den Werten, die an den normalen Anschlußpunkten anliegen, mit Werten zu versor-
gen. An den IC- Ausgängen wird es durch weitere spezielle Bauteile möglich, im
Testmodus die Werte dieser IC-Ausgänge nicht auf die angeschlossenen Leitungen

338

der Platine zu legen, sondern wieder in ein internes, seriell lesbares Register zu speichern. Man kann also logisch das IC von der Platine trennen und separat testen, obwohl es montiert bleibt. Durch das eingefügte Testregister hat dieses Verfahren große Ähnlichkeit mit dem "Scan Path"-Verfahren (s.u.), woher auch die Bezeichnung herrührt (siehe Abbildung 92).

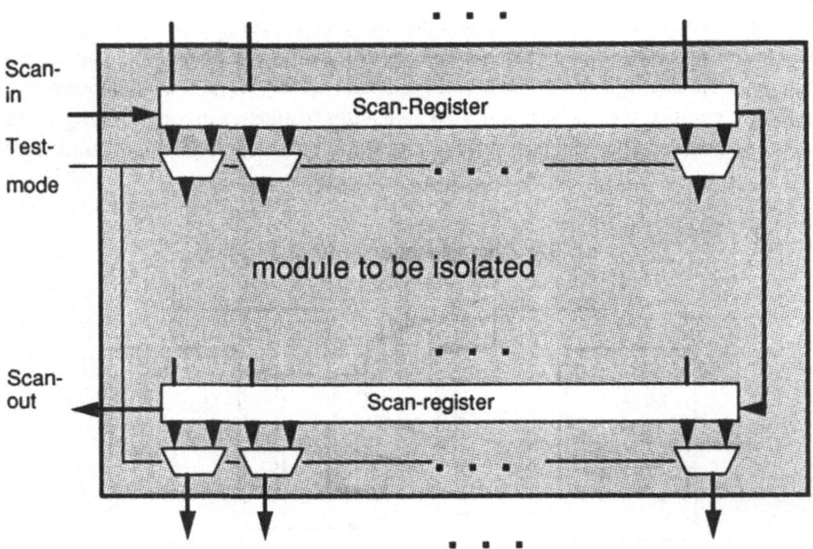

Abb. 92: Boundary-Scan

Das Hauptproblem beim Testen aber stellen sequentielle Schaltwerke dar. Hier setzen nun die wichtigsten Verfahren zur Erhöhung der Testbarkeit an. Nach dem bekannten Huffman-Modell (siehe Abbildung 75) läßt sich ein beliebiges Schaltwerk in einen kombinatorischen Teil und ein Register zerlegen. Sorgt man nun dafür, daß im Testmodus dieses Register extern gesetzt und gelesen werden kann, so hat man das Testproblem auf das Testen von Kombinatorik reduziert. Da integrierte Schaltkreise bezüglich der Anschlußstifte limitiert sind, wird man nicht pro Flipflop des Registers ein eigenes Eingangs-/Ausgangspaar vorsehen können. Sorgt man nun aber dafür, daß das Register im Testmodus als Schieberegister wirken kann, so kann man die Eingabetestmuster über einen einzigen zusätzlichen Anschlußstift eingeben und das Testergebnis über einen einzigen weiteren Anschlußstift auslesen. Damit aber hat man auch schon das Grundprinzip des Scan-Path-Ansatzes. Abbildung 93 zeigt ein Scan-Path-geeignetes Flipflop (es ist ein gewöhnliches flankengesteuertes Flipflop, vor dessen D-Eingang ein Multiplexer geschaltet ist) und Abbildung 94 zeigt die prinzipielle Verschaltung.
Werden als Speicherbausteine pegelgesteuerte Latches benutzt, so muß man den

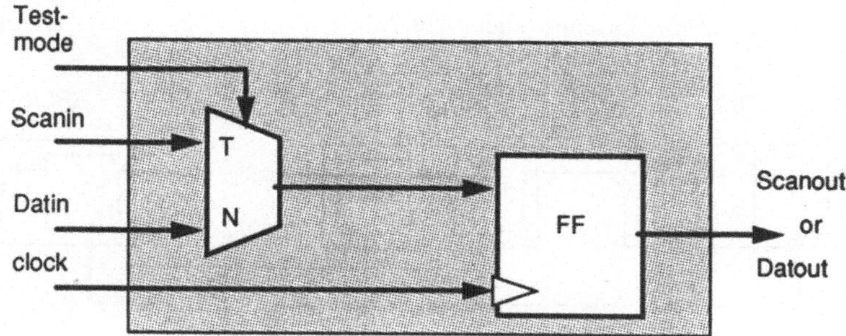

Abb. 93: Scan-Path-geeignetes Flipflop

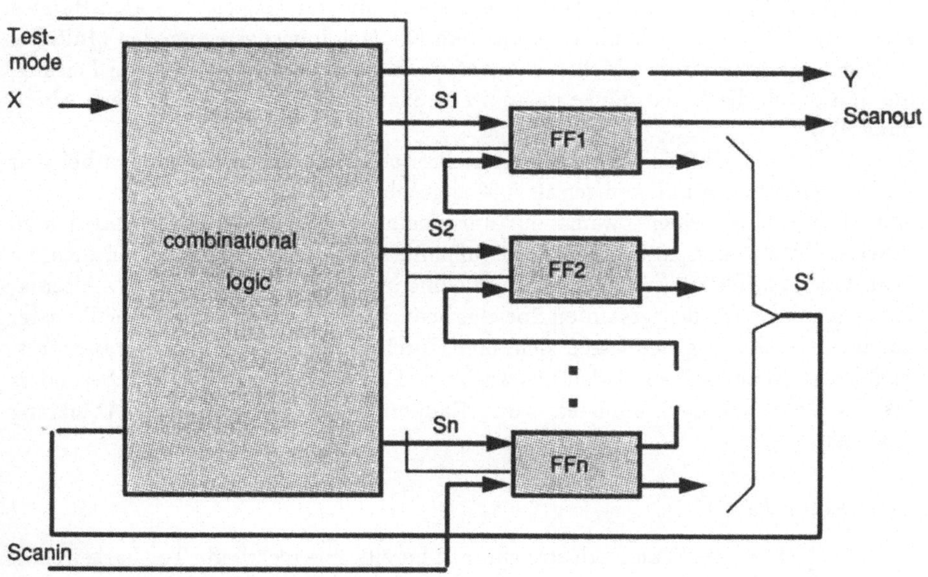

Abb. 94: Verschaltung von Flipflops zu Scan-Path

340

Ansatz etwas sorgfältiger durchplanen. Als Beispiel mag hier der "Level Sensitive Scan Design"(LSSD) - Ansatz dienen. Will man nun eine Schiebemöglichkeit im Testmodus einführen, so benötigt man (siehe Abschnitt 3.2.1) alternative Folgen komplementär getakteter Latches (siehe Abbildung 95).

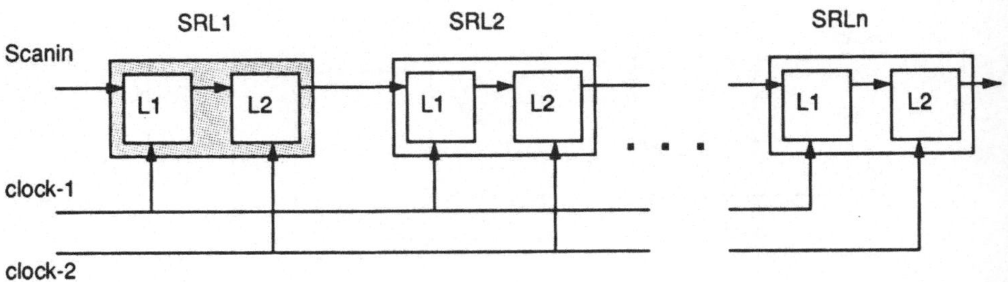

Abb. 95: LSSD-Scan-Path

Diese Anordnung wird aber für einen sicheren Entwurf mit Latches sowieso gefordert, sodaß neben den Multiplexern keine testspezifischen Mehrkosten entstehen (siehe Abbildung 96).

Wie in Abschnitt 3.2.1 bereits erläutert, läßt sich meist der kombinatorische Teil derart auftrennen, daß sich zwischen je zwei komplementär getakteten Latch-Bänken gleich große Schaltnetze befinden. In diesem Fall treten wieder neben den Multiplexern keine testspezifischen Mehrkosten auf, doch kann das Layout der Scan-Leitung, die nun durch die Latch-Bänke mäandriert, Schwierigkeiten bereiten (siehe Abbildung 97).

Die LSSD-Methode ist industriell weit verbreitet. Die Mehrkosten werden bei sehr großen Schaltungen mit weniger als 5 % angegeben.

Natürlich gibt es keinen Zwang, mit nur einem Schieberegister im Testmodus zu arbeiten. Kann man zusätzliche Anschlußpunkte verkraften, so kann man mehrere Scan-Paths einführen, was zu einer Beschleunigung des Testvorgangs führt. Alternativ kann man auch den gesamten Speicherbereich als Array adressierbarer Register auffassen. Diese Register lassen sich dann durch geeignete Vorkehrungen im Testmodus extern adressieren, laden und auslesen. Dieses Verfahren, das sich besonders für das Operationswerk anbietet, wird "Random Scan" genannt (siehe Abbildung Abb. 98).

6.4.2 Selbsttest

Mit der Methode des Scan-Path erreicht man bereits eine recht gute Testbarkeit, d.h. die Möglichkeit, Schaltungen mit relativ wenig Aufwand zu testen. Wenig Aufwand bedeutet hier, daß relativ wenige Testmuster anzulegen sind und daß hierfür relativ wenige zusätzliche Anschlußpunkte erforderlich sind. Ein wesentlicher Nachteil bleibt dennoch bestehen: Die Schaltung muß von einer externen Testschaltung mit

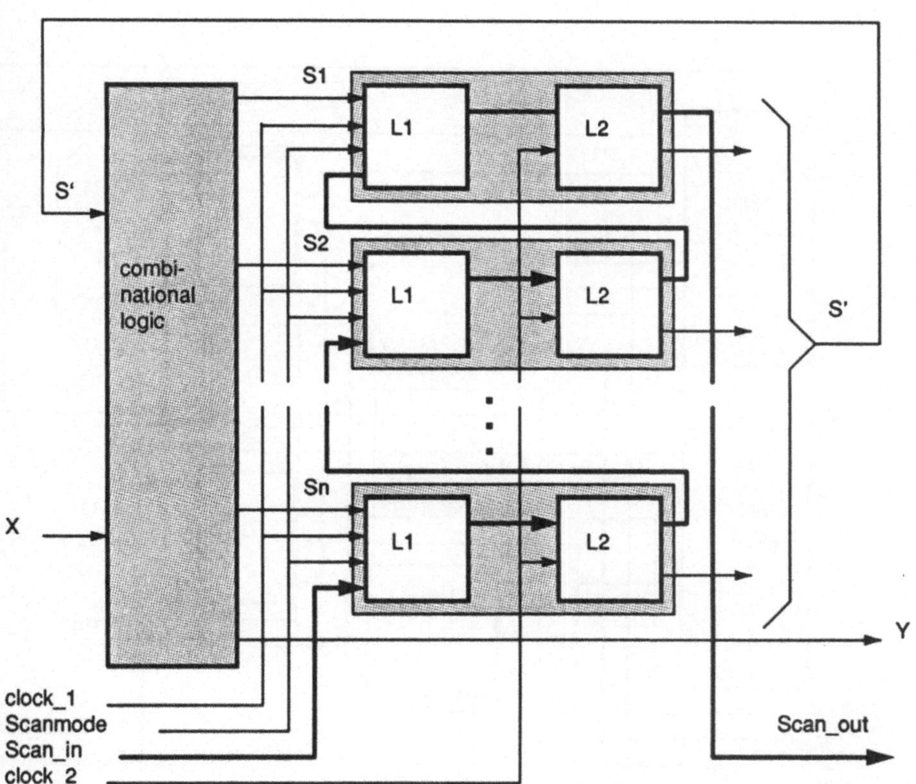

Abb. 96: LSSD-Verschaltungsschema

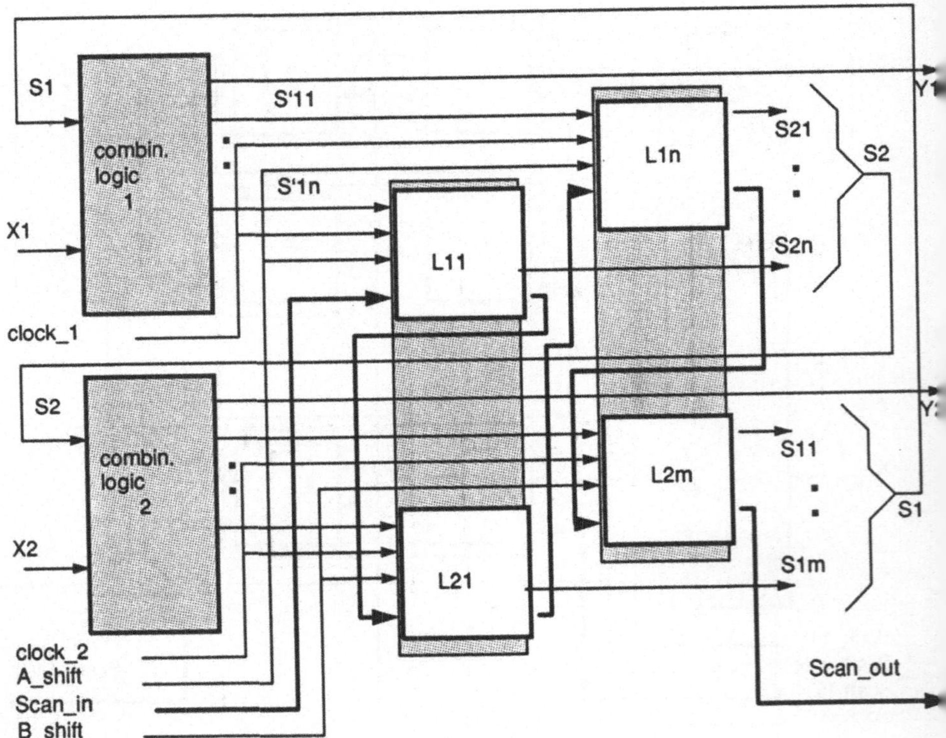

Abb. 97: LSSD mit geteiltem kombinatorischen Teil

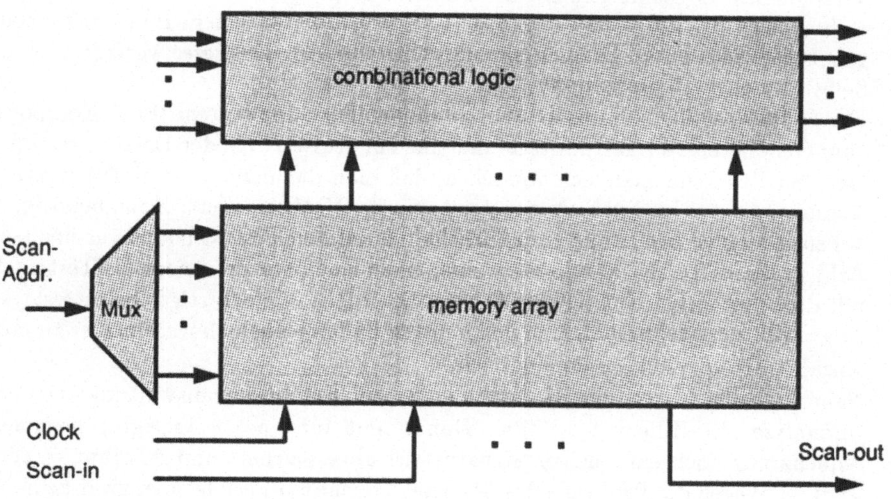

Abb. 98: Random Scan-Verfahren

Testmustern versehen und die Resultate müssen ebenfalls von einer externen Schaltung ausgewertet werden. Da hierfür meist recht aufwendige Testautomaten notwendig sind, ist diese Art des Tests nur als Eingangs- oder Abnahmetest möglich. Hat eine Schaltung diesen Test bestanden, so wird sie ohne weiteren Test betrieben, bis ein offensichtlicher Fehler auftritt. Anstelle eines universellen Testautomaten kann das Hardwaresystem, in das die zu testende Schaltung eingebaut ist, natürlich auch ein dediziertes Subsystem enthalten, das die einzelnen Schaltungen in bestimmten Abständen oder durch bestimmte Ereignisse angestoßen mit Testmustern versorgt und die Ergebnisse auswertet. Solche Subsysteme werden oft Diagnoseprozessoren genannt und sind in allen neueren nicht zu kleinen Rechnersystemen enthalten. Diese Diagnoseprozessoren bedienen weiterhin eine Reihe verschiedener Schaltungen, müssen also ebenfalls in einem gewissen Umfang universell sein. Weiterhin ist es notwendig, Datenwege zwischen dem Diagnoseprozessor und den zu testenden Schaltungen vorzusehen. Diese Wege können zwar bei Nutzung von Scan-Path-Methoden relativ schmal sein, doch bedeuten sie wie alle Datenwege Kosten und sind Quellen möglicher Fehler. Es stellt sich somit ganz natürlich die Frage, ob es nicht günstiger ist, pro Schaltung (d.h. z.B. pro integriertem Baustein) einen eigenen hochspezialisierten Diagnoseprozessor vorzusehen. Dieses Verfahren wird als Selbsttest im engeren Sinne bezeichnet.

Ein Selbsttestsystem muß zwei Hauptkomponenten enthalten: Eine Komponente zum Generieren von Testmustern und eine zur Auswertung der Ergebnisse. Im einfachsten Fall kann man sich vorstellen, daß man die anzulegenden Testmuster zusammen mit den korrekten Antworten in einem ROM speichert. Dann benötigt man neben einer kleinen Steuerung zum Umschalten auf den Testmodus nur noch einen Zähler, der dieses TestROM adressiert, und einen Komparator, um das Testergebnis mit dem gespeicherten Richtigwert zu vergleichen. Ein derartiges Selbsttestsystem ist zwar strukturell sehr einfach, in den meisten Fällen jedoch wegen einer zu großen Anzahl von Testmustern zu umfangreich.

Nahezu alle Selbsttestsysteme benutzen daher zur Ergebnisauswertung eine Signaturanalyse mit Hilfe von LFSRs. Damit muß für eine (festgelegte) Testmustersequenz nur noch ein einziger Signaturwert abgespeichert und mit ihm verglichen werden. Wegen des Problems des "Aliasing" (siehe 6.3) erfolgt hier zwar keine Aussage mit 100-prozentiger Sicherheit, doch ist die erzielbare Sicherheit immer noch so hoch, daß die Reduzierung des Aufwandes schwerer wiegt. Zur Generierung der Testmuster werden unterschiedliche Methoden eingesetzt. Neben der bereits erwähnten Methode, Testmuster in ROMs abzuspeichern und mit Hilfe eines Zählers abzurufen, werden verschiedene Generatoren benutzt. In Abschnitt 6.4.1 wurde bereits dargestellt, daß sich ein ALFSR sehr gut dazu eignet, pseudozufällige Muster zu erzeugen, wobei bei festliegendem Startwert die Sequenz festliegt. Darüber hinaus läß sich ein ALFSR sehr einfach implementieren. Man kann nun ein ALFSR solcherart bestimmen, daß die erzeugten Testmuster für die zu testende Schaltung einen sehr hohen Fehlerüberdeckungsgrad aufweisen (dieser läßt sich beispielsweise durch Fehlersimulation bestimmen). Gleichzeitig kann man dann auch die Signatur für diese Sequenz unter Benutzung eines bestimmten analysierenden LSFR bestimmen und hat somit alle Komponenten zum Aufbau eines Selbsttestsystems, das bei sehr niedrigen Kosten zum Testen von Schaltungen in krauser Logik außerordentlich gut geeignet ist. Im Extremfall kann man die Testmustererzeugung durch das ALSFR bis zum "Exhaustive Test" ausdehnen, d.h. bis zur Erzeugung aller Eingangsmuster. Hierfür ist natürlich bei vergleichbaren Kosten ein Zähler ebenso gut geeignet, da es auf die Reihenfolge der Sequenz nicht ankommt.

Für Array-Logik wie PLAs kann es günstiger sein, die Testsequenz in wohldefinierter Reihenfolge zu erzeugen. Dies läßt sich durch ein ANSFR erreichen. Der einzige Unterschied zum ALSFR besteht darin, daß nicht Lineare Rückkopplungsfunktionen (z.B. UND) benutzt werden. Zum Test eines ROM müssen alle Speicherzellen gelesen werden. Hier ist ein Zähler die wohl günstigste Alternative zur Testmustergenerierung, wenn auch ein ALFSR, das alle Adressen erzeugt, bei vergleichbaren Kosten gleichwertig ist. Zum Test von RAMs schließlich werden meist spezielle Generatoren eingesetzt, die nicht nur alle Speicherzellen einmal ansprechen, sondern auch in bestimmter Weise beschreiben. Aber auch in diesem Fall ist ein Zähler das wesentliche Bauteil des Testmustergenerators. Abbildung 99 faßt die verschiedenen Alternativen zum Aufbau eines Selbsttestsystems zusammen.

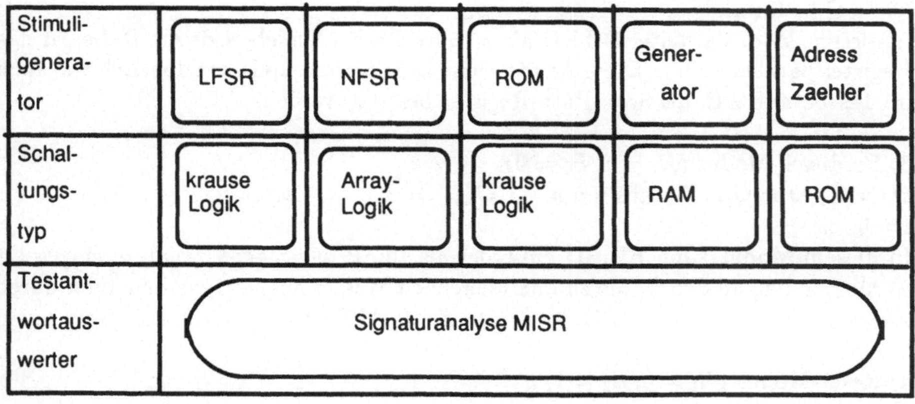

Stimuli-genera-tor	LFSR	NFSR	ROM	Gener-ator	Adress Zaehler
Schal-tungs-typ	krause Logik	Array-Logik	krause Logik	RAM	ROM
Testant-wortaus-werter	Signaturanalyse MISR				

Abb. 99: Alternative Selbsttestverfahren

Ein multifunktionaler Baustein, der sich sowohl als ALFSR wie auch als LFSR zur Signaturanalyse benutzen läßt, ist BILBO (Built-In-Logic-Block- Observer). Jedes BILBO-Modul besteht aus einer Flipflop-Reihe und einigen zusätzlichen Gattern und Leitungen (siehe Abbildung 100). Gesteuert von zwei Eingängen zur Steuerung des Modus können vier verschiedene Betriebsmodi ausgewählt werden:

1) Latch-Modus ($B_1 = 1, B_2 = 1$)
$Q_i := Z_i$ für alle i

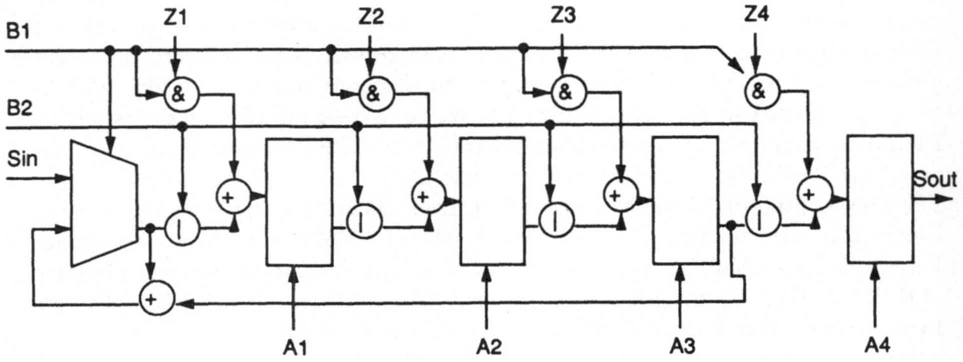

Abb. 100: Aufbau eines BILBO-Moduls

Dies ist der Modus im Normalbetrieb. BILBO arbeitet hier wie ein normales paralleles Latch-Register.

2) Shift-Modus $(B_1 = 0, B_2 = 0)$
$Q_i := Q_{i+1}$ für alle $i < n - 1, Q_{n-1} := S_{in}$
In diesem Modus arbeitet BILBO als serielles Rechts-Schieberegister. Dabei ist das Register parallel lesbar. Diese Arbeitsweise kann sowohl im Normalbetrieb wie auch im Testbetrieb z.B. als Scan-Path-Register benutzt werden.

3) Feedback-Modus $(B_1 = 1, B_2 = 0)$
$Q_i := Z_i \; exor \; Q_{i+1}$ für alls $i < n - 1, Q_{n-1} := SQ_i$
$i = 0 : n - 1$
In diesem Modus kann BILBO entweder als LFSR zur Signaturanalyse eingesetzt werden, indem an den Z_i die zu analysierenden Muster angelegt werden, oder durch Anlegen einer Konstante (z.B. 0) an den Z_i als AFLSR mit maximaler Periode.

4) Reset-Modus $(B_1 = 0, B_2 = 1)$
$Q_i := 0$ für alle i
Hier wird das BILBO-Register auf den Wert 0 zurückgesetzt.

Nimmt man die bereits früher eingeführte modifizierte Normalform eines Schaltwerks an, bei der der kombinatorische Teil in zwei Hälften geteilt wird, zwischen die jeweils ein Latch-Register geschaltet wird, so kann man diese beiden Register jeweils durch BILBOs ersetzen (siehe Abbildung 101). Im Normalmodus ergibt sich dann kein Unterschied. Setzt man $BILBO_1$ und $BILBO_2$ in den Feedback-Modus, so lassen sich die beiden kombinatorischen Teile nacheinander testen, wobei $BILBO_1$ als ALFSR zur Testmustererzeugung und $BILBO_2$ als LFSR zur Signaturanalyse eingesetzt wird, um das *Schaltnetz*$_1$ zu testen und umgekehrt zum Test von *Schaltwerk*$_2$.

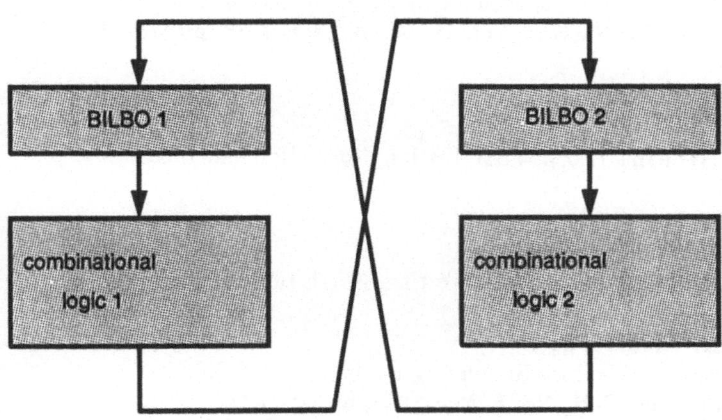

Abb. 101: Das BILBO-Verfahren

6.5 Literatur

Als Einführung in das Gebiet des Testens ist das Buch von Görke [14] gut geeignet. Einen kurzen Überblick bieten auch [07] und [19]. Auf Probleme des funktionalen Testens gehen besonders die Arbeiten [16], [17], [21] und [25] ein. Über Fehlermodelle, die Grundlage des strukturorientierten Testens, geben [02] und [15] eine gute Übersicht. Die Arbeit von Roth et.al [20] ist als grundlegende Arbeit über den D-Algorithmus bereits klassisch zu nennen. Für bestimmte Schaltungen lassen sich spezielle Testmethoden finden, beispielsweise für RAMS [01], PLAS [03], [11] und [13], aber auch für beliebige Bit-Slice-Schaltungen [22]. Zur Fehlersimulation gibt es eine Reihe von Arbeiten. Die Arbeit [23] ist eine gute Einführung in die parallele Fehlersimulation, während [24] als grundlegende Arbeit über die "concurrent"-Methode angesehen werden kann. Die grundlegende Veröffentlichung zur deduktiven Methode ist [04], während in [08] ein wertender Vergleich versucht wird.

Der testfreundliche Entwurf ist heute von zentraler Bedeutung. Die Arbeit von Eichelberger [12] kann dabei als Ausgangspunkt gesehen werden. Darauf bauen andere Arbeiten auf, beispielsweise [10]. In [06] und [26] erhält man einen Überblick

über diesen Bereich, während in [05] eine Methode vorgestellt wird, wie Testbarkeit überprüft werden kann.
Einen Überblick über Selbsttestverfahren gibt [09]. In [21] und [25] werden Aspekte der dabei nötigen Informationsreduktion behandelt. Das besonders wichtige BILBO-Verfahren wird z.b. in [18] beschrieben.

[01] M.S. Abadir, H.K. Reghbati :
Functional Testing of Semiconductor Random Access Memories
ACM Computing Surveys, Vol. 15, No. 3, Sept. 1983, pp.175-198

[02] J. Abraham :
Fault Modelling in VLSI
in T.W. Williams (Ed.): VLSI-Testing, North Holland, 1986

[03] V.K. Agerwal :
Easily Testable PLA Design
in T.W. Williams (Ed.): VLSI-Testing, North Holland, 1986

[04] D.B. Armstrong :
A Deductive Method for Simulating Faults in Logic Circuits
IEEE ToC, Vol. C-21, No. 5, May 1972, pp. 464-471

[05] D.K. Bhavsar :
Design for Test Calculus: An Algorithm for DFT Rules Checking
Proc. 20th Design Automation Conference, 1983

[06] R.G. Bennets :
Design of Testable Logic Circuits
Addison-Wesley, 1984

[07] P.S. Bottorf :
Test Generation and Fault Simulation
in T.W. Williams (Ed.): VLSI-Testing, North Holland, 1986

[08] H.Y. Chang, S.G. Chappell, C.H. Elmendorf, L.D. Schmidt :
Comparison of Parallel and Deductive Fault Simulation Methods
IEEE ToC, Vol. C-23, No. 11, Nov. 1974, pp. 1132-1138

[09] E.J. McCluskey :
Built-in Self-Test Structures
IEEE Design&Test, April 1985, pp 28-37

[10] S. DasGupta, P. Goel, R.G. Walther, T.W. Williams :
A Variation of LSSD and Its Implications on Design and Test Pattern Generation in VLSI
Proc. International Test Conference, 1982, pp. 63-66

[11] W. Daehn, J.Mucha :
A Hardware Approach to Self-Testing of Large PLAs
IEEE ToC, Vol. C-30, No. 11, Nov. 1981

[12] E.B. Eichelberger, T.W. Williams :
A Logic Design Structure for LSI-Testability
Proc. 14th Design Automation Conference, 1977, pp. 462-468

[13] H. Fujiwara, K. Kinoshita :
A Design of Programmable Logic Arrays with Universal Tests
IEEE ToC, Vol. C-30, No. 11, Nov. 1981

[14] W. Görke:
Fehlerdiagnose digitaler Schaltungen
Teubner, 1973

[15] J.P. Hayes
Fault Modelling for Digital MOS Integrated Circuits
IEEE ToCAD, Vol. 3, No. 3, 1984, pp. 200-207

[16] F.C. Hennie :
Fault Detection Experiments for Sequential Circuits
5th Annual Symposium on Switching Circuit Theory and Logical Design,
Princeton, N.J., Nov. 1964, pp. 95-110

[17] E.P. Hsieh :
Checking Experiments for Sequential Machines
IEEE ToC, Vol. C-20, Oct. 1971, pp. 1152-1166

[18] B. Künemann, J. Mucha, G. Zwiehoff :
Built-In Logic Block Observation Techniques
IEEE Test Conference, Oct. 1979, pp 37-41

[19] E.I. Muehldorf, A.D. Savkar :
LSI Logic Tersting - An Overview
IEEE ToC, Vol. C-30, No. 1, Jan. 1981, pp 1-16

350

[20] **J.P. Roth, W.G. Bouricius, P.R. Schneider :**
Programmed Algorithms to Compute Tests to Detect and Distinguish
between Failures in Logic Circuits
IEEE ToEC, Vol. EC-16, No. 5, Oct. 1967, pp. 567-580

[21] **J. Savier :**
Syndrom Testable Design of Combinational Circuits
IEEE ToC, Vol. C-29, No. 6, June 1980, pp.442-451

[22] **T. Sridhar, J.P. Hayes :**
Design of Easily Testable Bit-Slice Systems
IEEE ToC, Vol. C-30, No. 11, Nov. 1981, pp. 842-854

[23] **E.W. Thompson, S.A. Szygenda**
Parallel Fault Simulation
IEEE Computer, March 1975, pp. 38-44

[24] **E.G. Ulrich, T. Baker :**
The Concurrent Simulation of Nearly Identical Digital Networks
Proc. Design Automation Workshop, 1973, pp 145-150

[25] **T.W. Williams, W. Daehn, M. Gruetzner, C.W. Starke**
Comparison of Aliasing Errors for Primitive and Non-Primitive Polinomials
IEEE International Test Conference, 1986, pp 282-288

[26] **T.W. Williams, K.P. Parker :**
Design for Testability - A Survey
IEEE ToC, Vol. C-31, No. 1, Jan. 1982

Index

Ableitungsbaum 73
Ableitungskonzept 259
Ableitungsmechanismus 73
Abnahmetest 344
Absorption 236
Abstraktionsebenen 13
Abstraktionsebene 32, 33, 35
Abstraktion 13
Abwärtstransitionen 265
Acyclic 282
Aktivierungsfolge 35
Aliasing 335, 344, 350
Arbiter 271
Arbitrierung 65
assertion 85-86, 307
asynchrone 120, 200
Attributierung 49
Ausdrucksysteme 184
Ausführbarkeitsbedingung 47, 287,
    291,
Aussagenlogik 260
Auswertungsmodell 59
Automat 143, 159, 180, 183, 187
Axiom 260

BILBO 345-348
BONSAI 32
Backtracking 328-329
Baummethode 241
Beeinflusser 293

Beeinflußter 293
Benutzeroberfläche 37, 314
Benutzerschnittstelle 308, 313-314
Bindungsalgorithmen 149
Boundary Scan 337
Breitbandsimulator 308, 314, 315
Breitbandsprache 21, 24, 26, 29, 61,
    74, 75, 314, 315

Coroutinenkonzept 62

DOMOS 30, 32, 70
Datenflußanalyse 200, 206, 208
Datenflußgraph 176
Datenkompression 335
Datenkonflikt 164, 217
Datenpfadentwurf 199
deduktive 259, 315, 333-334, 347
denotionale 259
dining philosophers 55
Durchlaufverzögerung 25

Einfachfehlerannahme,
        Einzelfehlerannahme 321, 322
Einheitsverzögerung 125, 265, 333
Entscheidungsproblem 260
Entwurfsergebnis 11
Entwurfsumgebung 35, 37
Equilibrium 12
Equitemporal 282

Ereignisschlange 295, 296, 297, 299, 312
ESPRESSO 252
Expertensystemen 200

Fehlerüberdeckungsgrad 257, 344
Fehlerfortpflanzung 334
Fehlerfortschaltung 327, 334
Fehlerinjektoren 332
Fehlerklasse 323, 324, 326, 327
Fehlerlistenalgebra 334
Fehlermodell 14, 25, 27, 308, 320 - 322, 347
Fehlersimulation 284, 286, 308, 315, 317, 326, 331-334, 344, 347
Fehlertoleranz 256
Floorplanning 16, 22, 24
Funktionenbündel 125, 250, 252

Gleichungssystem 59, 184

HILO 26, 135, 137
Haftfehlermodell 321-323
Haftfehler 25, 321-324, 334
Hardwareakzeleratoren 281
Hardwarebeschreibungssprache 33, 47, 64, 72-75 267, 268, 281, 305, 314
Hazardfreiheit 257

Inferenzregel 260

Kausalitätsstruktur 159
Kommunikationsfluß 35
Kommunikationsprotokoll 16, 17, 46, 62, 267, 305,
Konsensus 244-246
Koppelterm 250

Krauser Logik 184
Kurzschlußfehler 25, 27, 321

Leitungsbrüche 321
Leitungsbruch 321
Levelizing 283
Logiksimulation 318

MOSSIM 29, 316
Maxterm 239
Mehrebenensimulation 308
Mehrfachfehler 321, 335
Mehrfachhaftfehler 321
Mikroprogrammiereinheit 181, 198
Mikroprogrammierung 20, 57, 135, 180, 181, 195, 198, 199,
Mimola 204
Minterm 185-186, 239-240, 241, 244- 245, 247-248, 335
Multisimulatoransatz 308, 316
Multisimulatorsysteme 314-315

PMS 61-62, 135-136
Personalisierungsmatritzen 192-193
Pfadsensitivierungen 326
Pipelining 20, 176, 281
Prädikatenlogik 260
Prüfbus 22
Primimplikantenmenge 250
Programmable Logic Arrays 184, 192, 349
Protokoll 17, 19, 114, 116, 118, 135, 141
Prozeßkommunikation 64, 65, 176

Rendezvous 53, 65, 114, 116
Richtigsimulation 286

SPICE 32, 319

Selbsttest 257, 340, 344, 345, 348
Signalbündel 67
Signatur 43-44, 344-347
Syndrom 335, 350

Schaltwerktheorie 254
Scheduling 201, 203, 252, 253, 282,
        293, 312, 315

TEGAS 26, 319
temporale 260-261, 287, 307, 315
Testmultiplexer 337
Testmustergenerierung 330-331, 345
.Time-warp 312-313

Überdeckungsfunktion 248-249

Verzögerung 25-26, 46, 77, 120-121,
        124-126, 133, 160, 261-263,
        265, 281, 287-288, 291, 297,
        299
Vielebenensimulator 308

Zeitmodell 16, 19-21, 24-26, 29, 73,
        281, 331
Zeitscheibe 299-300, 302-303

Leitfäden der angewandten Informatik

Bauknecht/Zehnder: **Grundzüge der Datenverarbeitung**
3. Aufl. 293 Seiten. DM 36,–

Beth / Heß / Wirl: **Kryptographie**
205 Seiten. Kart. DM 26,80

Brüggemann-Klein: **Einführung in die Dokumentenverarbeitung**
In Vorbereitung

Bunke: **Modellgesteuerte Bildanalyse**
309 Seiten. Geb. DM 48,–

Craemer: **Mathematisches Modellieren dynamischer Vorgänge**
288 Seiten. Kart. DM 38,–

Frevert: **Echtzeit-Praxis mit PEARL**
2. Aufl. 216 Seiten. Kart. DM 34,–

Frühauf/Ludewig/Sandmayr: **Software-Projektmanagement und
-Qualitätssicherung.** 136 Seiten. Kart. DM 28,–

Gorny/Viereck: **Interaktive grafische Datenverarbeitung**
256 Seiten. Geb. DM 52,–

Hofmann: **Betriebssysteme: Grundkonzepte und Modellvorstellungen**
253 Seiten. Kart. DM 36,–

Holtkamp: **Angepaßte Rechnerarchitektur**
233 Seiten. DM 38,–

Hultzsch: **Prozeßdatenverarbeitung**
216 Seiten. Kart. DM 28,80

Kästner: **Architektur und Organisation digitaler Rechenanlagen**
224 Seiten. Kart. DM 28,80

Kleine Büning/Schmitgen: **PROLOG**
2. Aufl. 311 Seiten. DM 36,–

Meier: **Methoden der grafischen und geometrischen Datenverarbeitung**
224 Seiten. Kart. DM 36,–

Meyer-Wegener: **Transaktionssysteme**
242 Seiten. DM 38,–

Mresse: **Information Retrieval – Eine Einführung**
280 Seiten. Kart. DM 38,–

Müller: **Entscheidungsunterstützende Endbenutzersysteme**
253 Seiten. Kart. DM 32,–

Mußtopf / Winter: **Mikroprozessor-Systeme**
302 Seiten. Kart. DM 34,–

Nebel: **CAD-Entwurfskontrolle in der Mikroelektronik**
211 Seiten. Kart. DM 34,–

Retti et al.: **Artificial Intelligence – Eine Einführung**
2. Aufl. X, 228 Seiten. Kart. DM 36,–

Schicker: **Datenübertragung und Rechnernetze**
3. Aufl. 299 Seiten. Kart. DM 42,–

Schmidt et al.: **Digitalschaltungen mit Mikroprozessoren**
2. Aufl. 208 Seiten. Kart. DM 28,80

Schmidt et al.: **Mikroprogrammierbare Schnittstellen**
223 Seiten. Kart. DM 34,–

Fortsetzung auf der 3. Umschlagseite

Leitfäden der angewandten Informatik

Fortsetzung

Schneider: **Problemorientierte Programmiersprachen**
226 Seiten. Kart. DM 28,80

Schreiner: **Systemprogrammierung in UNIX**
Teil 1: Werkzeuge. 315 Seiten. Kart. DM 52,—
Teil 2: Techniken. 408 Seiten. Kart. DM 58,—

Singer: **Programmieren in der Praxis**
2. Aufl. 176 Seiten. Kart. DM 32,—

Specht: **APL-Praxis**
192 Seiten. Kart. DM 26,80

Vetter: **Aufbau betrieblicher Informationssysteme
mittels konzeptioneller Datenmodellierung**
5. Aufl. 455 Seiten. Kart. DM 54,—

Vetter: **Strategie der Anwendungssoftware-Entwicklung**
400 Seiten. Kart. DM 52,—

Weck: **Datensicherheit**
326 Seiten. Geb. DM 44,—

Wingert: **Medizinische Informatik**
272 Seiten. Kart. DM 28,80

Wißkirchen et al.: **Informationstechnik und Bürosysteme**
255 Seiten. Kart. DM 32,—

Wolf/Unkelbach: **Informationsmanagement in Chemie und Pharma**
244 Seiten. Kart. DM 36,—

Zehnder: **Informatik-Projektentwicklung**
223 Seiten. Kart. DM 36,—

Zehnder: **Informationssysteme und Datenbanken**
5. Aufl. 276 Seiten. Kart. DM 38,—

Zöbel/Hogenkamp: **Konzepte der parallelen Programmierung**
235 Seiten. Kart. DM 36,—

Preisänderungen vorbehalten

 **B. G. Teubner Stuttgart**